Methodik zur Nutzung von Skaleneffekten in der Produktion am Beispiel von Polymerelektrolytmembran-Brennstoffzellensystemen

Methodology for Leveraging Economies of Scale in Production on the Example of Polymer Electrolyte Membrane Fuel Cell Systems

Von der Fakultät für Maschinenwesen
der Rheinisch-Westfälischen Technischen Hochschule Aachen
zur Erlangung des akademischen Grades eines
Doktors der Ingenieurwissenschaften
genehmigte Dissertation

vorgelegt von

Philipp Reims

Berichter/in:

Univ.-Prof. Dr.-Ing. Achim Kampker, MBA
apl. Prof. Dr.-Ing. Dipl.-Wirt.-Ing. Heiner Hans Heimes

Tag der mündlichen Prüfung: 22. März 2024

ERGEBNISSE AUS DER ELEKTROMOBILPRODUKTION

Philipp Reims

Methodik zur Nutzung von Skaleneffekten in der Produktion am Beispiel von Polymer-elektrolytmembran-Brennstoffzellensystemen

Herausgeber:
Univ.-Prof. Dr.-Ing. Achim Kampker, MBA

Band 29

Bibliografische Information der Deutschen Nationalbibliothek
Die Deutsche Nationalbibliothek verzeichnet diese Publikation in der Deutschen Nationalbibliografie; detaillierte bibliografische Daten sind im Internet über https://portal.dnb.de abrufbar.

Philipp Reims:

Methodik zur Nutzung von Skaleneffekten in der Produktion am Beispiel von Polymerelektrolytmembran-Brennstoffzellensystemen

1. Auflage, 2024

Gedruckt auf holz- und säurefreiem Papier, 100% chlorfrei gebleicht.

Wissenschaftsverlag des Instituts für Industriekommunikation und Fachmedien
an der RWTH Aachen
Steinbachstr. 25, 52074 Aachen
Internet: www.apprimus-verlag.de, E-Mail: info@apprimus-verlag.de

Druck: CPI Druckdienstleistungen GmbH, Ferdinand-Jühlke-Straße 7 I 99095 Erfurt

ISBN 978-3-98555-218-4

D 82 (Diss. RWTH Aachen University, 2024)

Vorwort

Die vorliegende Dissertation entstand während meiner Arbeit als wissenschaftlicher Mitarbeiter des Chair of Production Engineering of E-Mobility Components (PEM) der RWTH Aachen. Mein besonderer Dank gilt dem Inhaber des Lehrstuhls, Professor Achim Kampker, für das in mich und meine Arbeit gesetzte Vertrauen. Er bot mir die Möglichkeit, in einem von Ideenreichtum und Tatendrang geprägten Umfeld selbstständig wissenschaftlich zu arbeiten und inspirierte mich, immer über den Tellerrand hinauszuschauen und bestehende Konventionen stets zu hinterfragen. Die Denk- und Arbeitsweise von Professor Kampker hat in mir einen Pioniergeist erweckt, der mich lebenslang Lernen und neue Herausforderungen genießen lässt. Auch die Möglichkeit, das neue Themenfeld der Brennstoffzelle am Lehrstuhl neben den Themen Batterietechnik und Elektromotoren von Grund auf zu gestalten, hat meine Arbeit unter Professor Kampker zu einem großen Privileg werden lassen.

Mein weiterer Dank gilt Professor Heiner Heimes für die Übernahme des Koreferats. Außerdem bedanke ich mich bei Professor Thomas Bergs als Vorsitzendem der Prüfungskommission und Professor Johannes Schleifenbaum für die Übernahme des Beisitzes.

Eine Basis dieser Arbeit bilden zahlreiche Industrieprojekte in der Branche der Elektromobilität sowie der Wasserstofftechnik, die ich zusammen mit Kolleginnen und Kollegen der Alternative Energy Driven Solutions sowie der PEM Motion GmbH bearbeiten durfte.

Besonderer Dank gilt meinen ehemaligen Kolleginnen und Kollegen am PEM, insbesondere der Abteilung Fuel Cell. Die freundschaftliche Zusammenarbeit, die außerordentliche Kollegialität sowie die Begeisterung für neue Projekte und der besondere Ehrgeiz zeichnen diese Abteilung aus. Ganz besonders danke ich Dr. Peter Ayvaz, der mich in der gemeinsamen Zeit stets gefordert und gefördert hat. Auch bei der Erstellung dieser Arbeit stand er mir in zahlreichen Diskussionen mit wertvollen Ratschlägen zur Seite. Für seinen ansteckenden Tatendrang, seine starke Vision einer neuen Abteilung Fuel Cell sowie unzähligen wertvollen Debatten danke ich Dr. Christoph Schön, den ich bei der Abteilungsgründung begleiten durfte. Sebastian Hagedorn möchte ich für seine Gelassenheit, seinen Teamgeist und den jederzeit offenen und ehrlichen Austausch danken. Julius Hausmann und Niels Hinrichs möchte ich für die starke Unterstützung bei fordernden Projekten danken. Großen Dank an Florian Brans, Andreas Kraus, Christian Stäck, Dr. Patrick Treichel sowie Robert Ludwigs, Sarah Wennemar und Lorenz Plocher, mit denen ich viel lachen und lernen durfte. Weiterhin danke ich Oliver Kaul, Philip Heyer, Finn Herrmann und Jonas Kanwischer für ihr einzigartiges Engagement und die besondere Unterstützung im Rahmen der Erstellung dieser Arbeit.

Mein größter Dank gilt meiner Familie, insbesondere meiner Mutter, meinen Großeltern und von ganzem Herzen Miriam. Ihre Liebe, die bedingungslose Unterstützung und die stetige Rücksichtnahme haben mir die Erstellung dieser Arbeit überhaupt ermöglicht.

München, August 2023 *Philipp Reims*

Zusammenfassung

Für die Brennstoffzellentechnologie, die als vielversprechende Option zur Dekarbonisierung von Nutzfahrzeugen, Schiffen und Zügen gilt, werden hohe Kostensenkungen durch die Erzielung von Skaleneffekten in der Produktion prognostiziert. Unternehmen stehen vor der Herausforderung, diese Skaleneffekte bei einer vergleichsweise geringen Produktnachfrage zu realisieren.

Die entwickelte Methodik unterstützt eine Bewältigung dieser Herausforderung durch ein Vorgehen zur systematischen Veränderung von Fertigungstechnologien zur Beschleunigung von Skaleneffekten am Beispiel der PEM-Brennstoffzellenproduktion. Die Methodik adressiert dabei eine nachvollziehbare techno-ökonomische Modellierung des Produktionsprozesses von PEM-Brennstoffzellensystemen, quantifiziert theoretisch mögliche Kostenersparnisse durch die Identifikation von Hauptkostentreibern sowie die Variation von Produktionsparametern und ermöglicht eine methodische Ableitung innovativer Fertigungstechnologien. Schließlich werden abgeleitete Maßnahmen im Sinne einer Beschleunigung von Skaleneffekten in der Produktion priorisiert und somit die Ausarbeitung von Handlungsempfehlungen für Unternehmen ermöglicht. Die Methodik gliedert sich in vier Module. Das Initiierungsmodul beinhaltet die Ermittlung der Produktkosten entsprechend des individuellen Anwendungsfalles. Das Analysemodul umfasst die Erstellung eines Kostenzielwertes sowie die Identifikation der zu schließenden Kostenlücke. Das Gestaltungsmodul ermöglicht die Ableitung von Kostensenkungsmaßnahmen und das Bewertungsmodul priorisiert diese entsprechend der Beschleunigung von Skaleneffekten. Die Validierung der Methodik hat gezeigt, dass technische Maßnahmen zur Beschleunigung von Skaleneffekten abgeleitet und Handlungsempfehlungen in Form einer Technologie-Roadmap ausgesprochen werden können. Parallel zu einer kontinuierlichen Erweiterung der Datenbasis der Methodik durch weitere Forschungsarbeiten können notwendige Kostensenkungen von Brennstoffzellen zukünftig durch Umsetzung der mittels der vorliegenden Methodik entwickelten Handlungsempfehlungen zur Beschleunigung von Skaleneffekten realisiert werden.

Summary

For fuel cell technology, which is seen as a promising option for decarbonizing commercial vehicles, ships and trains, high cost reductions are predicted by achieving economies of scale in production. Companies face the challenge of achieving these economies of scale with comparatively low product demand.

The developed methodology supports an overcoming of this challenge by a procedure for the systematic change of manufacturing technologies to accelerate economies of scale using the example of PEM fuel cell production. The methodology addresses a comprehensible techno-economic modeling of the production process of PEM fuel cell systems, quantifies theoretically possible cost savings through the identification of main cost drivers and the variation of production parameters and enables a methodical derivation of innovative manufacturing technologies. Finally, derived measures are prioritized in terms of an acceleration of economies of scale in production, thus enabling the elaboration of recommendations for action for companies. The methodology is divided into four modules. The initiation module includes the determination of product costs according to the individual use case. The analysis module includes the creation of a cost target value as well as the identification of the cost gap to be closed. The design module enables the derivation of cost reduction measures and the evaluation module prioritizes them according to the acceleration of economies of scale. Validation of the methodology has shown that technical measures for the acceleration of economies of scale can be derived and recommendations for action can be made in the form of a technology roadmap. In parallel to a continuous expansion of the data basis of the methodology through further research work, necessary cost reductions of fuel cells can be realized in the future by implementing the recommendations for action for the acceleration of economies of scale developed by means of the present methodology.

Inhaltsverzeichnis

Content

Abbildungsverzeichnis

List of illustrations

Abkürzungsverzeichnis

Abbreviations

ABC	Activity-based costing
BEV	Battery Electric Vehicle
BOA	Belastungsorientierte Auftragsfreigabe
BoP	Balance of Plant
BPHP	Bipolarhalbplatte
BPP	Bipolarplatte
BZ	Brennstoffzelle
BZ-Stack	Brennstoffzellenstack
BZ-System	Brennstoffzellensystem
bzw.	beziehungsweise
ca.	circa
CAD	Computer-aided design
CCM	Catalyst Coated Membrane
CIM	Computer Integrated Manufacturing
cm	Zentimeter
CO_2	Kohlenstoffdioxid
CrN	Chromnitrid
CVM	Cell Voltage Monitoring
DC	Gleichstrom
DFMA	Design for Manufacturing and Assembly
DoE	Department of Energy
END	Endplatte
EoL	End of Line
etc.	et cetera
EU	Europäische Union
EUR	Euro
F&E	Forschung und Entwicklung
FBC	Feature-based costing
FCEV	Fuel Cell Electric Vehicle
FCHEA	Fuel Cell & Hydrogen Energy Association

FCPP	Fuel Cell Performance Production
Fert.	Fertigung
FZK	Fortschrittzahlenkonzept
GDL	Gas Diffusion Layer
GW	Gigawatt
HT	Hochtemperatur
i. A. a.	in Anlehnung an
ID	Zahlencode
IR	Infrarot
KOM	Komponente
KPI	Key Performance Indicator
KV	Kontinuierliche Verbesserung
KVP	Kontinuierlicher Verbesserungsprozess
kW	Kilowatt
LR	Lernrate
Lu	Luftkreislauf
M	Meter
Mat.	Material
Max	Maximum
ME	Materialeffizienz
MEA	Membrane Electrode Assembly
MEM	Membran
Min.	Minute
Min	Minimum
Mio.	Millionen
MIT	Massachusetts Institute of Technology
mögl.	möglich
MPa	Megapascal
MPL	Microporous Layer
MRP	Material Requirements Planning
MTRL	Manufacturing Technology Readiness Level
MW	Megawatt

N	Newton
NACE	Nomenclature statitisque des activié économiques dans la Communauté européene
NT	Niedertemperatur
OEE	Overall Equipment Effectiveness
PAN	Polyacrylnitril
PBCM	Process Based Cost Modeling
PDMS	Polydimethysiloxan
PEM	Polymerelektrolytmembran
PEM der RWTH	Production Engineering of E-Mobility Components
PET	Polyethylenterephthalat
PKW	Personenkraftwagen
PPS	Produktionsplanung und -steuerung
PTFE	Polytetrafluorethylen
PVD	Physical Vapour Deposition
PVDF	Polyvinylidenfluorid
QFD	Quality Function Deployment
R2R	Rolle zu Rolle
RCA+	Root Conflict Analysis
REFA	Verband für Arbeitsgestaltung, Betriebsorganisation und Unternehmensentwicklung e. V.
RWTH	Rheinisch Westfälische Technische Hochschule
SL	Support Layer
SMED	Single Minute Exchange of Die
SOP	Start of Production
St	Stack
Stk.	Stück
Sys	System
TCM	Technical Cost Modeling
TiN	Titannitrid
TQM	Total Quality Management
TRIZ	Theory of Inventive Problem Solving
TRL	Technology Readiness Level

TRM	Technologie-Roadmap
UML	Unified Modeling Language
USA	United States of America
USD	United States Dollar
usw.	und so weiter
VDI	Verein Deutscher Ingenieure
vgl.	vergleiche
vorm.	vormontieren
XRF	Röntgenfluoreszenz
Z	Einzelzelle
ZE	Zeiteinheit
z. B.	zum Beispiel
ZrN	Zirconiumnitrid

Symbolverzeichnis

Formula Symbols

$\overline{\kappa^{log}}$	[€]	Durchschnittsstückkosten logarithmiert
$\tilde{x}$	-	Median
K_{fix}	[€]	Stückzahlunabhängige Kosten
W_i	-	Gesamtbewertung
X_i	-	Bewertungsfaktor Skaleneffekte
Y_i	-	Bewertungsfaktor Entwicklungsumfang
Z_i	-	Bewertungsfaktor Risiko
$\bar{k}$	[€/Stk.]	Durchschnittsstückkosten
w_X	-	Gewichtungsfaktor Skaleneffekte
w_Y	-	Gewichtungsfaktor Entwicklungsumfang
w_Z	-	Gewichtungsfaktor Risiko
x_n^{+-}	[%]	Sensitivitätsintervall
µ	-	Größe des Lernfortschritts
a	[cm^2/min]	Beschleunigung
A	[cm^2]	Fläche
b	[cm]	Breite
B	-	Produktionsvolumen
BPHP	-	Bipolarhalbplatte
BPP	-	Bipolarplatte
D	[SUB/min]	Ausbringungsrate
DI	-	Dichtung
e^-	-	Elektron
E	[kW]	Energieverbrauch
END	-	Endplatte
G	[€]	zu schließende Lücke
GDL	-	Gas Diffusion Layer
h	[cm] [µm]	Höhe
H^+	-	Positiv geladenes Wasserstoff-Ion
H_2	-	Wasserstoff

H_2O	-	Wasser
HK	[€]	Herstellkosten
i	-	Fertigungsoperation
k	-	Bestandteil des Katalysators
K	[€]	Kosten
KAT	-	Katalysatortinte
$K_{Fert.}$	[€]	Fertigungskosten
$K_{Mat.}$	[€]	Materialkosten
K_{mm}	[€]	Maximal mögliche Kostensenkung
KOM	-	Komponente
l	[cm]	Länge
L	-	Anzahl paralleler Fertigungslinien je Fertigungsschritt
Lu	-	Luftkreislauf
m	[kg]	Masse
ME	-	Materialeffizienz
MEM	-	Membran
n	-	Anzahl/Position
Ø	-	Durchschnitt
O_2	-	Sauerstoff
P	[kW]	Leistung
Pd	[W/cm²]	Leistungsdichte
Pers.	-	Unterscheidung verschiedener Personal-Typen
PPM	-	Parts-per-Million, Ausschussrate
q	[mg/cm²]	Flächenbeladung
Q	-	Qualitätsrate
s	[Gew.-%]	Anteil
St	-	Stack
SUB	-	Subsystem
Sys	-	System
t	[min]	Zykluszeit
T_0	[sek]	Benötigte Produktionszeit für erstmalig produziertes Teil

t_e	[sek]	Produktionszeit je Einheit
U	-	Auslastung
v	[m/min]	Geschwindigkeit
V	[dm³]	Volumen
VO	-	Verbrauchsort
w	[boolean]	Wahrheitswert
x	[#]	Outputmenge
X	-	Abstand/Länge/Zuschlag
Z	-	Zelle
β	-	Ordinatenabschnitt
Δk	[€]	Stückzahlabhängige Kosten
ε	-	Skalenelastizität
λ	[#]	Inputmenge
ρ	[g/cm³]	Dichte
τ_{Rest}	[€]	Nicht reduzierbarer Restkostenanteil
M	-	Abgeleitete Technologieveränderungsmaßnahme
α	-	Steigung Regressionsgerade
δ	[%]	Prozentuale Kostenersparnis

1 Einleitung

Introduction

Zu den größten Herausforderungen dieses Jahrhunderts gehören der Klimawandel und seine Folgen[1]. Die Politik sieht sich durch zunehmenden öffentlichen Druck gezwungen, stets neue Klimaschutzziele auszurufen und weitere Klimaschutzmaßnahmen zu beschließen[2,3]. Innerhalb des sogenannten „Green Deal“ hat die europäische Union (EU) deshalb beschlossen, bis zum Jahre 2050 keine Netto-Treibhausgasemissionen mehr freizusetzen[4]. Bis spätestens 2060 soll auch in anderen Regionen der Welt, zum Beispiel in China, Japan oder den USA Klimaneutralität erreicht werden[5,6,7]. Die Schaffung von emissionsfreien und energieeffizienten Möglichkeiten der Energiegewinnung, -speicherung und -nutzung ist dabei ein wesentlicher Schritt zur Klimaneutralität[8].

1.1 Ausgangssituation und Problemstellung

Initial situation and problem definition

Die Brennstoffzellentechnologie gilt insbesondere für die Dekarbonisierung von Nutzfahrzeugen, Schiffen, Zügen und auch großen Personenkraftwagen (PKW) als eine vielversprechende Option[9]. Alternativ zu Brennstoffzellenfahrzeugen („Fuel Cell Electric Vehicle“, FCEV) ermöglichen auch batterieelektrisch-betriebene Fahrzeuge („Battery Electric Vehicle“, BEV) emissionsfreien Transport[10]. Aufgrund ihrer niedrigeren Anschaffungs- und Unterhaltskosten verzeichnen BEVs aktuell einen größeren Marktanteil und ein schnelleres Marktwachstum. Die Nachfrage nach FCEVs ist deutlich geringer, obwohl höhere Reichweiten und kürzere Auftank- bzw. Ladezeiten realisierbar sind.[11,12] Hohe Kosten bei der Herstellung der benötigten Polymer-Elektrolyt-Membran-Brennstoffzellen (PEM-Brennstoffzellen) werden häufig als Ursache für die geringe Nachfrage aufgeführt.[13] PEM-Brennstoffzellen müssen zur Erzielung einer signifikanten Marktdurchdringung somit langfristig kostenseitig konkurrenzfähig sein[14,15].

Trotz der bisher geringen Nachfrage ist die globale jährliche Produktion von PEM-Brennstoffzellensystemen im Bereich Transport nach Angaben der Londoner Strategieberatung E4TECH seit dem Jahr 2015 von 114 MW/Jahr um das Achtfache im Jahr 2020 auf 994 MW/Jahr

---

[1] Vgl. EU Commission (Europe's 2030 Climate Ambition), 2020, S. 1.
[2] Vgl. Carrington (UN Global Climate Poll), 2021, S. 1ff.
[3] Vgl. Hydrogen Council (Path to Hydrogen Competitiveness), 2020, S. iv.
[4] Vgl. EU Commission (The European Green Deal), 2019, S. 2.
[5] Vgl. BBC News (China Aims for Carbon Neutrality by 2060), 2020, S. 1ff.
[6] Vgl. Joe Biden for President (Plan for Climate Change and Environmental Justice), 2020, S. 1.
[7] Vgl. The Guardian (Japan will Become Carbon Neutral by 2050), 2020, S. 1f.
[8] Vgl. Töpler et al. (Wasserstoff und Brennstoffzelle), 2017, S. 64.
[9] Vgl. FCH2JU (Hydrogen Roadmap Europe), 2019, S. 25.
[10] Vgl. Tuan et al. (Vehicles with Alternative Energy Sources), 2018, S. 2536f.
[11] Vgl. NOW GmbH (Factsheet: Hydrogen and Fuel Cell Technology in China), 2020, S. 1.
[12] Vgl. Olabi et al. (Fuel Cell Application in the Automotive Industry), 2021, S. 7.
[13] Vgl. Wang et al. (Techno-Economic Challenges of Fuel Cell Commercialization), 2018, S. 355.
[14] Vgl. Kampker et al. (Challenges towards Large-Scale Fuel Cell Production), 2020, S. 29292.
[15] Vgl. James et al. (Mass Production Cost Estimation of Direct H2 PEM Fuel Cell Systems), 2018, S. 5.

gestiegen[16,17,18]. Dies entspricht einer Erhöhung der jährlichen Fahrzeugneuzulassungen um 300%. Zukünftige Marktentwicklungen lassen sich aus öffentlich verfügbaren Strategiepapieren globaler Regierungen ableiten. So legt beispielsweise die HYDROGEN ROADMAP EUROPE Ziele für brennstoffzellenbetriebenen Verkehr bis zum Jahr 2030 für PKW, Nutzfahrzeuge und Züge in Europa fest. Es werden Flottengrößen von 3,7 Mio. PKW, 500.000 leichten Nutzfahrzeugen, 45.000 schweren Nutzfahrzeugen und 570 Zügen prognostiziert, woraus sich bis 2030 ein mittlerer Bedarf von ca. 425.000 neuen Brennstoffzellensystemen jährlich in Europa ableiten lässt.[19,20] In Japan werden bis zum Jahre 2030 800.000 PKW und 1.200 Busse angestrebt, während in Korea bis zum Jahre 2040 rund 3 Mio. Fahrzeuge mit Wasserstoff betrieben sein sollen. China hat das Ziel von 1 Mio. FCEV bis zum Jahre 2030 ausgerufen.[21,22,23] In den USA geht die FUEL CELL & HYDROGEN ENERGY ASSOCIATION (FCHEA) von 1,5 Mio. jährlich produzierten Wasserstofffahrzeugen im Jahre 2030 aus.[24] Auf Basis dieser öffentlich verfügbaren Informationen scheint bereits in wenigen Jahren ein Weltmarkt von einigen hunderttausend verkauften Brennstoffzellensystemen pro Jahr realistisch.

Aus den oben genannten Ausführungen der Firma E4TECH geht hervor, dass zum aktuellen Zeitpunkt jährlich im Bereich Transport umgerechnet ca. 10.000 Brennstoffzellensysteme mit einer Leistung von je 100 kW gefertigt werden. Die zugrundeliegenden Produktionsprozesse der Hersteller basieren dabei noch maßgeblich auf manuellen Vorgängen[25]. Aktuelle Modellierungen der Kosten von Brennstoffzellensystemen zeigen darüber hinaus, dass Kostensenkungen in hohem Maße mit der Steigerung produzierter Stückzahlen einhergehen. So prognostizieren JAMES ET AL. Kostenersparnisse von 6% durch die Aktualisierung des Produktdesigns, während durch die Steigerung der Ausbringungsmenge von 1.000 auf 20.000 Brennstoffzellensysteme pro Jahr laut Angaben eine Senkung der Produktkosten um 65% möglich ist (siehe Abbildung 1.1).

---

[16] Der Begriff „Brennstoffzellensystem“ wird in Kapitel 2.1.1 erläutert.

[17] „Transport“ beinhaltet hier Unmanned Aircraft Vehicle (UAV), PKW, Busse und Flurförderfahrzeuge.

[18] Vgl. E4tech Ltd (The Fuel Cell Industry Review), 2020, S. 40.

[19] Vgl. FCH2JU (Hydrogen Roadmap Europe), 2019, S. 9.

[20] Da sich die Leistungsklassen der Brennstoffzellensysteme je Anwendung unterscheiden, ist hier lediglich eine ungefähre Angabe möglich.

[21] Vgl. Ministry of Economy, Trade and Industry (Strategic Road Map for Hydrogen and Fuel Cells), 2019, S. 2.

[22] Vgl. Ministry of Trade, Industry and Energy (Hydrogen Economy Roadmap of Korea), 2019, S. 7f.

[23] Vgl. NOW GmbH (Factsheet: Hydrogen and Fuel Cell Technology in China), 2020, S. 3.

[24] Vgl. FCHEA (Road Map to a US Hydrogen Economy), 2019, S. 74.

[25] Vgl. Kampker et al. (Challenges towards Large-Scale Fuel Cell Production), 2020, S. 29293.

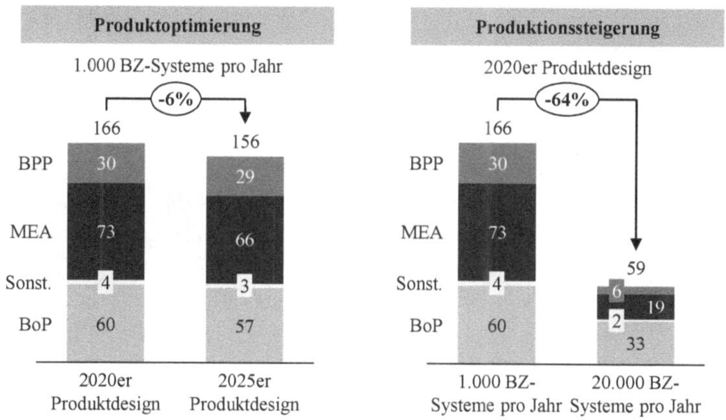

Abbildung 1.1: Prognostizierte Kostensenkung von Brennstoffzellensystemen nach Produktoptimierung und Produktionssteigerung[26]

Diese Kostensenkungen durch Steigerung der Produktionsmenge werden gemeinhin auch als „Economies of Scale“ oder „Skaleneffekte“ bezeichnet.[27] So rechnen PORSTMANN ET AL. mit einer Reduktion der Kosten von Brennstoffzellenstacks um 50% durch Skaleneffekte.[28,29] Auch MAYYAS ET AL. und BERNHART ET AL. schreiben Skaleneffekten im Bereich der Brennstoffzellenproduktion Kostensenkungen zu.[30,31] Da eine Steigerung der Produktionsmengen jedoch unmittelbar mit der Nachfrage verbunden ist, existiert ein sogenanntes „Henne-Ei-Problem“. Solang eine wirtschaftliche Nutzung von Brennstoffzellensystemen nicht möglich ist, existiert keine ausreichende Nachfrage. Ist die Nachfrage nicht ausreichend, werden Produktionskapazitäten nicht erhöht.[32] Zur Lösung dieses Problems können zum einen finanzielle Anreize seitens staatlicher Einrichtungen zum Kauf der Produkte geschaffen oder zum anderen Weiterentwicklungen des Produktes oder der Produktionstechnik durch Forschung und Entwicklung durchgeführt werden.

In der Praxis fehlen Ansätze zur Veränderung aktueller Fertigungstechnologien von Brennstoffzellensystemen hinsichtlich größerer Stückzahlen und der frühen Erzielung von Skaleneffekten. Für eine beschleunigte Erzielung von Skaleneffekten ist es einerseits notwendig, die Hauptkostentreiber von Brennstoffzellensystemen zu kennen und andererseits technische Maßnahmen abzuleiten, die entsprechend individuellen Ausbringungsmengen höchste Kosteneinsparungen versprechen. An diesen Stellen setzt die vorliegende Arbeit an und betrachtet neben einer techno-ökonomischen Modellierung Möglichkeiten zur Ableitung von technischen

[26] Vgl. James et al. (Mass Production Cost Estimation of Direct H2 PEM Fuel Cell Systems), 2018, S. 39ff.
[27] Für die Begriffsdefinition „Skaleneffekte“ siehe Kapitel 2.3.2.
[28] Der Begriff „Brennstoffzellenstack“ wird in Kapitel 2.1.1 erläutert.
[29] Vgl. Porstmann et al. (Mass Manufacturing Machine for the Assembly of PEMFC Stacks), 2019, S. 66.
[30] Vgl. Mayyas et al. (Emerging Manufacturing Technologies for Fuel Cells and Electrolyzers), 2019, S. 510.
[31] Vgl. Bernhart et al. (Fuel Cells), 2014, S. 9.
[32] Vgl. Dolci et al. (Incentives and Legal Barriers for Power-to-Hydrogen Pathways), 2019, S. 11397.

Änderungsmaßnahmen im Sinne der beschleunigten Nutzung von Skaleneffekten in der Produktion von PEM-Brennstoffzellensystemen.

1.2 Zielsetzung

Objective

Auf Grundlage der formulierten Ausgangssituation und Problemstellung ist das Ziel dieser Arbeit, die Kosten individueller Brennstoffzellensysteme zu modellieren und technische Änderungsmaßnahmen in der Produktion zur Nutzung von Skaleneffekten abzuleiten. Anwendende sollen die Ergebnisse dieser Arbeit durch die Bereitstellung einer Methodik für eigene Anwendungsfälle nutzen und somit einen Beitrag zur Kostensenkung von Brennstoffzellensystemen leisten können. Die übergeordnete Zielsetzung lautet folglich:

> **Zielsetzung**
> Ziel dieser Arbeit ist, am Beispiel von PEM-Brennstoffzellensystemen eine Methodik zur systematischen Veränderung von Fertigungstechnologien hinsichtlich der beschleunigten Nutzung von Skaleneffekten zu erstellen und somit einen Beitrag zu deren Kostensenkung zu leisten.

Die entwickelte Methodik adressiert technische und ökonomische Entscheidungsträger innerhalb von Unternehmen, die sich entlang der Wertschöpfungskette von Brennstoffzellensystemen positionieren oder noch positionieren möchten. So können Unternehmen des Maschinen- und Anlagenbaus die Methodik zur Entwicklung innovativer Anlagentechnik nutzen und somit einen Marktvorteil gegenüber ihrem Wettbewerb erlangen. Produzierende Unternehmen innerhalb der Brennstoffzellenbranche können die Methodik darüber hinaus nutzen, um die eigene Produktion hinsichtlich sinkender Kosten zu optimieren. Zur Erarbeitung der übergeordneten Zielsetzung sind folgende Teilziele zu erreichen:

- Formulierung des praktischen Handlungsbedarfes durch Untersuchung des Zusammenhangs zwischen der Herstellung von Brennstoffzellensystemen und ihren Kosten.
- Aufbereitung wissenschaftlicher Forschungsergebnisse und Methoden aus den Bereichen Kostenmodellierung und Ableitung innovativer Prozesstechnologien.
- Erstellung einer Aufbau- und Ablaufstruktur zur Schaffung eines Ordnungsrahmens für die zu entwickelnde Methodik.
- Entwicklung eines strukturierten Lösungsvorgehens zur techno-ökonomischen Modellierung von Brennstoffzellensystemen und zur systematischen Ableitung technischer Änderungsmaßnahmen.
- Validierung der Ergebnisse im Rahmen einer praktischen Anwendung.

Im Sinne einer zielgerichteten Forschung empfiehlt KUBICEK die Formulierung grundlegender Forschungsfragen.[33] Die Hauptforschungsfrage für diese Arbeit lautet demnach wie folgt:

[33] Vgl. Kubicek (Heuristische Bezugsrahmen), 1976, S. 14f.

Wie können zunehmende Skaleneffekte in der Brennstoffzellensystemproduktion mittels technischer Änderungsmaßnahmen beschleunigt werden?

Abbildung 1.2: Handlungsleitende Forschungsfrage

1.3 Forschungsansatz

Research approach

Den wissenschaftstheoretischen Grundlagen nach ULRICH UND HILL folgend wird Wissenschaft in Formal- und Realwissenschaften unterteilt. Dabei bestehen die Realwissenschaften aus „reinen" Grundlagenwissenschaften und „angewandten" Handlungswissenschaften, siehe Abbildung 1.3. Die Formalwissenschaften widmen sich dabei der Gestaltung und Verwendung von Zeichensystemen, die innerhalb der Philosophie, der Logik und der Mathematik zu finden sind. Die Realwissenschaften behandeln die Erklärung wahrnehmbarer Wirklichkeitsausschnitte ebenso wie die Analyse menschlicher Handlungsalternativen. „Reine" Grundlagenwissenschaften haben die Erklärung empirischer Wirklichkeitsausschnitte zum Ziel, während „Angewandte" Handlungswissenschaften die Analyse menschlicher Handlungsalternativen verfolgt.[34] Die Naturwissenschaften Biologie, Chemie und Physik werden dabei den Grundlagenwissenschaften zugeordnet, während die Sozialwissenschaften und die Betriebswirtschaftslehre den Handlungswissenschaften entsprechen.[35] Die Ingenieurwissenschaften werden nach ULRICH UND HILL den Handlungswissenschaften zugeordnet, gelten jedoch teilweise auch als Schnittstelle zwischen den Grundlagen- und Handlungswissenschaften.[36,37]

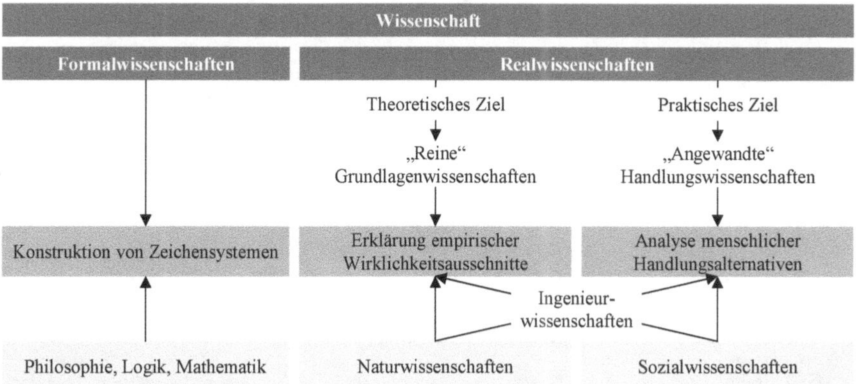

Abbildung 1.3: Wissenschaftssystematik nach ULRICH UND HILL[38]

Die Zielsetzung dieser Arbeit besteht aus der systematischen Ableitung technischer Änderungsmaßnahmen mit Hinblick auf die Erzielung von Skaleneffekten in der Produktion. Die

[34] Vgl. Ulrich et al. (Wissenschaftstheoretische Grundlagen der Betriebswirtschaftslehre), 1976, S. 305.
[35] Vgl. Schön (Skalierbare Technologieketten für die Großserienproduktion von Brennstoffzellen), 2022, S. 7.
[36] Vgl. Ulrich et al. (Wissenschaftstheoretische Grundlagen der Betriebswirtschaftslehre), 1976, S. 305.
[37] Vgl. Wessel (Prüfprozess zur Effizienzsteigerung im Entwicklungsprozess der Li-Io-Batterie), 2020, S. 5.
[38] Vgl. Ulrich et al. (Wissenschaftstheoretische Grundlagen der Betriebswirtschaftslehre), 1976, S. 305f.

Methodik unterstützt dabei einerseits die Erklärung empirischer Wirklichkeitsausschnitte durch mathematische Modellierung und andererseits die Analyse menschlicher Handlungsalternativen durch eine systematische Priorisierung der Änderungsmaßnahmen. Da ein starker Bezug zu den Ingenieurwissenschaften besteht, ist diese Arbeit den Realwissenschaften zuzuordnen. Dementsprechend wird dieser Arbeit der wissenschaftstheoretische Ansatz nach ULRICH zugrunde gelegt.

1.4 Aufbau der Arbeit

Thesis structure

Der Grobaufbau der vorliegenden Arbeit basiert auf den sieben Phasen der angewandten Forschung nach ULRICH. Abbildung 1.4 zeigt diesen Aufbau.

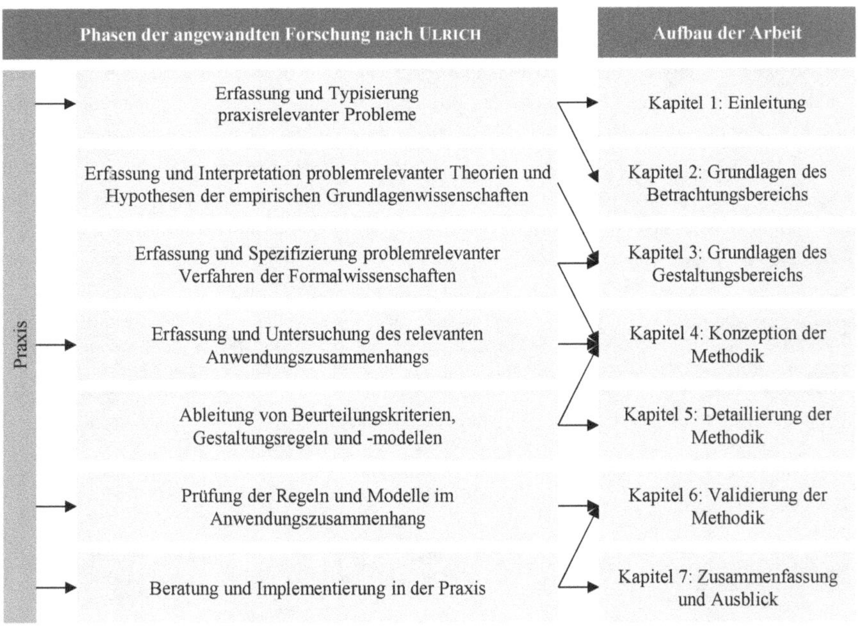

Abbildung 1.4: Aufbau der Arbeit

Kapitel 1 beinhaltet die Einleitung des Themenfeldes und die Zielsetzung der Arbeit. Des Weiteren wird die Forschungsmethodik dargestellt, die übergeordnete Forschungsfrage formuliert und eine Übersicht der Inhalte gegeben. In Kapitel 2 erfolgt die Erläuterung der Grundlagen des Betrachtungsbereiches und die Herleitung des Praxisbedarfes. Nach der Definition der Wertschöpfungskette von PEM-Brennstoffzellensystemen werden Grundlagen zur Kostenrechnung sowie Skaleneffekte in Produktionssystemen erläutert. Es werden die Kernherausforderungen der Praxis beschrieben und schließlich der praktische Handlungsbedarf abgeleitet. Dieser wird in Kapitel 3 in Anforderungen an die Theorie überführt, woraufhin die Analyse bestehender Ansätze in der Literatur folgt. An dieser Stelle werden insbesondere Ansätze der

Bereiche Produktionskostenschätzung sowie -degression und Ableitung innovativer Produktionstechnologien behandelt. Nach Formulierung des Handlungsbedarfes aus der Theorie erfolgt die Detaillierung der in der Einleitung gestellten Forschungsfrage. Kapitel 4 dient der Erstellung des Grobkonzeptes der Methodik. Im Anschluss an die Betrachtung methodischer Grundlagen wird das Grobkonzept durch Erstellung einer Aufbau- und Ablaufstruktur definiert. Ein Zwischenfazit dient der kritischen Reflexion erfüllter Anforderungen an die Theorie aus dem vorigen Kapitel. Kapitel 5 beinhaltet die Detaillierung des Grobkonzeptes durch Ausarbeitung der vier Kernmodule zur Initiierung, Analyse, Gestaltung und Bewertung. Die Inhalte dieses Kapitels erläutern die mathematische Struktur eines techno-ökonomischen Modells sowie das methodische Vorgehen zur Ableitung und Bewertung von Technologieveränderungen im Sinne der Nutzung von Skaleneffekten. In Kapitel 6 wird die Methodik anhand eines beschriebenen Anwendungsfalls validiert und kritisch reflektiert. Es erfolgt die Ableitung erster Handlungsempfehlungen zur Veränderung der Technologien innerhalb des Anwendungsfalls. Die Zusammenfassung der wesentlichen Erkenntnisse und die Beschreibung weiterer Forschungsbedarfe schließen die vorliegende Arbeit in Kapitel 7 ab.

2 Herausforderungen aus der Praxis

Challenges from practice

Produzierende Unternehmen stehen der Herausforderung gegenüber, die Kosten von Brennstoffzellensystemen unter Beibehaltung aktueller Leistungskennzahlen zu senken. Fokus dieses Kapitels ist somit die Betrachtung des Brennstoffzellensystems aus technischer und wirtschaftlicher Perspektive. Kapitel 2.1 behandelt die technischen Grundlagen zu Brennstoffzellensystemen und deren Herstellung. Kapitel 2.2 beinhaltet die wirtschaftlichen Aspekte von Brennstoffzellensystemen inklusive einer Kostenstrukturdefinition. Nach einer Analyse von Skaleneffekten als mögliches Instrument zur Kostensenkung in Produktionssystemen in Kapitel 2.3 wird der Handlungsbedarf aus der Praxis in Kapitel 2.4 formuliert. Dieses Kapitel endet mit der Ableitung von Anforderungen an die Theorie.

2.1 Produktion von PEM-Brennstoffzellensystemen

Production of PEM fuel cell systems

Ziel dieses Kapitels ist die Schaffung eines einheitlichen Begriffsverständnisses von Brennstoffzellen im Kontext dieser Arbeit. Dazu werden zunächst die einzelnen Bestandteile eines Brennstoffzellensystems mitsamt der Unterteilung in Brennstoffeinzelzelle, Brennstoffzellenstack und Balance of Plant erläutert (vgl. Kapitel 2.1.1). Anschließend erfolgt die Darstellung der einzelnen Produktionsprozessschritte gemeinsam mit den verwendeten Fertigungstechnologien (vgl. Kapitel 2.1.2). Kapitel 2.1.3 formuliert im Rahmen eines Zwischenfazits den resultierenden Praxisbedarf.

2.1.1 Bestandteile eines PEM-Brennstoffzellensystems

Ein Brennstoffzellensystem (BZ-System) besteht aus einem Brennstoffzellenstack (BZ-Stack) und den sogenannten Balance of Plant (BoP). Der BZ-Stack setzt sich aus einer variablen Anzahl in Reihe geschalteter Brennstoffzellen, auch Brennstoffeinzelzellen (BZ), sowie Endplatten, Verspannelementen und Stromabnehmern zusammen. Die BoP ermöglichen den Betrieb eines BZ-Stacks, indem sie die Reaktionsmedien Sauerstoff und Wasserstoff entsprechend den technischen Anforderungen zuführen sowie Produktwasser und Reaktionswärme abführen. Eine BZ ist durch die sechs Hauptkomponenten Elektrolyt, negative Elektrode, positive Elektrode, Subgasket, Gasdiffusionslage (GDL) und Bipolarplatte (BPP) definiert.[39] Abbildung 2.1 zeigt den Querschnitt einer BZ und die zugehörigen Komponenten.

[39] Vgl. Dicks et al. (Fuel Cell Systems Explained), 2018, S. 82.

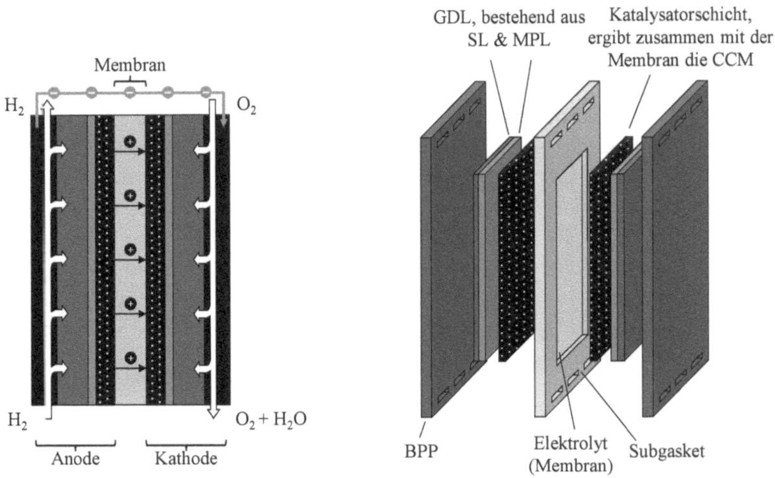

Abbildung 2.1: Querschnitt einer BZ (links) und BZ-Komponenten (rechts)[40]

Innerhalb der BZ wird der zugeführte Wasserstoff (H_2) an der negativen Elektrode (Anode) katalytisch oxidiert. Unter Abgabe von Elektronen entstehen H^+-Ionen, die über den Elektrolyten zur positiven Elektrode (Kathode) gelangen. Die Elektronen wandern über einen elektrischen Verbraucher ebenfalls zur Kathode und reagieren innerhalb einer weiteren, 5–18 µm dicken, Katalysatorschicht mit dem zugeführten Sauerstoff (O_2) und den verfügbaren H^+-Ionen zu Wasser (H_2O). Die Gleichungen (1) bis (3) zeigen die Wasserstoffoxidation auf Anodenseite, die Reduktionsreaktion auf Kathodenseite sowie die Gesamtreaktion. [41,42,43]

$$H_2 \rightarrow 2H^+ + 2e^- \tag{1}$$

$$\frac{1}{2}O_2 + 2H^+ + 2e^- \rightarrow H_2O \tag{2}$$

$$H_2 + \frac{1}{2}O_2 \rightarrow H_2O + elektrische\ Energie + Wärme \tag{3}$$

Die Anode besteht aus einer 3–15 µm dicken Katalysatorschicht, die aus Ionomer, Kohlenstoff und Platin besteht.[44] Auf der Anodenseite kommen insbesondere Platin, Platin-Ruthenium und Platin-Kobalt als Aktivmaterialien zum Einsatz.[45,46,47] Die Katalysatorschicht kann je nach Produktdesign auf die GDL oder auf den Elektrolyten aufgebracht werden.[48,49] Vor der

[40] i. A. a. Di Wu et al. (System Integration and Control of Proton Exchange Membrane Fuel Cells), 2020, S. 468.
[41] Vgl. Darab et al. (Influence of Catalyst Layer Thickness on PEM Fuel Cell Cathods), 2017, S. 16.
[42] Vgl. Löhn (Leistungsvergleich von Polymerelektrolytmembran-Brennstoffzellen), 2010, S. 15.
[43] Vgl. Di Wu et al. (System Integration and Control of Proton Exchange Membrane Fuel Cells), 2020, S. 468.
[44] Vgl. Löhn (Leistungsvergleich von Polymerelektrolytmembran-Brennstoffzellen), 2010, S. 19.
[45] Vgl. Alaswad et al. (Developments in Fuel Cell Technologies in the Transport Sector), 2016, S. 5.
[46] Vgl. Pollet et al. (Current status of automotive fuel cells for sustainable transport), 2019, S. 93.
[47] Vgl. Mehta et al. (Review and Analysis of PEM Fuel Cell Design and Manufacturing), 2003, S. 38.
[48] Vgl. Dicks et al. (Fuel Cell Systems Explained), 2018, S. 83-85.
[49] Vgl. Frölich (Decal-Prozess zur Herstellung katalysatorbeschichteter Membranen), 2015, S. 87.

Beschichtung wird den oben genannten Komponenten Lösungsmittel beigemischt. Ein Bindemittel ermöglicht die Haftung der Dispersion auf dem zu beschichtenden Substrat und sorgt für die strukturelle Integrität.[50] Im Rahmen dieser Arbeit werden ausschließlich Polymerelektrolytmembran-Brennstoffzellen (PEM-BZ) betrachtet. Wird der Begriff Brennstoffzelle verwendet, so ist darunter stets die PEM-Brennstoffzelle zu verstehen.

In PEM-Brennstoffzellen kommt eine 7–25 µm dicke Ionenaustauschmembran als Festkörperelektrolyt zum Einsatz.[51,52] Diese Perfluorsulfonsäure-Polymer-Membran (PFSA-Membran) besitzt starke Kohlenstoff-Fluorbindungen, welche der Membran thermische Stabilität und chemische Inertheit verleihen.[53] Der chemische Aufbau der Membran besteht aus einem hydrophoben Polytetrafluorethylen (PTFE)-Grundgerüst mit angelagerten hydrophilen Sulfonsäuregruppen.[54] Bei geringerem Wassergehalt erfolgt die Protonenleitung über diese funktionellen Säureendgruppen. Bei höherem Wassergehalt sorgen durch Wassermoleküle und Wasserstoffionen gebildete Hydrathüllen für die Protonenleitung.[55] Das durch Feuchtigkeit verursachte Anschwellen der Membran ist dabei Ursache für Rissbildung in der Katalysatorschicht sowie mechanische Ermüdung des Materials. Da dadurch die Lebensdauer der BZ reduziert wird, gilt es diesen Prozess möglichst gering zu halten.[56,57]

Die Komponenten GDL und BPP sind sowohl auf Anoden- als auch auf Kathodenseite vorhanden. Während die GDL für eine gleichmäßige Verteilung der Reaktionsmedien über die sogenannte aktive Fläche sorgt, Elektronen leitet und Wasser abtransportiert, befördert die BPP die Reaktionsmedien, bildet die elektrischen Pole und führt die Reaktionswärme über ein Kühlmedium ab[58,59]. Die GDL setzt sich in der Regel aus den beiden Bestandteilen Makroporöse Schicht, auch Support Layer (SL), und Mikroporöse Schicht, auch Microporous Layer (MPL), zusammen.[60] Der SL besteht aus karbonfaserbasierten Stoffen mit hoher Porosität und sorgt unter anderem für den Transport und die Verteilung der Reaktionsmedien.[61] Die MPL verbessert unter anderem die hydrophoben Eigenschaften der GDL und den elektrischen Kontakt zur Katalysatorschicht.[62] Sie wird durch die Vermengung von Karbonpartikeln mit Bindermaterial (z. B. PTFE) hergestellt.[63] Die BPP besteht aus zwei Bipolarhalbplatten (BPHP), die mit Kühlkanälen auf der einen Seite und Flussfeldern (engl. Flowfields) auf der anderen Seite versehen sind. Außerdem sind Aussparungen für die Zu- und Abfuhr der Reaktionsmedien eingebracht.[64]

---

[50] Vgl. Wilson et al. (Thin-Film Catalyst Layers for Polymer Electrolyte Fuel Cell Electrodes), 1992, S. 5.
[51] Vgl. Napporn et al. (Polymer Electrolyte Fuel Cells), 2018, S. 73.
[52] Vgl. Thompson et al. (Direct Hydrogen Fuel Cell Electric Vehicle Cost Analysis), 2018, S. 3.
[53] Vgl. Pu (Polymers for PEM Fuel Cells), 2015, S. 51.
[54] Vgl. Wienk-Borgert (Impact of Manufacturing Environment on CCMs of a PEM Fuel Cell), 2019, S. 39.
[55] Vgl. Kaz (Herstellung und Charakterisierung von Membran-Elektroden-Einheiten), 2008, S. 18.
[56] Vgl. Goulet et al. (Mechanical Properties of Catalyst Coated Membranes for Fuel Cells), 2013, S. 39.
[57] Vgl. Wienk-Borgert (Impact of Manufacturing Environment on CCMs of a PEM Fuel Cell), 2019, S. 88.
[58] Vgl. Dicks et al. (Fuel Cell Systems Explained), 2018, S. 107.
[59] Vgl. Löhn (Leistungsvergleich von Polymerelektrolytmembran-Brennstoffzellen), 2010, S. 20.
[60] Vgl. Zhang (PEM Fuel Cell Electrocatalysts and Catalyst Layers), 2008, S. 15.
[61] Vgl. Squadrito (Preparation of MEA), 2018, S. 131.
[62] Vgl. Mehta et al. (Review and Analysis of PEM Fuel Cell Design and Manufacturing), 2003, S. 38f.
[63] Vgl. Squadrito (Preparation of MEA), 2018, S. 130 ff.
[64] Vgl. Scott (Mass Transfer in Flow Fields), 2010, S. 3.

Grundsätzlich ist zwischen metallischen und graphitischen BPP zu unterscheiden.[65] Bei der Herstellung werden zwei BPHP auf ihrer Kühlmittelseite miteinander verbunden und auf der Flowfieldseite wird eine Dichtungsschicht aufgebracht. Es existieren unterschiedliche Dichtungskonzepte.[66]

Die Verbindung der Polymermembran mit der anoden- und kathodenseitigen Katalysatorschicht ergibt die katalysatorbeschichtete Membran (engl. Catalyst Coated Membrane, CCM). Zusammen mit jeweils zwei GDLs bildet sie die Membrane Electrode Assembly (MEA).[67] Diese wird im Sinne einer Gas- und Flüssigkeitsabdichtung mit einem Polyethylenterephthalat (PET)-Dichtungsrahmen (Subgasket) versehen und durch Stapeln mit einer anoden- und kathodenseitigen BPP zu einer BZ montiert.[68]

Mindestens zwei in Reihe geschaltete und kraftschlüssig verbundene BZ bilden einen BZ-Stack, siehe Abbildung 2.2.[69] Die Stackbaugruppe setzt sich aus den gestapelten BZ und den weiteren Komponenten Medienverteilerplatte, Endplatte, Stromabnehmer, Spannelemente sowie Cell Voltage Monitoring-Einheit (CVM) zusammen.[70] Während die Endplatten das strukturelle Stützgerüst für den BZ-Stack bieten, ermöglichen die Stromabnehmer die Entnahme des elektrischen Stromes. Die Spannelemente fixieren MEA und BPP mit definierter Flächenpressung, wobei dem Anpressdruck eine wesentliche Rolle zuteilwird. Ein zu hoher Druck kann die Komponenten beschädigen, während ein zu niedriger Druck den Kontaktwiderstand erhöht.[71] Einige Stackdesigns beinhalten darüber hinaus ein Gehäuse, welches vor physikalischer Krafteinwirkung, Feuchtigkeit und Fremdmedien schützt.[72] Die Zu- und Abführung der Betriebsmedien Luft, Wasserstoff und Kühlflüssigkeit geschieht über eine Medienverteilerplatte, welche je nach Produktdesign auch den Deckel des Gehäuses darstellen kann oder weitere Funktionen beinhaltet.[73,74]

[65] Vgl. Dicks et al. (Fuel Cell Systems Explained), 2018, S. 107.
[66] Vgl. Bendzulla (Entwicklung und Auslegung von HT-PEFC-Stacks), 2010, S. 60.
[67] Vgl. Shahgaldi et al. (Impact of Manufacturing Processes on PEMFC Performance), 2018, S. 1022.
[68] Vgl. James et al. (Mass Production Cost Estimation of Direct H2 PEM Fuel Cell Systems), 2018, S. 139f.
[69] Vgl. Barbir (Stack Design), 2013, S. 159.
[70] Vgl. Marcinkoski et al. (Manufacturing Process Assumptions in FCS Cost Analyses), 2011, S. 5287.
[71] Vgl. Löhn (Leistungsvergleich von Polymerelektrolytmembran-Brennstoffzellen), 2010, S. 22.
[72] Vgl. Werhahn (Kosten von BZ-Systemen auf Massenbasis), 2009, S. 120.
[73] Vgl. Haberl (INN-BALANCE Deliverable 1.4), 2018, S. 9.
[74] Vgl. Frank (Brennstoffzellentechnik bei Daimler), 2018, S. 18.

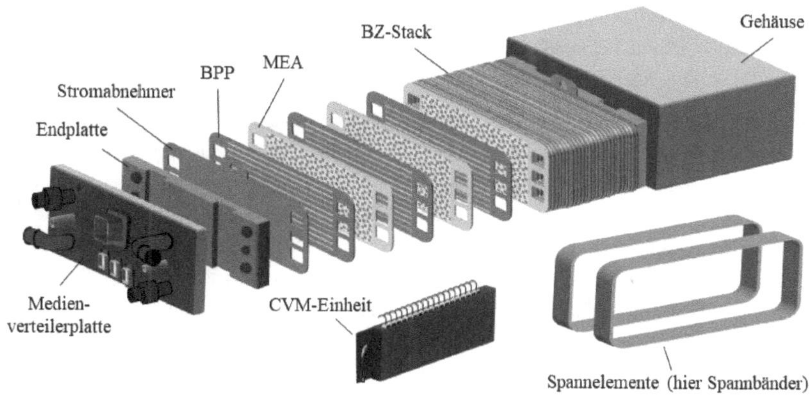

Abbildung 2.2: PEM-Brennstoffzellenstack und seine Bestandteile[75]

Die BoP sind in die drei Baugruppen Luftkreislauf, auch Kathodenkreislauf, Wasserstoffkreislauf, auch Anodenkreislauf, sowie Kühlkreisläufe zu unterteilen.[76] Abbildung 2.3 zeigt eine Auflistung der Komponenten je Kreislauf.

Luftkreislauf	Wasserstoffkreislauf	Kühlkreisläufe (NT & HT)
Luftmassenstromsensor	Wasserstofffilter	Kühlmittelbehälter
Luftfilter	Rezirkulationseinheit	Kühlmittelpumpe
Luftleitungen	Verteilerventile	Ionentauscher
Druckhalteventil	Überdruckventile	Temperatursensoren
Befeuchter	Absperrventile	Ventile
Wasserabscheider	Entgasungsventil	Radiator
Luftkühler	Wasserstoffleitungen	Ventilator
Kompressor/Expander		Kühlmittelleitungen
Sensorik		

Abbildung 2.3: Komponentenliste der BoP-Kreisläufe[77]

Der Luftkreislauf besteht aus Kunststoffleitungen in Kombination mit einem Luftfilter, einem Luftkompressor und einem Druckhalteventil, einem Befeuchter und Wasserabscheider sowie Sensorik. Des Weiteren werden über den Luftkreislauf das in der BZ entstandene Reaktionswasser sowie Wasserdampf in die Umgebung abgeführt.[78]

[75] i. A. a. Sutharssan et al. (Prognostics and Health Monitoring of PEMFC), 2017, S. 2.
[76] Vgl. Klell et al. (Wasserstoff in der Fahrzeugtechnik), 2018, S. 169ff.
[77] Vgl. Marcinkoski et al. (Manufacturing Process Assumptions in FCS Cost Analyses), 2011, S. 5289.
[78] Vgl. Klell et al. (Wasserstoff in der Fahrzeugtechnik), 2018, S. 171f.

Der Wasserstoffkreislauf beinhaltet metallische Leitungen, eine Wasserstoff-Rezirkulationseinheit, Befeuchter und Wasserabscheider sowie Ventile und Sensorik[79,80]. Der Wasserstofftank wird in der vorliegenden Begriffsdefinition explizit aus dem BZ-System ausgeschlossen.

Die Kühlkreisläufe unterscheiden sich durch ihren Temperaturbereich. Innerhalb des BZ-Systems existiert ein Hochtemperaturkreislauf (HT-Kreislauf, ≤ 95 °C) zur Kühlung des BZ-Stacks und ein Niedertemperaturkreislauf (NT-Kreislauf, ≤70 °C) unter anderem zur Kühlung der komprimierten Luft[81]. Beide Kreisläufe beinhalten Kühlmittelpumpen, Wärmetauscher und Radiatoren sowie Kühlleitungen aus Kunststoff. Das Kühlmittel innerhalb des HT-Kreislaufs unterliegt jedoch aufgrund des direkten Kühlmittelflusses durch die BPP der besonderen Anforderung, dass dieses nicht elektrisch leitend sein darf. Aus diesem Grunde muss die Anreicherung von Ionen im Kühlmittel vermieden werden, wozu ein Ionentauscher im HT-Kreislauf zum Einsatz kommt.[82] Zur Verbesserung der Kaltstartfähigkeit werden auch Kühlmittelheizungen im BZ-System verbaut.[83]

Die Ausführungen zeigen, dass das BZ-System aus zahlreichen Komponenten unterschiedlicher Eigenschaften und Funktionen besteht. Um Kostensenkungen entsprechend der Zielsetzung in Kapitel 1.2 zu realisieren, ist eine gesamthafte Betrachtung aller BZ-Systemkomponenten notwendig. Im vorliegenden Kapitel wurde das BZ-System durch Subkomponenten und Baugruppen definiert. Es folgt die Beschreibung des Herstellungsprozesses und der Fertigungstechnologien von BZ-Systemen.

2.1.2 Herstellung von PEM-Brennstoffzellensystemen

Der Herstellungsprozess von BZ-Systemen setzt sich aus diversen Prozessschritten zur Fertigung der BZ-Komponenten und des BZ-Stacks sowie zur Montage des BZ-Systems selbst zusammen. Abbildung 2.4 zeigt einen Überblick der Herstellungsprozesse für BZ-Komponenten, -Stacks und -Systeme.

[79] Vgl. Marcinkoski et al. (Manufacturing Process Assumptions in FCS Cost Analyses), 2011, S. 5288.
[80] Vgl. Dicks et al. (Fuel Cell Systems Explained), 2018, S. 102.
[81] Vgl. Kurzweil (Brennstoffzellentechnik), 2016, S. 134.
[82] Vgl. Nöst et al. (Thermal Management of PEM Fuel Cells in Electric Vehicles), 2018, S. 104ff.
[83] Vgl. Di Wu et al. (System Integration and Control of Proton Exchange Membrane Fuel Cells), 2020, S. 483.

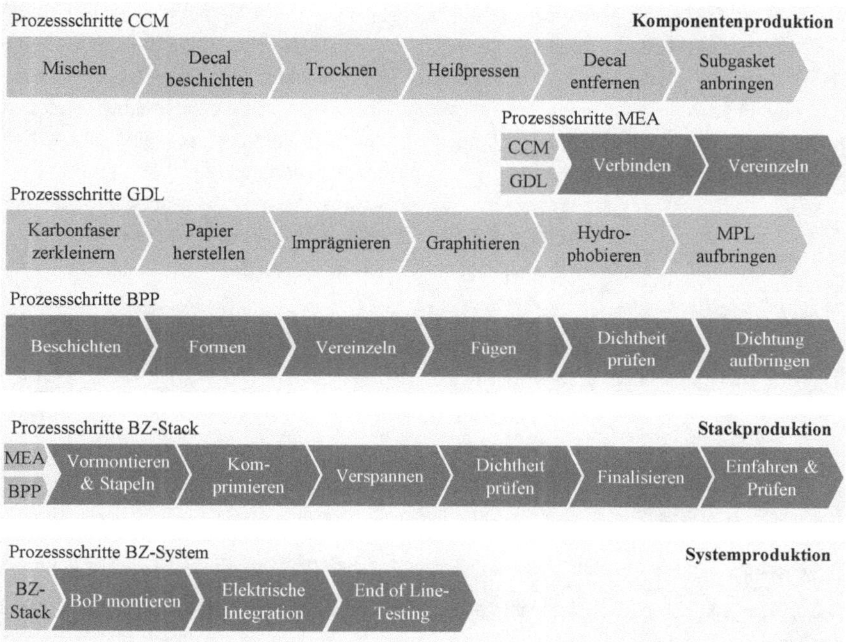

Abbildung 2.4: Überblick des Herstellungsprozesses eines BZ-Systems[84]

Die Herstellungsprozesse für die BZ-Komponenten BPP und MEA sowie für den BZ-Stack sind getrennt voneinander zu betrachten. Im Rahmen der aktuellen Wertschöpfungsstruktur werden BPP und MEA von Zulieferern hergestellt. BZ-Stacks oder -Systeme werden entweder von den Fahrzeug-Original Equipment Manufacturers (Fahrzeug-OEM) selbst oder von BZ-Stackherstellern gefertigt.[85,86,87] Innerhalb der gesamten Wertschöpfungskette existieren zahlreiche Möglichkeiten, die Prozessschrittfolgen zu kombinieren oder notwendige Fertigungstechnologien zu variieren. Im Folgenden werden diese Prozessschritte detailliert erläutert und jeweils aktuell in der Industrie verwendete Fertigungstechnologien auf Grundlage veröffentlichter Literatur zur BZ-Systemproduktion beschrieben.

2.1.2.1 Herstellung der CCM

Bei der CCM-Herstellung geht es im Wesentlichen darum, die Polymermembran anoden- und kathodenseitig mit Katalysatormaterial zu beschichten. Gegenüber alternativen Konzepten, beispielsweise der Beschichtung der GDL mit Katalysatormaterial, wird der CCM ein verbesserter Grenzflächenkontakt zwischen Katalysatorschicht und Membran zugeschrieben.[88] Da die mit einer Direktbeschichtung der Polymermembran verbundene Flüssigkeitszufuhr ein

[84] i. A. a. Kampker et al. (Produktion von Brennstoffzellenkomponenten), 2020, S. 5.
[85] Vgl. Tanner (Emergence of the Fuel Cell Industry in European Regions), 2014, S. 417.
[86] Vgl. Tajitsu et al. (Toyota Plans to Expand Production), 2018, S. 2f.
[87] Vgl. Ballard Power Systems (Ballard Expanding MEA Production Capacity), 2020, S. 1.
[88] Vgl. Shahgaldi et al. (Impact of Manufacturing Processes on PEMFC Performance), 2018, S. 1023.

Anschwellen derselben hervorruft, stellt das sogenannte Decal-Verfahren eine Alternative dar.[89,90] Hierbei wird ein Kunststoffsubstrat (z. B. PTFE, Kapton, Polydimethylsiloxan [PDMS], Polyvinylidenfluorid [PVDF] und weitere) mit der flüssigen Katalysatortinte beschichtet und anschließend getrocknet, bevor eine Übertragung auf die Polymermembran stattfindet.[91] Die Prozessschritte zur Herstellung der CCM sowie mögliche Technologiealternativen sind auf Abbildung 2.5 dargestellt und werden nachfolgend erläutert.

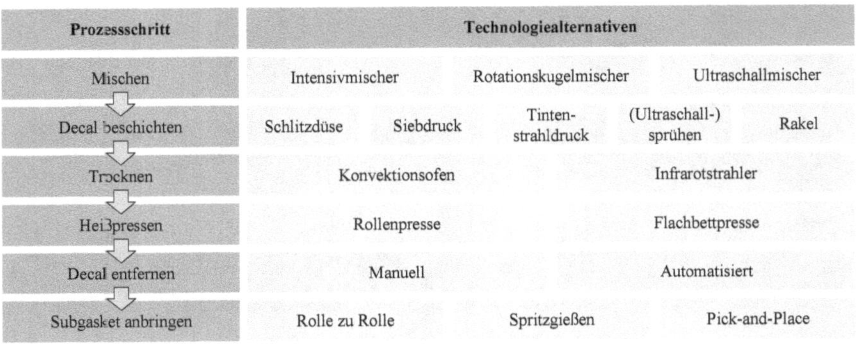

Abbildung 2.5: Prozessschrittfolge und Technologiealternativen für die CCM-Herstellung

Die Vorbereitung der Katalysatortinte erfolgt durch das *Mischen*. Bei diesem Prozessschritt werden die in Kapitel 2.1.1 genannten Bestandteile der Katalysatortinte mittels Intensivmischer gerührt und mit Ultraschall behandelt, sodass eine gleichmäßige Suspension entsteht.[92] Alternativ kann Rotationskugelmischen zur Dispergierung verwendet werden.[93,94] Relevante Eigenschaften der Tinte sind über Viskosität, mittlere Partikelgröße, Partikelgrößenverteilung und Metalloberfläche definiert.[95,96] Die Dauer des Mischvorgangs wird zwischen einer und zwei Stunden angegeben.[97,98]

Im Rahmen des Decal-Verfahrens folgt der Prozessschritt *Decal beschichten*. Die Katalysatortinte kann per Schlitzdüse, Siebdruck, Tintenstrahldruck oder Ultraschallsprühen sowie per Rakel erfolgen.[99] Eine qualitativ hochwertige Katalysatorschicht ist über eine gleichmäßige Schichtdicke, Freiheit von Fehlstellen und Abwesenheit von Fremdpartikeln gekennzeichnet.[100] Je nach Auftragsverfahren und Schichtdicke sind Bandgeschwindigkeiten von ca. 2–6 m/min erzielbar.[101]

89 Vgl. Jalani et al. (Effect of Component Parameters on the Sorption Behavior of Nafion®), 2005, S. 2.
90 Vgl. Frölich (Decal-Prozess zur Herstellung katalysatorbeschichteter Membranen), 2015, S. 89.
91 Vgl. Frölich (Decal-Prozess zur Herstellung katalysatorbeschichteter Membranen), 2015, S. 90.
92 Vgl. Zhang (PEM Fuel Cell Electrocatalysts and Catalyst Layers), 2008, S. 1019.
93 Vgl. Lim et al. (Effect of Dispersion Methods on a Direct Methanol Fuel Cell), 2006, S. 14.
94 Vgl. Wang et al. (Impact of Catalyst Ink Dispersing Methodology on Fuel Cell Performance), 2019, S. 6418.
95 Vgl. Zhang (PEM Fuel Cell Electrocatalysts and Catalyst Layers), 2008, S. 893.
96 Vgl. Uchida et al. (Improved Preparation Process of Very-Low-Platinum-Loading Electrodes), 1998, S. 3710.
97 Vgl. Wang et al. (Fabrication and Electrochemical Performance of MEA), 2013, S. 11061.
98 Vgl. Lim et al. (Effect of Dispersion Methods on a Direct Methanol Fuel Cell), 2006, S. 12.
99 Vgl. las Heras et al. (Techniques to Manufacture the PEFCs Core), 2018, S. 42f.
100 Vgl. Kampker et al. (Produktion von Brennstoffzellenkomponenten), 2020, S. 8.
101 Vgl. Liang et al. (A Modified Decal Method for Preparing the MEA), 2015, S. 394.

Beim *Trocknen* der Katalysatorschicht werden die Lösungsmittel verdampft und ein gewünschter Trocknungsgrad eingestellt. Als Energieeintragsverfahren werden Konvektionsöfen oder Infrarotstrahlung verwendet.[102,103] Durch die erforderliche Trocknungszeit werden Bandgeschwindigkeit und Anlagenlänge bestimmt. Das BATTELLE MEMORIAL INSTITUTE gibt Bandgeschwindigkeiten von zwischen 7,2 m/min und 8,3 m/min sowie Anlagenlängen zwischen 2 m und 4 m an.[104]

Das *Heißpressen* ermöglicht die Übertragung der getrockneten Katalysatorschicht vom Decal-Substrat auf die Polymermembran. Das Substrat wird anoden- und kathodenseitig auf der Membran positioniert und über einen Zeitraum von 3–8 min mit erhöhten Temperaturen zwischen 120 °C und 200 °C sowie erhöhtem Druck zwischen 0,4 MPa und 12 MPa beaufschlagt.[105,106,107] Die Parameter Anpressdruck, Anpresszeit und Temperatur bestimmen die Übertragungsrate.[108,109] Der Prozessschritt kann entweder batchweise, zum Beispiel per Flachbettpresse, oder kontinuierlich, zum Beispiel per Rollenpresse, durchgeführt werden.[110,111,112] Die Bandgeschwindigkeit wird zwischen 0,1 m/min und 0,5 m/min angegeben.[113,114]

Beim *Decal entfernen* wird das Decal-Substrat nach Durchführung des Heißpressvorgangs von der CCM abgezogen. Hierzu ist eine sogenannte Peel-Kraft erforderlich, welche je nach Konfiguration des Heißpressvorgangs zwischen 1 N/cm und 1,5 N/cm beträgt.[115] Das Entfernen des Decals kann im Rahmen eines kontinuierlichen Prozesses automatisiert innerhalb einer Anlagenlösung erfolgen.[116]

Die Fertigstellung der CCM erfolgt mit dem Prozessschritt *Subgasket anbringen*. Hierbei werden jeweils anoden- und kathodenseitig 0,1 mm dicke PET-Dichtungen in Fensterrahmenform auf die CCM aufgebracht und mit sich selbst sowie dem Umfang der MEA laminiert.[117] Ein Rolle-zu-Rolle-Anlagenkonzept ist durch das Unternehmen 3M patentiert, für das JAMES ET AL. Prozessgeschwindigkeiten von 30 m/min annehmen.[118] Das Unternehmen Toyota verwendet spritzgegossene Rahmendichtungen.[119] Für kleinere Stückzahlen ist außerdem die Verwendung eines Pick-and-Place Roboters möglich.[120]

---

[102] Vgl. Battelle (Manufacturing Cost Analysis of PEM Fuel Cell Systems), 2016, S. 81.
[103] Vgl. Scheepers (Quantitative Analyse der Trocknungsverläufe von Katalysatordispersionen), 2019, S. 19f.
[104] Vgl. Battelle (Manufacturing Cost Analysis of PEM Fuel Cell Systems), 2016, S. 81f.
[105] Vgl. Saha et al. (Fabrication of Catalyst-Coated Membrane), 2010, S. 411.
[106] Vgl. Frölich (Decal-Prozess zur Herstellung katalysatorbeschichteter Membranen), 2015, S. 184.
[107] Vgl. Frölich (Decal-Prozess zur Herstellung katalysatorbeschichteter Membranen), 2015, S. 154.
[108] Vgl. Saha et al. (Fabrication of Catalyst-Coated Membrane), 2010, S. 411.
[109] Vgl. Frölich (Decal-Prozess zur Herstellung katalysatorbeschichteter Membranen), 2015, S. 101.
[110] Vgl. James et al. (Mass Production Cost Estimation of Direct H2 PEM Fuel Cell Systems), 2018, S. 149.
[111] Vgl. Mehmood et al. (Efficient Decal Transfer Method), 2012, S. 18465.
[112] Vgl. Mehmood et al. (Parametric Investigation of aDecal Technique to Fabricate MEAs), 2013, S. 12428.
[113] Vgl. Wienk-Borgert (Impact of Manufacturing Environment on CCMs of a PEM Fuel Cell), 2019, S. 28.
[114] Vgl. Frölich (Decal-Prozess zur Herstellung katalysatorbeschichteter Membranen), 2015, S. 211.
[115] Vgl. Frölich (Decal-Prozess zur Herstellung katalysatorbeschichteter Membranen), 2015, S. 154.
[116] Vgl. Wienk-Borgert (Impact of Manufacturing Environment on CCMs of a PEM Fuel Cell), 2019, S. 27.
[117] Vgl. James et al. (Mass Production Cost Estimation of Direct H2 PEM Fuel Cell Systems), 2018, S. 140.
[118] Vgl. Iverson et al. (Fuel Cell Subassemblies Incorporating Subgasketed Thrifted Membranes), 2011, S. 2ff.
[119] Vgl. James et al. (Mass Production Cost Estimation of Direct H2 PEM Fuel Cell Systems), 2018, S. 87.
[120] Vgl. James et al. (Mass Production Cost Estimation of Direct H2 PEM Fuel Cell Systems), 2018, S. 143ff.

2.1.2.2 Herstellung der GDL

Die Herstellung der GDL beinhaltet die Fertigung des Karbonpapiers und dessen Nachbehandlung. Diese setzt sich aus Imprägnier- und Wärmebehandlungsprozessen sowie der abschließenden Aufbringung des MPL zusammen. Abbildung 2.6 zeigt die Prozessschrittfolgen sowie Technologiealternativen für den Herstellungsprozess der GDL.

Prozessschritt	Technologiealternativen				
Karbonfaser zerkleinern	Rotationsschneiden			Guillotineschneiden	
Papier herstellen	Konv. Papierherstellung		Weben	Trockenverlegung & Wasserstrahlverfestigung	
Imprägnieren			Tauchbad		
Graphitieren	Durchlaufofen			Batchcarbonisierung	
Hydrophobieren	Tauchbad		Sprühen	Pinselauftrag	
MPL aufbringen	Rakel	Schlitzdüse	Siebdruck	Sprühauftrag	Aufrollen

Abbildung 2.6: Prozessschrittfolge und Technologiealternativen für die GDL-Herstellung

Der Herstellungsprozess der GDL beginnt mit der *Zerkleinerung von Karbonfasern.* Nachdem die Karbonfasern zuvor durch die Verarbeitung von Polyacrylnitril (PAN) hergestellt worden sind, werden diese zur Vorbereitung für den Papierherstellungsprozess zerkleinert.[121,122] Zur Anwendung kommt an dieser Stelle ein Rotationsschneidwerkzeug, welches das kontinuierlich zugeführte Fasermaterial verschleißarm und bei hoher Prozessgeschwindigkeit in 6–12 mm große Faserstücke zerkleinert. Die Schnittrate wird mit 9 m/min angegeben.[123] Alternativ kann klassisches, diskontinuierliches Schneiden per Guillotine erfolgen.[124]

Es folgt die *Papierherstellung*, deren wesentliche Wertschöpfungsschritte aus Formen, Entwässern, Pressen und Trocknen des Materials bestehen. Im Rahmen des Papierherstellungsprozesses wird die Karbonfasersuspension auf ein Drahtgitter appliziert. Nachdem das in der Suspension enthaltene Wasser durch Gravitationskräfte abgeflossen ist, erhöhen Pressrollen den Feststoffgehalt der Suspension und erzeugen Papier. Schließlich wird dieses in der Trocknungszone, bspw. per Dampftrocknung, getrocknet.[125] Die Rollenware misst typischerweise 250 m in der Länge und 2 m in der Breite. Das produzierte Karbonpapier besitzt ein Flächengewicht von 45–70 g/m² und eine Dicke von 0,2–0,27 mm. Alternativ zur Papierherstellung kann Weben oder Trockenverlegung in Kombination mit Wasserstrahlverfestigung zum Einsatz kommen.[126]

[121] Vgl. Park (Carbon Fibers), 2018, S. 31.
[122] Vgl. Kampker et al. (Produktion von Brennstoffzellenkomponenten), 2020, S. 12.
[123] Vgl. Shen et al. (Wear Patterns of Cutting Tools during the Manufacturing of Carbon Fiber), 2015, S. 10.
[124] Vgl. Kampker et al. (Produktion von Brennstoffzellenkomponenten), 2020, S. 12.
[125] Vgl. Biermann (Handbook of Pulping and Papermaking), 1996, S. 210ff.
[126] Vgl. Mathias et al. (Diffusion Media Materials and Characterisation), 2010, S. 5f.

Nach *Imprägnieren* des Papiers mit duroplastischem Harz per Tauchbad erfolgt das Erhitzen des Materials auf ca. 150 °C in Luft. Nach Verdampfen der Lösungsmittel verbleibt ca. 50–70%$_{Gew}$ Harz im Karbonpapier. Durch das Imprägnieren kann die gewünschte Dicke und Dichte des Materials genau eingestellt werden.[127]

Das *Graphitieren* wird bei Temperaturen zwischen 1.400 °C und > 2.000 °C unter Schutzgasatmosphäre (z. B. Stickstoff oder Argon) durchgeführt. Die Durchführung kann entweder batchweise oder kontinuierlich in einem Konvektionsofen erfolgen. Innerhalb der produzierenden Industrie kommt ein Schwebeofen mit Heiz- und Kühlzone zum Einsatz. Das Verfahren beeinflusst Dichte, Wandstärke, elektrischen Widerstand sowie thermische Leitfähigkeit, Elastizitätsmodul und chemische Beständigkeit. Nach Durchführung des Prozessschrittes beträgt die Wandstärke des Materials zwischen 0,15 mm und 0,3 mm bei einer Dichte von ca. 2 g/cm^3.[128,129]

Beim *Hydrophobieren* wird die wasserabweisende Eigenschaft des Karbonpapiers durch Behandlung mit PTFE erhöht. Das Material wird üblicherweise per Tauchverfahren appliziert, kann jedoch auch per Sprühen oder Bestreichen aufgebracht werden. Im Anschluss erfolgt die langsame Trocknung und Sinterung des PTFE bei 350 °C (z. B. per Konvektion) mit der Zielsetzung, das Material gleichmäßig über die Wandstärke der GDL zu verteilen.[130]

Die Herstellung der GDL ist mit dem *Aufbringen des MPL* abgeschlossen. Hierbei wird ein Gemisch aus Karbon- oder Graphitpartikeln mit polymerem Bindemittel (z. B. PTFE oder Polyvinylidenfluorid, PVDF) mit einer Schichtdicke von ca. 50 µm auf die GDL aufgebracht. Es folgt eine Wärmebehandlung per Konvektion, bei der Lösemittel langsam in einem Vorwärmprozess bei 250 °C verdampft und das Bindermaterial anschließend bei 350 °C gesintert wird. Für eine gute Endqualität ist im Submikrometerbereich (ca. 100 µm) eine gleichmäßige Schichtstruktur ohne Risse relevant. [131,132]

2.1.2.3 Herstellung der MEA

Die MEA setzt sich aus der CCM inklusive Subgasket und zwei GDLs zusammen. Die Herstellung der MEA beinhaltet das Verbinden der Komponenten miteinander und die Vereinzelung zu MEA-Sheets. Diese wiederum dienen als Eingangskomponenten bei der Stackherstellung.[133] Abbildung 2.7 zeigt die zugehörige Prozessschrittfolge, bestehend aus den Schritten Verbinden und Vereinzeln, und mögliche Technologiealternativen.

[127] Vgl. Mathias et al. (Diffusion Media Materials and Characterisation), 2010, S. 6.
[128] Vgl. Kampker et al. (Produktion von Brennstoffzellenkomponenten), 2020, S. 15.
[129] Vgl. Mathias et al. (Diffusion Media Materials and Characterisation), 2010, S. 6f.
[130] Vgl. Mathias et al. (Diffusion Media Materials and Characterisation), 2010, S. 9.
[131] Vgl. Cabasso et al. (Gas Diffusion Electrodes based on Poly Carbon Blends), 1998, S. 8.
[132] Vgl. Mathias et al. (Diffusion Media Materials and Characterisation), 2010, S. 9f.
[133] Vgl. Kampker et al. (Produktion von Brennstoffzellensystemen), 2020, S. 8.

Prozessschritt	Technologiealternativen	
Verbinden	Rollenpresse	Flachbettpresse
Vereinzeln	Längsschneiden	Querschneiden

Abbildung 2.7: Prozessschrittfolge und Technologiealternativen für die MEA-Herstellung

Das *Verbinden* der CCM mit den beiden GDLs wird, analog zum Prozessschritt in der CCM-Herstellung, per Heißpressverfahren durchgeführt. Hierbei werden die in der Katalysatorschicht befindlichen Ionomerpartikel an die GDL angeschmolzen. Dies kann innerhalb eines kontinuierlichen oder diskontinuierlichen Prozesses stattfinden.[134] Verwendete Pressen verbinden die Komponenten bei einer Temperatur von 160 °C in einem Presszeitraum von ca. 93 Sekunden. Um die Ausbringungsraten zu erhöhen, können mehrere MEAs gleichzeitig verpresst werden. Es ist außerdem notwendig, das Endprodukt unter anderem hinsichtlich Materialbeschädigungen in Form von Löchern oder Delaminationen zu untersuchen. Dies kann durch einen Facharbeiter oder ein optisches Erkennungssystem geschehen.[135]

Die *Vereinzelung* findet, je nach Prozesskonfiguration und Anordnung der MEA-Sheets auf dem Band, längs und querseitig per konventionellen Schneidwerkzeugen statt.[136]

2.1.2.4 Herstellung der BPP

Die Herstellung einer metallischen BPP setzt sich aus sechs Prozessschritten zusammen, welche sich jedoch in ihrer Reihenfolge unterscheiden können. Beispielsweise existieren in der Wissenschaft unterschiedliche Ausführungen darüber, ob der Beschichtungsprozessschritt vor oder nach dem Formprozessschritt stattfinden sollte.[137,138] Abbildung 2.8 zeigt eine exemplarische Prozessschrittfolge, bei der das Rohmaterial zunächst beschichtet und anschließend geformt wird. Des Weiteren sind die möglichen Technologiealternativen ersichtlich.

[134] Vgl. Battelle (Manufacturing Cost Analysis of PEM Fuel Cell Systems), 2016, S. 83.
[135] Vgl. James et al. (Mass Production Cost Estimation of Direct H2 PEM Fuel Cell Systems), 2018, S. 149.
[136] Vgl. James et al. (Mass Production Cost Estimation of Direct H2 PEM Fuel Cell Systems), 2018, S. 151.
[137] Vgl. Alo et al. (Manufacturing Methods for Metallic Bipolar Plates), 2019, S. 941.
[138] Vgl. Dur et al. (Effect of Manufacturing Process Sequence on Corrosion Resistance of BPP), 2014, S. 790.

Prozessschritt	**Technologiealternativen**			
Beschichten	PVD	Magnetron-Sputtering	Nitrieren	Tauch-beschichtung
Formen	Hydroforming	Stanzen	Rubber Pad Forming	Rolle zu Rolle-Umformen
Vereinzeln	Feinschneiden	Scherschneiden	Laserschneiden	
Fügen	Laserschweißen	Kleben	Hartlöten	
Dichtheit prüfen	Druckabfallprüfung	Durchflussprüfung	Akkumulationsprüfung	
Dichtung aufbringen	Manuelles Einlegen	Siebdruck	Dispenser	

Abbildung 2.8: Prozessschrittfolge und Technologiealternativen für die BPP-Herstellung

Beim *Beschichten* des Bipolarplattenmaterials wird dessen Korrosionsbeständigkeit durch Aufbringen von beispielsweise Titannitrid (TiN), Chromnitrid (CrN), Zirconiumnitrid (ZrN) erhöht.[139,140,141] Physical Vapour Deposition (PVD) gilt hierbei als eine der vielversprechendsten Technologien zum Aufbringen des Materials.[142] Alternativ sind Magnetron Sputtering und Lichtbogenplattierung am weitesten verbreitet. Neben zahlreichen weiteren Beschichtungsverfahren sind auch Nitrieren und Tauchbeschichtung möglich.[143] Im Rahmen des PVD wird ein Material in fester oder flüssiger Form verdampft und in Vakuum oder Gas unter Niedrigdruck auf ein Substrat transportiert, wo es anschließend kondensiert.[144] Bei der Beschichtung von metallischem Bipolarplattenmaterial mittels PVD sind 0,1–1 μm dicke Korrosionsschutzschichten möglich.[145]

Das *Formen* umfasst die Erstellung der Brenngas- und Kühlmittelkanäle der BPP. Bei diesem Prozessschritt ist die Erfüllung hoher Anforderungen an die Geometrie der Kanäle notwendig. Beispielsweise muss das Verhältnis von Kanaltiefe zu -breite hoch sein.[146] Zur Durchführung dieses Prozessschrittes kommen neben dem Rubber Pad Forming und der Rolle zu Rolle-Umformung die Metallumformverfahren Stanzen und Hydroforming zum Einsatz.[147] Während das Stanzen metallische Bandware unter hohem Druck und mit hoher Geschwindigkeit zwischen einem Werkzeug und einer Matrize verformt, nutzt das Hydroforming ein Fluid zur Aufbringung des Umformdrucks auf die Matrize.[148] Die Parallelität und Ebenheit der Brenngaskanäle sind Merkmale für eine hohe Prozessqualität.[149]

---

[139] Vgl. Zhang et al. (Corrosion Behavior of TiN-Coated Stainless Steel as Bipolar Plate), 2010, S. 3721.
[140] Vgl. Tian (Chromium Nitride coated Stainless Steel as Bipolar Plate), 2011, S. 1259.
[141] Vgl. Turan et al. (Effects of Process Sequence on the Contact Resistance of Bipolar Plates), 2013, S. 926.
[142] Vgl. Yu et al. (Anticorrosion Properties of Ta-coated Stainless Steel as Bipolar Plate Material), 2009, S. 495.
[143] Vgl. Leng et al. (Stainless Steel Bipolar Plates for Proton Exchange Membrane Fuel Cells), 2020, S. 6ff.
[144] Vgl. Mattox (Handbook of Physical Vapor Deposition Processing), 2010, S. 3.
[145] Vgl. Alo et al. (Manufacturing Methods for Metallic Bipolar Plates), 2019, S. 943.
[146] Vgl. Mohammadtabar et al. (Hydroforming Process for Fabrication of Fuel Cell Bipolar Plates), 2016, S. 765.
[147] Vgl. Leng et al. (Stainless Steel Bipolar Plates for Proton Exchange Membrane Fuel Cells), 2020, S. 15f.
[148] Vgl. Alo et al. (Manufacturing Methods for Metallic Bipolar Plates), 2019, S. 935ff.
[149] Vgl. Wheeler et al. (Status of Manufacturing: Polymer Electrolyte Membrane Fuel Cells), 2008, S. 40.

Beim *Vereinzeln* werden die Brenngaszu- und -abfuhr sowie die Außenkontur der BPP beschnitten. Der Vorgang wird per Laserschneiden oder, im Rahmen des Stanzprozesses, durch das Stanzwerkzeug umgesetzt. Eine hohe Produktqualität besteht bei Gratfreiheit und nicht vorhandenem Verzug.[150] Das vereinzelte Material trägt die Bezeichnung Bipolarhalbplatte (BPHP).[151]

Im Anschluss werden die BPHP durch *Fügen* miteinander verbunden. Der Fügeprozess kann per Laserschweißen erfolgen. Alternativ ist Fügen per Kleben oder Hartlöten möglich.[152] Im Rahmen des Prozesses werden zwei BPHP mit ihrer Kühlmittelseite übereinander ausgerichtet und gestapelt. Nachfolgend werden die BPHP mediendicht gefügt, z. B. durch Schweißen einer Umfangsnaht.[153]

Im Rahmen der *Dichtheitsprüfung* der BPP wird die Mediendichtheit überprüft und die Separation als Kernfunktion der BPP sichergestellt. Dies bedeutet, dass weder Kühlmittel aus dem Innenraum der BPP austritt noch Reaktionsmedien wie Wasserstoff oder Sauerstoff in den Kühlmittelkreislauf eindringen.[154] Als Prüfmethoden stehen unter anderem Druckabfall-, Durchfluss- oder Akkumulationsprüfung zur Verfügung.[155] Der Prozess kann unter Verwendung von Helium, Stickstoff, Sauerstoff oder Luft erfolgen.[156]

Schließlich erfolgt das Aufbringen der äußeren Dichtung auf die Anoden- und Kathodenseite der BPP. Diese wird, je nach Produktdesign, entweder zuvor gefertigt und eingelegt oder in flüssiger Form per Siebdruckverfahren, alternativ per Dispenser, aufgebracht.[157,158,159]

2.1.2.5 Herstellung des BZ-Stacks

Die Herstellung des BZ-Stacks besteht aus sechs Prozessschritten. Die ersten fünf Prozessschritte beinhalten die Fertigung des Zellstapels, wohingegen der sechste und abschließende Schritt die elektrochemische Aktivierung beinhaltet. Bei der Stackherstellung wird die elektrische Leistung des BZ-Stacks durch die Anzahl gestapelter Zellen festgelegt.[160] Abbildung 2.9 zeigt die Prozessschrittfolge.

[150] Vgl. Kampker et al. (Produktion von Brennstoffzellenkomponenten), 2020, S. 21.
[151] Vgl. Fedosenko-Becker (Surface Modification of Bipolar Plates by Plasma Treatment), 2019, S. 24.
[152] Vgl. Bendzulla (Entwicklung und Auslegung von HT-PEFC-Stacks), 2010, S. 66.
[153] Vgl. Brady et al. (FeCrV Stainless Steel Bipolar Plates for PEMFC), 2013, S. 4736.
[154] Vgl. Shaigan et al. (Standardized testing framework for quality control of fuel cell bipolar plates), 2021, S. 3.
[155] Vgl. Shaigan et al. (Standardized testing framework for quality control of fuel cell bipolar plates), 2021, S. 14.
[156] Vgl. VTech (Leak Detection Methods), 2004, S. 3.
[157] Vgl. Konold et al. (Assembly of Fuel Cells and Stacks with Robots), 2009, S. 169.
[158] Vgl. Büchi et al. (Polymer Electrolyte Fuel Cell Durability), 2009, S. 274.
[159] Vgl. Bendzulla (Entwicklung und Auslegung von HT-PEFC-Stacks), 2010, S. 66.
[160] Vgl. EG&G Technical Services, Inc. (Fuel Cell Handbook), 2016, S. 23.

Prozessschritt	Technologiealternativen			
Vormontieren & Stapeln	Manuelles Stapeln	Pick and Place per Roboter		
Komprimieren	Spindelpresse	Hydraulische Presse	Pneumatische Presse	Servohydraulische Presse
Verspannen	Verschrauben	Verspannen	Klemmen	
Dichtheit prüfen	Druckabfallprüfung	Durchflussprüfung	Akkumulationsprüfung	
Finalisieren	Manuell			
Einfahren & Prüfen	Prüfstation			

Abbildung 2.9: Prozessschrittfolge und Technologiealternativen für die BZ-Stackherstellung

Beim *Vormontieren und Stapeln* werden zunächst eine untere Endplatte und ein Stromkollektor innerhalb einer Vorrichtung platziert. Es folgt das alternierende Stapeln von BPP und MEA, wobei je eine gestapelte BPP und eine gestapelte MEA eine Einzelzelle bilden. Der Stapelprozess wird so lange durchgeführt, bis die gewünschte Zellanzahl erreicht ist. Schließlich werden ein weiterer Stromkollektor und die obere Endplatte montiert.[161] Da Mediendichtheit und Leistungsfähigkeit des BZ-Stacks von der Positioniergenauigkeit der Komponenten beim Stapeln abhängig ist, sind in diesem Prozess Positioniergenauigkeiten von 0,1–0,25 mm notwendig.[162,163] Für den Stapelprozess kommen aktuell unterschiedliche Konzepte des Pick-and-place-Stapelns zum Einsatz.[164] Eine Alternative stellt das manuelle Stapeln der Komponenten dar.[165]

Der montierte BZ-Stack wird nachfolgend *komprimiert*. Ziel des Prozessschrittes ist die Verringerung des Kontaktwiderstandes der Zellelemente sowie die Erhöhung der Mediendichtheit.[166] Es ist notwendig, eine bestimmte Kompressionskraft über die gesamte Stackhöhe sowie gleichmäßige Kompressionskraft über die gesamte Stackfläche sicherzustellen.[167,168] Durchgeführt wird der Prozessschritt beispielsweise mittels Hydraulikpressvorrichtung.[169] Alternativ ist die Verwendung von Spindelpressen, pneumatischen Pressen oder servohydraulischen Pressen möglich.[170] Die benötigte Verspannkraft entspricht der Summe der Kräfte, die zur Kompression der Dichtungen und der GDL notwendig sind.[171]

Zur Aufrechterhaltung der Kompressionskraft wird der BZ-Stack *verspannt*. Als Spannelemente können Gewindestangen, Spannbänder, Spannklemmen oder Gehäuse zum Einsatz

---

[161] Vgl. Werhahn (Kosten von BZ-Systemen auf Massenbasis), 2009, S. 142.
[162] Vgl. Puffer (High Volume Manufacture of Proton Exchange Membrane Fuel Cell Stacks), 2010, S. 290.
[163] Vgl. Williams et al. (Robotic Arm for Automated Assembly of PEMFC-Stacks), 2014, S. 1f.
[164] Vgl. Porstmann et al. (Mass Manufacturing Machine for the Assembly of PEMFC Stacks), 2019, S. 5.
[165] Vgl. James et al. (Mass Production Cost Estimation of Direct H2 PEM Fuel Cell Systems), 2018, S. 166.
[166] Vgl. Lee et al. (Analyses of the Fuel Cell Stack Assembly Pressure), 2005, S. 354.
[167] Vgl. Le Wang et al. (Assembly Clamping Pressure of PEM Fuel Cells), 2010, S. 2402.
[168] Vgl. Töpler et al. (Wasserstoff und Brennstoffzelle), 2017, S. 300.
[169] Vgl. Hill et al. (Vorrichtung für den Zusammenbau eines gebandeten Brennstoffzellenstapels), 2009, S. 12.
[170] Vgl. Kampker et al. (Produktion von Brennstoffzellensystemen), 2020, S. 9.
[171] Vgl. Barbir (Stack Design), 2013, S. 208.

kommen.[172,173] Je nach verwendetem Spannelement unterscheiden sich die Prozessschritte. Während unter Verwendung von Gewindestangen ein Verschraubungsprozess erforderlich ist, kann bei Spannbändern auch ein Schweißprozess zur Anwendung kommen.[174]

Die *Dichtheitsprüfung* stellt sicher, dass der BZ-Stack mediendicht ist.[175] Mittels Druckabfall-, Durchfluss- oder Akkumulationsprüfung kann eine Leckagerate des BZ-Stacks gemessen werden.[176] Als Prüfmedien finden Helium, Stickstoff, Wasserstoff oder Luft Anwendung. Die detektierbaren Leckageraten unterscheiden sich jedoch je nach Auswahl des Prüfmediums.[177]

Im Rahmen des *Finalisierens* werden CVM-Einheit und Stromsammelschiene befestigt. Die CVM-Einheit kann stoff- oder reibschlüssig montiert werden, wobei eine präzise Kontaktierung notwendig ist.[178,179] Die Stromsammelschiene wird mit den Stromkollektoren des BZ-Stacks kontaktiert.[180]

Mit dem *Einfahren*, auch als „break-in" oder „Konditionieren" bezeichnet, *und Prüfen* ist die BZ-Stackproduktion abgeschlossen. Beim Einfahren geht es um die Gewährleistung der erforderlichen BZ-Lebensdauer, -Effizienz und -Leistungsfähigkeit. Dies wird einerseits durch die Befeuchtung der Nafion-Membran und andererseits durch die Auswaschung von im Herstellungsprozess entstandenen Verunreinigungen in der Katalysatorschicht erzielt.[181,182] Unterteilt in on-line- und off-line-Methoden, existieren unterschiedliche Prozessstrategien zur Erreichung der genannten Zielsetzung. Yuan et al. geben dazu eine Übersicht.[183] Ein klassisches Verfahren verläuft unter Aufrechterhaltung konstanter Spannung: Die Stromdichte wird im Rahmen mehrerer Zyklen kontinuierlich erhöht, während die Zellspannung auf konstantem Niveau gehalten wird. Temperatur und Druck können je nach Aktivierungsstrategie ebenfalls variieren.[184,185,186] Die verwendete Anlagentechnologie simuliert dabei die Aufbereitung der Reaktionsgase, Abgasbehandlung, Systemdruckregelung, Kühlung sowie elektrische Last. Es ist dabei möglich, relevante Daten zu erfassen, Stellgrößen zu regeln und automatische Abläufe durchzuführen.[187] Die Prozesszeiten des break-in betragen zwischen 2 Stunden und 120 Stunden, weshalb die Verkürzung dieses Prozessschrittes Ziel zahlreicher Forschungsanstrengungen ist.[188] In der abschließenden Prüfung wird die Leistungsfähigkeit des BZ-Stacks erfasst und eine erneute Dichtheitsprüfung sowie ein Isolationstest durchgeführt. Im Rahmen des

[172] Vgl. Barbir (Stack Design), 2013, S. 203.
[173] Vgl. Kolbe (Vorrichtung zum Verspannen von Einzelzellen), 2018, S. 1ff.
[174] Vgl. James et al. (Mass Production Cost Estimation of Direct H2 PEM Fuel Cell Systems), 2018, S. 164.
[175] Vgl. Vezirdis (Volumetriq Deliverable Report), 2016, S. 6.
[176] Vgl. Chen et al. (Modular, High-Volume Fuel Cell Leak-Test Suite and Process), S. 42ff.
[177] Vgl. Bailey (USFCC Leak Testing Requirements and Procedure), 2005, S. 6.
[178] Vgl. Nüßle et al. (Anordnung zur elektrischen Kontaktierung einer BZ), 2015, S. 9.
[179] Vgl. Schuster (Bauhöhe Zellkontaktierungseinheit), 2016, S. 1.
[180] Vgl. Eitzenberger et al. (Verfahren zum Herstellen einer Energieversorgungseinheit), 2015, S. 6.
[181] Vgl. Taghiabadi et al. (Effect of MEA Activation Method on Performance of PEMFC), 2019, S. 602f.
[182] Vgl. Bezmalinović et al. (Initial Conditioning of PEMFC), 2015, S. 83.
[183] Vgl. Yuan et al. (A Review of Accelerated Conditioning for a PEMFC), 2011, S. 9098ff.
[184] Vgl. Vezirdis (Volumetriq Deliverable Report), 2016, S. 7.
[185] Vgl. Taghiabadi et al. (Effect of MEA Activation Method on Performance of PEMFC), 2019, S. 604.
[186] Vgl. James et al. (Mass Production Cost Estimation of Direct H2 PEM Fuel Cell Systems), 2018, S. 169.
[187] Vgl. Bode (Testen von Brennstoffzellen für den automobilen Einsatz), 2014, S. 49.
[188] Vgl. Taghiabadi et al. (Effect of MEA Activation Method on Performance of PEMFC), 2019, S. 603.

Isolationstests wird die dielektrische Durchschlagsfestigkeit der elektrischen Isolierung zwischen aktiven Teilen und nicht-stromführenden metallischen Teilen des BZ-Stacks geprüft.[189] Nach erfolgreicher Durchführung der Tests ist der BZ-Stack bereit für die BZ-Systemmontage.

2.1.2.6 Herstellung des BZ-Systems

Wie in Kapitel 2.1.1 beschrieben, besteht das BZ-System aus zahlreichen Peripheriekomponenten, den sogenannten BoP, welche am BZ-Stack als Kernelement angebracht werden. Abbildung 2.10 zeigt die drei übergeordneten Prozessschritte BoP montieren, Elektrische Integration und das End of Line-Testing (EoL-Testing) und die Technologiealternativen unterteilt in manuelles, semi-automatisches und automatisches Vorgehen.

Prozessschritt	Technologiealternativen		
BoP montieren	Manuell	Semi-automatisch	Automatisch
Elektrische Integration	Manuell	Semi-automatisch	Automatisch
End of Line-Testing	Manuell	Semi-automatisch	Automatisch

Abbildung 2.10: Prozessschrittfolge und Technologiealternativen für die BZ-Systemherstellung

Das *Montieren der BoP* lässt sich analog zum beschriebenen Aufbau aus Kapitel 2.1.1 in die Montage des Wasserstoffkreislaufes (Anodenmodul), Luftkreislaufes (Kathodenmodul) und Kühlkreislaufes unterteilen. Die einzelnen Module werden vormontiert, während Halterungen, Leistungselektronik, Schläuche und einzelne BoP inline angebracht werden.[190] Die Montage erfolgt dabei manuell. Die *elektrische Integration* beinhaltet die Montage der Hochvolt-Leitungen und des Kabelbaumes.[191]

Da bereits bei der Herstellung des BZ-Stacks eine intensive Systemprüfung durchgeführt wird, fällt das *End of Line-Testing* kürzer aus. Das BZ-System wird innerhalb eines Prüfstandes in Betrieb genommen. Dabei wird geprüft, ob alle BoP-Komponenten ordnungsgemäß integriert wurden und das System seine Nennleistung erreicht.[192] Des Weiteren erfolgt eine Dichtheitsprüfung der BoP.[193] Nach erfolgreich bestandenem EoL-Testing erfolgt die Freigabe des BZ-Systems für die Fahrzeugmontage.[194]

2.1.3 Zwischenfazit

Die vorangegangenen Kapitel schaffen ein einheitliches Begriffsverständnis im Rahmen der BZ-Systemproduktion. BZ-Systeme bestehen im Wesentlichen aus Zellkomponenten, dem BZ-Stack und den Balance of Plant. Die Wertschöpfungskette von BZ-Systemen besteht aus den drei übergeordneten Bereichen Komponenten-, Stack- und Systemproduktion, welche jeweils

[189] Vgl. Jörissen (Development of PEM Fuel Cell Stack Reference Test Procedures for Industry), 2015, S. 77.
[190] Vgl. Mertens (Ansätze zur Automatisierung der Stackproduktion für Brennstoffzellen), 2018, S. 6.
[191] Vgl. Werhahn (Kosten von BZ-Systemen auf Massenbasis), 2009, S. 142.
[192] Vgl. James et al. (Mass Production Cost Estimation of Direct H2 PEM Fuel Cell Systems), 2018, S. 210.
[193] Vgl. Marcinkoski et al. (Manufacturing Process Assumptions in FCS Cost Analyses), 2011, S. 5291.
[194] Vgl. Deppe (Brennstoffzellen-Systemmontage Daimler), 2018, S. 6.

von unterschiedlichen Marktteilnehmern hergestellt werden. Die Vielfalt der beschriebenen Wertschöpfungsschritte erfordert diverse Fertigungstechnologien, wobei zusätzlich die Wahl zwischen mehreren Technologiealternativen zu treffen ist. Geringe Reifegrade sowie eine geringe Flexibilität innerhalb der Brennstoffzellensystemproduktion gelten dabei laut MAYYAS ET AL. als Herausforderung. Während aktuelle Forschungsbestrebungen hauptsächlich auf die Verbesserung von Materialien für den BZ-Stack abzielen, wird weniger an der Entwicklung neuer Fertigungstechnologien gearbeitet. Derzeitige Fertigungsprozesse sind deshalb langsam, kosten- und arbeitsintensiv.[195]

Im Rahmen der vorliegenden Dissertation wurde eine Studie mit dem Titel „Kostensenkung in der PEM-Brennstoffzellenproduktion" einer Stichprobengröße von 35 Teilnehmenden aus dem Bereich der BZ-Systemproduktion durchgeführt. Die Teilnehmenden wurden dabei zur Bekanntheit notwendiger Produktionstechnologieveränderungen im Sinne einer signifikanten Kostensenkung von BZ-Systemen befragt (vgl. Abbildung 2.11). Das Zeichen Ø stellt dabei den durchschnittlichen Zahlenwert der Angaben (zwischen eins für „stimme nicht zu" und vier für „stimme zu") dar, während $\tilde{x}$ den Median verkörpert.

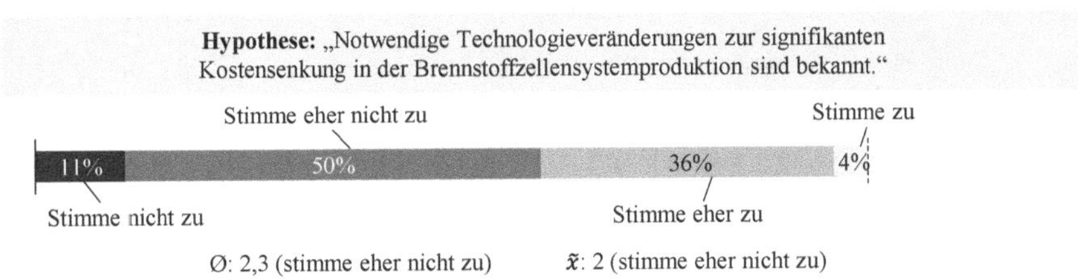

Abbildung 2.11: Studienergebnis zu notwendigen Technologieveränderungen

Über 60% der Befragten geben an, dass notwendige Produktionstechnologieveränderungen nicht bekannt sind. Außerdem sehen die Teilnehmenden eine Vorlage zur systematischen Entscheidungsfindung bei unterschiedlichen Optimierungsmöglichkeiten als hilfreich an (vgl. Abbildung 2.12).

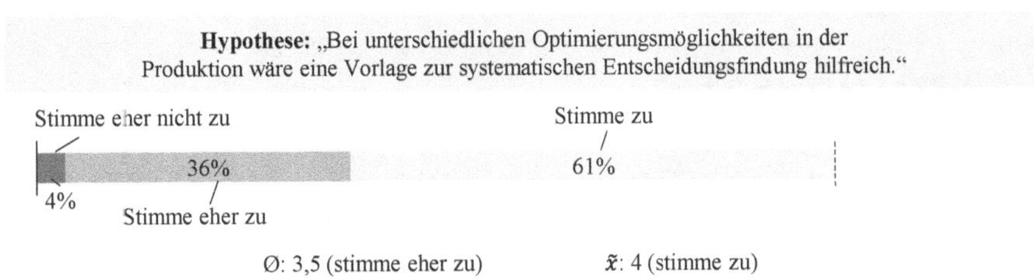

Abbildung 2.12: Studienergebnis zur Entscheidungsunterstützung bei Optimierungsmöglichkeiten

Die Angaben in der Literatur, bspw. MAYYAS ET AL., lassen die Schlussfolgerung zu, dass Bedarf nach einer Verbesserung bestehender Brennstoffzellen-Fertigungstechnologien

[195] Vgl. Mayyas et al. (Emerging Manufacturing Technologies for Fuel Cells and Electrolyzers), 2019, S. 510ff.

hinsichtlich höherer Geschwindigkeiten, geringerer Kosten und weniger manueller Arbeit besteht. Gleichzeitig ergeben sich aus den Studienergebnissen die Notwendigkeit zur Identifikation von Technologieveränderungen und zu einer systematischen Auswahl derselben. In den folgenden Kapiteln wird daher auf die Kosten von BZ-Systemen und mögliche Einsparpotenziale eingegangen.

2.2 Wirtschaftliche Aspekte von PEM-Brennstoffzellensystemen

Costs of PEM fuel cell systems

Das folgende Kapitel schafft den wirtschaftlichen Ordnungsrahmen für die BZ-Systemherstellung. Zunächst werden in Kapitel 2.2.1 relevante Kostenbegriffe definiert und innerhalb einer übergeordneten Kostenstruktur geordnet. Anschließend erfolgt in Kapitel 2.2.2 eine Analyse aktueller Kostenangaben und -ziele für die Herstellung von BZ-Systemen. Dieses Kapitel endet mit der Formulierung des Bedarfes aus der Praxis aus betriebswirtschaftlicher Perspektive in Kapitel 2.2.3.

2.2.1 Begriffsbestimmungen und Kostenstrukturdefinition

Die folgenden Abschnitte beschreiben die im Rahmen der vorliegenden Arbeit notwendigen betriebswirtschaftlichen Begrifflichkeiten. Diese werden innerhalb einer übergeordneten Kostenstruktur für Brennstoffzellensysteme geordnet, sodass eine kostenseitige Evaluation der Produktionsgüter durchgeführt werden kann. Grundlage zur Auswahl dieser Definitionen ist der Fokus auf das technisch-wirtschaftliche Konstruieren. Dabei sollen die Kosten eines noch zu entwickelnden Produktes bereits in einem frühen Stadium durch Anwendende optimiert werden können. Des Weiteren ist keine umfangreiche Vor- oder Nachkalkulation notwendig und erfordert somit möglichst wenig Arbeitszeit.[196] Abbildung 2.13 zeigt die Kostenstruktur auf Grundlage des GABLER WIRTSCHAFTSLEXIKONS und zwei Richtlinien des VEREINS DEUTSCHER INGENIEURE.

Kosten sind nach MÜLLER *„[...] der bewertete Güterverzehr einer Abrechnungsperiode, der im Rahmen der Erstellung und des Absatzes der betrieblichen Leistungen angefallen ist"*. Kosten müssen somit, in Abgrenzung zum Aufwand, betriebsbedingt, periodenzugehörig und im Rahmen der gewöhnlichen Geschäftstätigkeit angefallen sein.[197]

---

[196] Vgl. VDI (VDI 2225 Blatt 1), S. 2f.

[197] Vgl. Müller (Betriebswirtschaftslehre für Ingenieure), 2020, S. 447f.

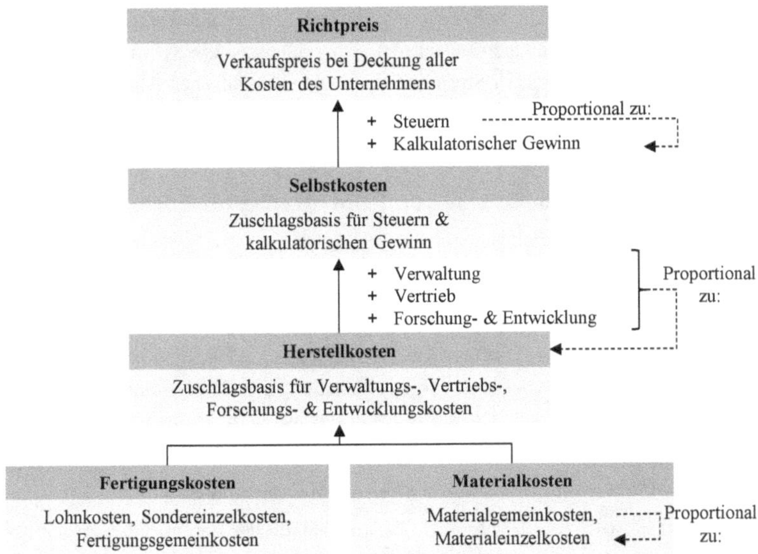

Abbildung 2.13: Kostenarten und -struktur eines produzierenden Unternehmens[198]

Der *Richtpreis* oder *Verkaufspreis* eines Produktes setzt sich aus den Selbstkosten eines Produktes zuzüglich kalkulatorischem Gewinn und gewinnabhängigen Steuern zusammen. Der kalkulatorische Gewinn gilt als angemessene Verzinsung des Betriebskapitals, wobei der Zinssatz von Unternehmenskapital sowie -umsatz abhängt. Proportional zum kalkulatorischen Gewinn sind die gewinnabhängigen Steuern, festgelegt durch die Steuergesetzgebung.[199]

Die *Selbstkosten* ergeben sich aus der Summe der Herstellkosten, Forschungs- und Entwicklungskosten sowie der Verwaltungs- und Vertriebskosten. Die beiden letztgenannten werden über eine Zuschlagskalkulation, proportional zu den Herstellkosten, berücksichtigt. Für die Forschungs- und Entwicklungskosten können 5%–100%, für die Verwaltungskosten 5%–25% und für die Vertriebskosten 5%–20% angenommen werden. Diese Faktoren ergeben sich laut VDI aus dem Betriebsabrechnungsbogen, unter dessen Zuhilfenahme die Zuschlagssätze auf Basis historischer Kostendaten des individuellen Unternehmens ermittelt werden[200]. Die Herstellkosten setzen sich aus den Fertigungskosten und den Materialkosten zusammen.[201,202,203]

Die *Fertigungskosten* bestehen aus Fertigungseinzelkosten und Fertigungsgemeinkosten[204]. Die Fertigungseinzelkosten sind die Summe aus Fertigungslöhnen und Sondereinzelkosten der

198 Eigene Darstellung.
199 Vgl. VDI (VDI 2225 Blatt 1), S. 11.
200 Vgl. Nickenig (Grundkurs Kosten- und Leistungsrechnung), 2018, S. 77f.
201 Vgl. Weber (Definition: Selbstkosten), 2018, S. 1.
202 Vgl. VDI (VDI 2225 Blatt 1), S. 10f.
203 Vgl. Weber (Definition: Herstellkosten), 2018, S. 1.
204 Vgl. Weber (Definition: Fertigungskosten), 2018, S. 1.

Fertigung[205]. Die Fertigungslohnkosten umfassen die Bruttogehälter und die vom Arbeitgeber zu tragenden Sozialkosten, sie entstehen durch die direkte Arbeit am Produkt[206,207]. Die Sondereinzelkosten umfassen Werkzeug-, Patent- und Lizenzkosten[208]. Fertigungsgemeinkosten sind dem Produkt nur mittelbar zurechenbar und bestehen aus Hilfslöhnen, Hilfsmaterial, Instandhaltung, Energiekosten, Miete, Heizung und kalkulatorischen Abschreibungen[209,210]. Die kalkulatorischen Abschreibungen können auch als Kapitalkosten bezeichnet werden[211].

Die *Materialkosten* setzen sich aus den Materialeinzelkosten und den Materialgemeinkosten zusammen.[212] Die Materialeinzelkosten werden einzelnen Produkten direkt zugerechnet, dazu zählen beispielsweise Rohstoffe und Zuliefererteile.[213,214] Die Einkaufspreise der Materialeinzelkosten können dabei durch die Größe der Bestellmenge beeinflusst werden[215,216]. Ausnahmen bilden dabei börsengehandelte Materialien wie Platin, bei denen der Einkaufspreis unabhängig vom Bestellvolumen ist.[217] Die Materialgemeinkosten ergeben sich aus den Kosten des Einkaufs und des Lagers. An dieser Stelle kann ebenfalls eine Zuschlagskalkulation, proportional zu den Materialeinzelkosten, angewandt werden. Der Zuschlagsfaktor gilt als unternehmensspezifisch und liegt meist zwischen 5% und 15%.[218,219]

Die zuvor erläuterte Kostenstruktur bildet gemeinsam mit den beschriebenen Begriffsbestimmungen aufgrund der aufwandsarmen Vorabkostenschätzung die Grundlage zur Kostenberechnung von BZ-Systemen innerhalb dieser Arbeit. Im folgenden Kapitel 2.2.2 wird auf die aktuellen Kosten von BZ-Systemen eingegangen.

2.2.2 Kosten von PEM-Brennstoffzellensystemen

Die aktuellen Kosten von BZ-Systemen in der mobilen Anwendung werden laut einer Veröffentlichung des amerikanischen DEPARTMENT OF ENERGY (DoE) auf 165 $/kW geschätzt. Dabei sind die Kosten ausschließlich auf das BZ-System bezogen und beinhalten dabei keine Aufschläge, beispielsweise für F&E, Verwaltung, Gewinn.[220] Diese Kostenangabe geht auf eine technische Analyse des Toyota Mirai im Jahre 2017 zurück und legt eine produzierte Stückzahl von 3.000 Fahrzeugen pro Jahr zugrunde. Um marktseitig konkurrenzfähig gegenüber dem Verbrennungsmotor zu sein, hat das DoE einen finalen Zielkostenwert von 30 $/kW bei Ausbringungsmengen von 500.000 BZ-Systemen pro Jahr ausgerufen.[221] Ein Zwischenziel von

---

[205] Vgl. Weber (Definition: Fertigungseinzelkosten), 2018, S. 1.
[206] Vgl. VDI (VDI 2225 Blatt 1), S. 10.
[207] Vgl. VDI (VDI 2234), S. 17.
[208] Vgl. Weber (Definition: Sondereinzelkosten der Fertigung), 2018, S. 1.
[209] Vgl. Weber (Definition: Fertigungsgemeinkosten), 2018, S. 1.
[210] Vgl. VDI (VDI 2225 Blatt 1), S. 10.
[211] Vgl. VDI (VDI 2234), S. 17.
[212] Vgl. Weber (Definition: Materialkosten), 2018, S. 1.
[213] Vgl. VDI (VDI 2234), S. 17.
[214] Vgl. Weber (Definition: Einzelmaterial), 2018, S. 1.
[215] Vgl. Müller (Betriebswirtschaftslehre für Ingenieure), 2020, S. 473.
[216] Vgl. Thommen et al. (Allgemeine Betriebswirtschaftslehre), 2020, S. 162.
[217] Vgl. Pollet et al. (Current status of automotive fuel cells for sustainable transport), 2019, S. 91.
[218] Vgl. VDI (VDI 2225 Blatt 1), S. 9f.
[219] Vgl. Weber (Definition: Materialgemeinkosten), 2018, S. 1.
[220] Vgl. Padgett et al. (Early Market Transportation Fuel Cell Cost), 2020, S. 1.
[221] Vgl. Benjamin et al. (Fuel Cell Technical Team Roadmap), 2017, S. 3.

40 $/kW soll im Jahre 2025 bei einer Ausbringungsmenge von 100.000 Systemen pro Jahr erreichbar sein.[222]

Die Ausbringungsmengen sowie Produktionskapazitäten aktuell am Markt agierender Unternehmen liegen jedoch weit unter den genannten Werten. Abbildung 2.14 zeigt, dass einzelne Hersteller derzeit Brennstoffzellensysteme in Mengen von 0,15–1 GW[223] fertigen können. Beispielsweise betreiben die Automobilhersteller Toyota und Hyundai im Jahre 2021 Produktionsstätten mit Kapazitäten von 0,3 GW/Jahr und planen eine Kapazitätserweiterung 3–4 GW/Jahr[224,225,226]. Das Bereits seit über 40 Jahren bestehende Unternehmen Ballard Power Systems besitzt aktuell Produktionskapazitäten von 0,6 GW/Jahr und rüstet auf 1,7 GW/Jahr auf[227,228]. Das amerikanische Zulieferunternehmen Cummins plant Kapazitäten von 0,01 GW/Jahr[229]. EKPO Fuel Cell Technologies, ein Joint Venture der Unternehmen Elring Klinger und Plastic Omnium, besitzt Produktionskapazitäten von 1 GW/Jahr[230,231]. Der amerikanische BZ-Systemhersteller Plug Power steigert die eigenen Produktionskapazitäten von 0,15 GW/Jahr auf 1,5 GW/Jahr[232]. Durch die Gegenüberstellung der geplanten Produktionskapazitätserweiterungen fällt auf, dass Unternehmen aktuell zwischen 1.500 und 10.000 BZ-Systeme pro Jahr fertigen können und bis zum Jahre 2025 Fertigungskapazitäten von bis zu 50.000 Systemen anstreben.

---

222 Vgl. Kleen et al. (Durability-Adjusted Fuel Cell System Cost), 2021, S. 4.
223 Vereinfacht können 0,1 GW als 1.000 BZ-Systeme á 100 kW Nettoleistung aufgefasst werden.
224 Vgl. Hyundai (Hyundai Motor Advances Hydrogen Strategy), 2020, S. 1.
225 Vgl. FuelCellsWorks (Toyota to Increase Production Capacity for Fuel Cell Vehicles), 2020, S. 1.
226 Vgl. Bloomberg (Hyundai Plans Investment to Boost Fuel-Cell Output), 2018, S. 1.
227 Vgl. PR Newswire (Ballard's China Stack Joint Venture Production Facility), 2017, S. 1.
228 Vgl. Ballard Power Systems (Ballard Expanding MEA Production Capacity), 2020, S. 1.
229 Vgl. Cummins (Cummins to Open New Fuel Cell Systems Production Facility in Germany), 2020, S. 1.
230 Vgl. Elring Klinger AG (Elring Klinger and Plastic Omnium Partner in Fuel Cell Technology), 2020, S. 1.
231 Vgl. Winter (Startschuss für EKPO Fuel Cell Technologies), 2021, S. 1.
232 Vgl. Plug Power (Plug Power Reports Record 2019), 2020, S. 1.

Unternehmen	Produktionskapazitäten pro Jahr	
	Aktuell (2021)	Geplant (bis 2025)
Ballard Power Systems	0,6 GW	1,7 GW (2021)
Cummins	k.A.*	0,01 GW (2021)
EKPO Fuel Cell Technologies	1 GW	k.A.*
Hyundai Motor Group	0,3 GW	4 GW (2022)
Plug Power	0,15 GW	1,5 GW (2024)
Proton Motor	0,5 GW	3 - 5 GW
Toyota Motor Corporation	0,3 GW	3 GW
Summe	**2,85 GW**	**14,21 - 16,21 GW**
Ausbringung pro Hersteller	**0,15 - 1 GW**	**0,01 - 5 GW**
	max. 10.000 Stck.**	**max. 50.000 Stck.****

* k.A. = keine Angabe, Stand September 2021
** Berechnet auf Grundlage von 100 kW Nettoleistung pro System, 1 GW entspricht dabei 10.000 Systemen

Abbildung 2.14: Aktuelle und geplante Produktionskapazitäten von BZ-Systemherstellern[233]

Im Auftrag des DoE veröffentlicht das Unternehmen STRATEGIC ANALYSIS in regelmäßigen Abständen mit Hilfe einer prozessbasierten Methodik zur Vorabkostenschätzung namens Design for Manufacturing and Assembly (DFMA) die theoretischen BZ-Systemkosten bei unterschiedlichen Ausbringungsmengen. Abbildung 2.15 zeigt diese Kosten des BZ-Produktdesigns im Jahre 2020 in Anlehnung an JAMES ET AL.

[233] Die Quellenangaben für die Zahlenwerte können dem vorangehenden Text entnommen werden.

Systeme/Jahr		Jährliche Produktionsrate (2020 Auto System)					
		1.000	10.000	20.000	50.000	100.000	500.000
Nettoleistung	kW_{net}	80	80	80	80	80	80
Bruttoleistung	kW_{brut}	88,37	88,37	88,37	88,37	88,37	88,37
Komponentenkosten							
BZ-Stack	$\$/kW_{net}$	106,27	39,66	26,20	20,80	18,05	15,51
BoP	$\$/kW_{net}$	59,54	39,79	33,04	28,65	27,09	25,05
Montage/Test	$\$/kW_{net}$	2,36	1,24	1,13	1,06	1,06	1,04
Gesamtkosten	$\$/kW_{net}$	168,18	80,69	60,36	50,51	46,20	41,60

Modellierte aktuelle Kosten (Marktsituation 2021) [Spalten 1.000 und 10.000]

Mit DoE-Zwischenziel (2025) zu vergleichen [Spalte 100.000]

Abbildung 2.15: Modellierte Kosten von BZ-Systemen je Ausbringungsmenge nach JAMES ET AL.[234]

Die Schätzungen der Autoren deuten, ähnlich zu den Angaben des DoE zu Beginn dieses Kapitels, darauf hin, dass die gegenwärtigen Kosten aktueller BZ-Systeme je nach Ausbringungsmenge rund 81–168 \$/kW betragen. Bei ausschließlicher Betrachtung des BZ-Stacks belaufen sich die Kosten auf bis zu 106 \$/kW. Demgegenüber steht eine von KAMPKER ET AL. im Jahre 2020 durchgeführte Studie unter Industrieexpert:innen, deren Ergebnisse auf BZ-Stackkosten von umgerechnet 287 \$/kW hinauslaufen (siehe Abbildung 2.16).[235] Dies entspricht einer Differenz zwischen theoretischer Kostenschätzung und Stand der Industrie von 63%.

[234] i. A. a. James et al. (Mass Production Cost Estimation of Direct H2 PEM Fuel Cell Systems), 2018, S. 40.
[235] Vgl. Kampker et al. (Challenges towards Large-Scale Fuel Cell Production), 2020, S. 29292.

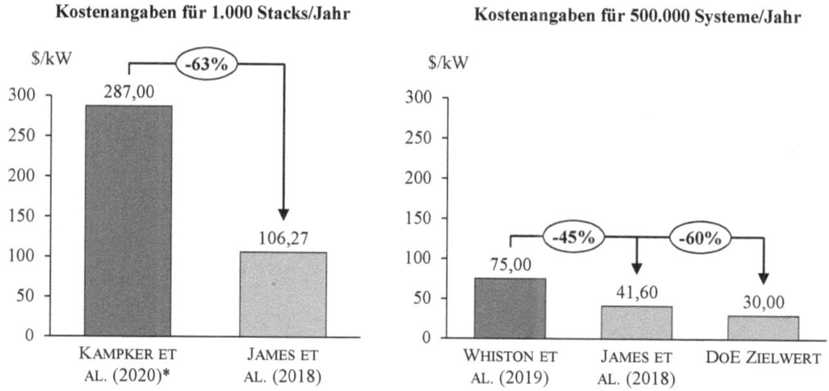

* Die genaue Ausbringung wird mit „einigen 1.000 Stück" beziffert.

Abbildung 2.16: Gegenüberstellung von Kostenangaben in der Literatur

Auch die Ergebnisse einer von WHISTON ET AL. durchgeführten Industriestudie weichen erheblich von den Kostenschätzungen nach JAMES ET AL. ab. So erheben WHISTON ET AL. bei einer jährlichen Ausbringung von 500.000 BZ-Systemen Kosten von 75 $/kW.[236] Verglichen mit den modellierten Kosten nach JAMES ET AL. bei derselben Ausbringungsrate von 41,60 $/kW entspricht dies einer Differenz von 45%. Folglich ist davon auszugehen, dass die Kostenschätzungen des DOE und von JAMES ET AL. nicht dem aktuellen Stand der Industrie entsprechen. Des Weiteren wird ersichtlich, dass die BZ-Systemkosten gegenüber dem finalen Zielwert des DoE noch um 60% sinken müssen.

2.2.3 Zwischenfazit

Aus dem vorangegangenen Kapitel geht hervor, dass kein einheitliches Bild zu BZ-Systemkosten existiert. Die Kosten hängen von der gewählten Kostenstruktur, der zugrundeliegenden Brennstoffzellentechnologie, den betrachteten BZ-Komponenten und der produzierten Stückzahl ab. Die Kostenangaben des amerikanischen Department of Energy entsprechen nicht den Angaben aus der Industrie, während die von derselben Institution ausgerufenen Kostenzielwerte noch drastische Kostensenkungen erfordern.

Innerhalb der im Rahmen der Dissertation durchgeführten Industriestudie wurden die Teilnehmenden nach der Bekanntheit des aktuellen Richtpreises von BZ-Systemen sowie der Nachvollziehbarkeit bestehender Produktionskostenmodellierungen befragt (vgl. Abbildung 2.17).

[236] Vgl. Whiston et al. (Cost and Expected Future Performance of PEMFC), 2019, S. 4901.

Hypothese: „Der aktuelle Richtpreis von Brennstoffzellensystemen ist in der Industrie bekannt.“

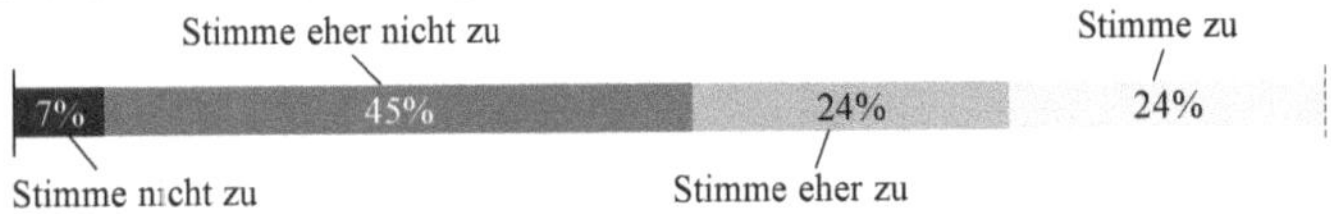

Ø: 2,6 (stimme eher nicht zu) $\tilde{x}$: 2 (stimme eher nicht zu)

Frage: „Wie hoch ist aus Ihrer Sicht der Richtpreis von BZ-Systemen aktuell?“
Ergebnis: 713 €/kW (Ø), 450 €/kW ($\tilde{x}$)

Hypothese: „Aktuelle Studien zur Produktionskostenmodellierung von Brennstoffzellensystemen sind nicht vollständig nachvollziehbar.“

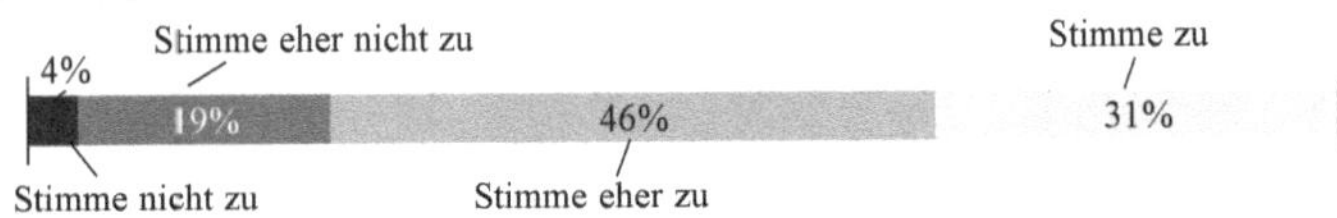

Ø: 3 (stimme eher zu) $\tilde{x}$: 3 (stimme eher zu)

Abbildung 2.17: Studienergebnis zu Richtpreisen von BZ-Systemen

Die Teilnehmenden gaben zu 52% an, den aktuellen BZ-Systempreis zu kennen. Durchschnittlich wurde dieser mit umgerechnet ca. 713 €/kW beziffert. Der Median $\tilde{x}$ beträgt 450 €/kW. Des Weiteren bestätigten 77% der teilnehmenden Expert:innen, dass Produktionskostenmodellierungen von BZ-Systemen nicht vollständig nachvollziehbar sind. Der überwiegende Teil äußerte darüber hinaus zu 93% den Bedarf nach einer systematischen Unterstützung bei der Identifikation von Hauptkostentreibern in der BZ-Wertschöpfungskette an (vgl. Abbildung 2.18).

Hypothese: „Systematische Unterstützung bei der Identifikation von Hauptkostentreibern in der Brennstoffzellen-Wertschöpfungskette wäre hilfreich.“

Ø: 3,4 (stimme eher zu) $\tilde{x}$: 3 (stimme eher zu)

Abbildung 2.18: Studienergebnis zur Identifikation von Hauptkostentreibern

Aus der Literatur und den Studienergebnissen wird ersichtlich, dass produzierende Unternehmen eine eindeutige und nachvollziehbare Angabe aktueller BZ-Systemkosten benötigen. Bestehende Kostenberechnungen unterscheiden sich stark von den Angaben aus der Industrie. In Anbetracht der ausgerufenen Zielkosten für BZ-Systeme ist von der Industrie außerdem eine systematische Unterstützung bei der Identifikation von Hauptkostentreibern in der BZ-Produktion gefordert. Das folgende Kapitel geht auf Möglichkeiten zur Kostensenkung von BZ-Systemen ein.

2.3 Kostensenkung von Brennstoffzellensystemen

Cost reduction in production systems

Nachdem in den vorangegangenen Kapiteln auf die technischen und wirtschaftlichen Grundlagen von BZ-Systemen eingegangen wurde, beschreibt dieses Kapitel Möglichkeiten zur Kostensenkung von BZ-Systemen. Kapitel 2.3.1 beinhaltet eine Erläuterung der generellen Handlungsfelder zur Kostensenkung von BZ-Systemen und identifiziert die Senkung von Fertigungskosten durch Skaleneffekte (engl. Economies of Scale) als potenzialträchtig. Kapitel 2.3.2 und Kapitel 2.3.3 nehmen darauffolgend Skaleneffekte in den Fokus und behandeln die Begriffsdefinition sowie mathematische Modellierung von Skaleneffekten. In Kapitel 2.3.4 erfolgt eine Beschreibung der ökonomischen Gesetzmäßigkeiten, die Skaleneffekte hervorrufen. Schließlich wird die Relevanz des beschriebenen Themenfeldes für die Praxis durch das Zwischenfazit in Kapitel 2.3.5 erörtert.

2.3.1 Handlungsfelder zur Kostensenkung von PEM-Brennstoffzellensystemen

Aus Kapitel 2.2 geht hervor, dass aus Unternehmensperspektive eine systematische Unterstützung bei der Identifikation von Hauptkostentreibern in der BZ-Systemproduktion gefordert ist. Laut Angaben in der Literatur bestehen die Kosten von BZ-Systemen aus den drei Kernelementen Material bzw. Komponenten, Arbeitskraft für Entwicklung und Fertigung sowie Kapitalkosten der Fertigungstechnologie. Dabei können die Kosten von Materialien bzw. Komponenten durch technologische Innovationen und Marktentwicklung gesenkt werden, während Arbeitskraft- und Kapitalkosten durch die Auswirkungen der Massenproduktion fallen.[237] Eine Auswertung der Kostenschätzung von BZ-Systemen nach JAMES ET AL. zeigt, dass diese jeweils zur Hälfte aus BoP- und BZ-Stackkosten bestehen (vgl. Abbildung 2.19). Die BZ-Stackkosten setzen sich überwiegend aus den Kosten für die MEA, gefolgt von BPP- und Stackperipheriekosten zusammen. Insgesamt kann den Angaben von JAMES ET AL. entnommen werden, dass der BZ-Stack bei 10.000 jährlich produzierten Stück zu fast 60% aus Material- und zu 40% aus Fertigungskosten besteht.[238] Die Fertigungskosten gelten dabei als vergleichsweise hoch, während die Materialkosten als vergleichsweise niedrig eingestuft werden.[239]

[237] Vgl. Alaswad et al. (Developments in Fuel Cell Technologies in the Transport Sector), 2016, S. 5.
[238] Vgl. James et al. (Mass Production Cost Estimation of Direct H2 PEM Fuel Cell Systems), 2018, S. 276ff.
[239] Vgl. MacCharles et al. (Hydrogen and Fuel Cell Solutions for Transportation), 2020, S. 1.

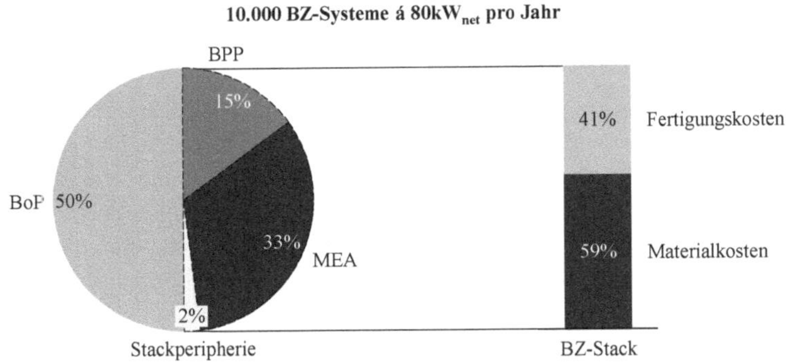

Abbildung 2.19: Kostenstruktur von BZ-Systemen[240]

Zur Senkung der Materialkosten existieren zahlreiche Möglichkeiten im Bereich des Produktdesigns. Hierzu seien beispielsweise die Verringerung der Platinbeladung, die Wandstärkenreduktion von Polymermembran und GDL sowie die Verbesserung des Verhältnisses von Membran- zu Katalysatorfläche genannt. Auch die Senkung von Ausschussraten in der Produktion gilt als starker Hebel zur Materialkostensenkung.[241] Darüber hinaus weisen WILSON ET AL. eine Weiterentwicklung der MEA hinsichtlich der Verringerung des benötigten Luftdruckes als potenzialträchtig aus.[242] Einer Steigerung der Leistungsdichte, Verringerung der Systemkomplexität sowie Optimierung der BZ-Lebensdauer werden laut ALASWAD ET AL. weitere Kostensenkungspotenziale zugeschrieben.[243]

Als Hauptursache für die Senkung von Fertigungskosten gelten die Auswirkungen der Massenfertigung, auch Economies of Scale oder Skaleneffekte.[244,245] Möglichkeiten zur Erzielung dieser Effekte bieten dabei laut MAYYAS ET AL. die Verteilung von Fixkosten über erhöhte Stückzahlen oder „learning by doing“.[246] BERNHART ET AL. geben zusätzlich modulare Baukastensysteme, vereinfachte BoP oder verbesserte Fertigungstechnologien an.[247] Beispielsweise schlagen WILSON ET AL. vor, die Fertigungstechnologie zur Herstellung der Polymermembran zu verändern und die Anzahl benötigter Fertigungslinien für das BPP-Formen durch Verdopplung der gleichzeitig verarbeiteten BPP innerhalb einer Linie zu verringern.[248] Laut Angaben des HYDROGEN COUNCIL und der INTERNATIONAL ENERGY AGENCY werden Skaleneffekte hauptsächlich zur Kostensenkung von BZ-Systemen beitragen, weshalb in den folgenden Kapiteln intensiv auf das Thema Skaleneffekte eingegangen wird.[249,250]

---

240 Vgl. James et al. (Mass Production Cost Estimation of Direct H2 PEM Fuel Cell Systems), 2018, S. 276ff.
241 Vgl. Bernhart et al. (Fuel Cells), 2014, S. 14.
242 Vgl. Wilson et al. (Fuel Cell Systems Cost), 2017, S. 5.
243 Vgl. Alaswad et al. (Developments in Fuel Cell Technologies in the Transport Sector), 2016, S. 5.
244 Vgl. MacCharles et al. (Hydrogen and Fuel Cell Solutions for Transportation), 2020, S. 1.
245 Vgl. Alaswad et al. (Developments in Fuel Cell Technologies in the Transport Sector), 2016, S. 5.
246 Vgl. Mayyas et al. (Emerging Manufacturing Technologies for Fuel Cells and Electrolyzers), 2019, S. 510.
247 Vgl. Bernhart et al. (Fuel Cells), 2014, S. 16.
248 Vgl. Wilson et al. (Fuel Cell Systems Cost), 2017, S. 2.
249 Vgl. Hydrogen Council (Hydrogen Scaling Up), 2017, S. 33.
250 Vgl. International Energy Agency (Technology Roadmap Hydrogen and Fuel Cells), 2015, S. 14.

2.3.2 Begriffsdefinition Skaleneffekte

Der Begriff *Skalen* (engl. scales) kann mit „Betriebsgrößen" oder „Dimensionen" übersetzt werden. Es wird von einer Skalierung der Produktion gesprochen, wenn innerhalb einer Fertigung durch Veränderungen andere Produktionsvolumen erzielt werden können. Eine „größer skalierte" Produktion kann somit eine größere Anzahl von Betriebsgrößen verarbeiten und somit höhere Ausbringungsmengen generieren.[251]

Wenngleich die inhaltlichen Definitionen von *Skaleneffekten* auf einem gemeinsamen Konsens basieren, wird der Begriff in der Literatur nicht einheitlich verwendet. Synonym sind die Begriffe „Skalenerträge" (BAUMANN, BREYER), „Economies of Scale" (MACHADO, BÖHM, SILBERSTON) und „Returns to Scale" (PANZAR UND WILLIG) zu finden.[252,253,254,255] Die inhaltliche Definition von Skaleneffekten geht auf die Tatsache zurück, dass die Stückkosten innerhalb einer Produktion mit zunehmender Ausbringungsmenge sinken. So definieren BICHLER ET AL. Skaleneffekte als *„Kostenersparnisse bei steigender Ausbringungsmenge[.] [...] Skaleneffekte treten auf, wenn die Stückkosten sinken, d.h. die Gesamtkosten langsamer zunehmen als die ausgebrachte Menge."*[256] Eine ähnliche Definition verwenden auch SETH sowie MONTES UND OLLEROS.[257,258] Laut SILBERSTON sind Skaleneffekte erkennbar, *„[...] wenn der so berechnete Gesamtkostenwert, geteilt durch die angenommene Produktionskapazität jeder Fabrik, umso niedriger wird, je größer die Fabrik ist."*[259] PANZAR UND WILLIG ergänzen, inhaltlich ebenso wie BREYER, die Definition von Skaleneffekten mittels mathematischem Ansatz: *„Economies of Scale liegen vor, wenn eine geringe proportionale Erhöhung des Niveaus aller Inputfaktoren zu einer mehr als proportionalen Erhöhung des Niveaus der produzierten Outputs führen kann."*[260,261]

Ausgehend von der Definition von Skaleneffekten existieren unterschiedliche Arten derselben. MONTES UND OLLEROS identifizieren interne und externe Skaleneffekte. Interne Skaleneffekte sind dabei ausschließlich auf die Aktivitäten des betreffenden Unternehmens zurückzuführen, während externe Skaleneffekte von Entwicklungen außerhalb des Unternehmens abhängen. Beispielsweise hat die Steigerung der Produktionsmenge eines Unternehmens gegebenenfalls Auswirkungen auf die Stückkosten anderer Unternehmen entlang einer gemeinsamen Wertschöpfungskette.[262] COENENBERG ET AL. differenzieren zwischen statischen und dynamischen Skaleneffekten, wobei dynamische Effekte durch die kumulierte Produktionsmenge innerhalb eines Zeitablaufes auftreten und statische Effekte auf die Struktur der Wertschöpfung in einer Periode zurückzuführen sind. Beispiele für dynamische Skaleneffekte können Lerneffekte,

---

[251] Vgl. Reeves et al. (The Experience Curve), 2013, S. 1.
[252] Vgl. Baumann (Infoblatt Economies of Scale und Economies of Scope), 2012, S. 1.
[253] Vgl. Machado et al. (Economies of Scale in Electric Power Production), 2016, S. 294.
[254] Vgl. Böhm et al. (Innovative Large-Scale Energy Storage Technologies), 2018, S. 7.
[255] Im Rahmen dieser Arbeit wird der Begriff Skaleneffekte stellvertretend für alle Synonyme verwendet.
[256] Vgl. Bichler et al. (Kompakt-Lexikon Logistik), 2017, S. 61.
[257] Vgl. Anju Seth (Sources of Value Creation in Acquisitions: An Empirical Investigation), 1990, S. 440.
[258] Vgl. Montes et al. (Microfactories and the New Economies of Scale and Scope), 2020, S. 74.
[259] Vgl. Silberston (Economies of Scale in Theory and Practice), 1972, S. 370.
[260] Vgl. Panzar et al. (Economies of Scale in Multi-Output Production), 1977, S. 481.
[261] Vgl. Breyer (Mikroökonomik), 2020, S. 23.
[262] Vgl. Montes et al. (Microfactories and the New Economies of Scale and Scope), 2020, S. 74.

technischer Fortschritt und Rationalisierung sein. Statische Skaleneffekte werden durch Fixkostendegression, Betriebsgrößen- und Verbundeffekte sichtbar (vgl. Kapitel 2.3.4).[263] BREYER unterscheidet zwischen zunehmenden, konstanten und abnehmenden Skaleneffekten. Diese *Skaleneigenschaften* geben Aufschluss darüber, inwiefern sich eine proportionale Veränderung von Inputfaktoren auf die Outputmengen einer Produktion auswirkt. Als Inputfaktoren gelten dabei sämtliche für einen Produktionsprozess notwendige Faktoren, zum Beispiel Arbeit, Boden, Kapital, Rohstoffe oder Energie.[264] Der Autor greift hierbei auf die mathematische Beschreibung einer mikroökonomisch fundierten Produktionsfunktion zurück, mit Hilfe derer Skaleneffekte quantitativ abgeschätzt werden können.[265] Das folgende Kapitel widmet sich dieser Thematik.

2.3.3 Quantifizierung von Skaleneffekten

Unter Zuhilfenahme einer mikroökonomisch fundierten Produktionsfunktion können Skaleneffekte quantitativ abgeschätzt werden. Produktionsfunktionen ordnen bestimmten Mengen von Inputfaktoren maximale Outputmengen zu.[266] Werden Inputfaktoren einer Produktionsfunktion proportional verändert, treten bei einer überproportionalen Veränderung der Outputmenge zunehmende Skaleneffekte auf. Bei einer proportionalen Änderung der Outputmenge liegen konstante Skaleneffekte vor. Eine unterproportionale Veränderung der Outputmenge wird durch abnehmende Skaleneffekte verkörpert.[267] Abbildung 2.20 stellt den Zusammenhang zwischen Inputfaktoren und Outputmenge je Art von Skaleneffekten grafisch dar und zeigt somit charakteristische Produktionsfunktionen.

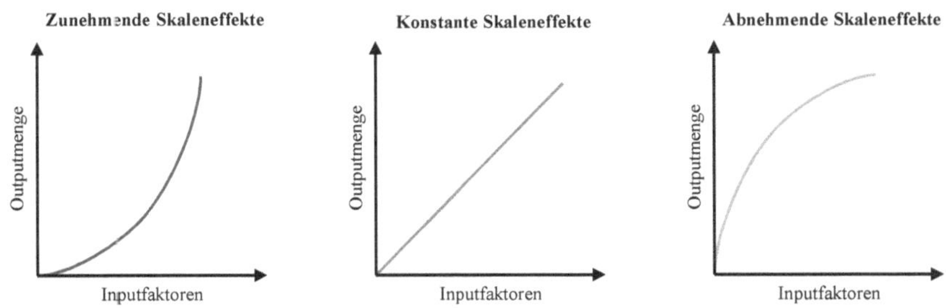

Abbildung 2.20: Outputmengen einer Produktionsfunktion in Abhängigkeit der Inputfaktoren für zunehmende, konstante und abnehmende Skaleneffekte[268]

Nach der Dualitätstheorie ist zu jeder Produktionsfunktion auch eine zugehörige Kostenfunktion eindeutig bestimmbar und umgekehrt. Die langfristige Kostenfunktion gibt dabei zu jeder Outputmenge und jedem Faktorpreis an, wie hoch die minimalen Kosten zur Produktion dieser

[263] Vgl. Coenenberg et al. (Kostenrechnung und Kostenanalyse), 2016, S. 435ff.
[264] Vgl. Breyer (Mikroökonomik), 2020, S. 8f.
[265] Vgl. Schwarz et al. (Der datenbankgestützte Fremdvergleich bei Produktionseinheiten), 2016, S. 2310.
[266] Vgl. Breyer (Mikroökonomik), 2020, S. 16.
[267] Vgl. Breyer (Mikroökonomik), 2020, S. 9.
[268] Vgl. Breyer (Mikroökonomik), 2020, S. 24.

Outputmenge bei gegebenen Preisen sind.[269] Abbildung 2.21 zeigt die charakteristischen Kostenfunktionen bei zunehmenden, konstanten und abnehmenden Skaleneffekten.

Abbildung 2.21: Kostenfunktionen in Abhängigkeit der Outputmenge für zunehmende, konstante und abnehmende Skaleneffekte[270]

Die Auswirkungen von zunehmenden Skaleneffekten in der Realität werden anhand eines Beispiels deutlich: In einem produzierenden Unternehmen wird eine neue Produktionsanlage mit erhöhter Produktivität beschafft, die gegenüber einer älteren Anlage eine Investitionserhöhung (der Inputfaktor Kapital wird verändert) von 52% erfordert, siehe Abbildung 2.22. Gleichzeitig steigt die mögliche Ausbringungsmenge durch die neue Technologie um 100%. Wird eine entsprechende Nachfrage der Produkte vorausgesetzt, sinken die Kosten pro Stück gegenüber der vorherigen Anlage um 24%.[271] Dieser Effekt wird auch als *Betriebsgrößeneffekt* bezeichnet[272]. Ein produzierendes Unternehmen erhöht seine Profitabilität somit mittels sinkender Stückkosten und erzielt zunehmende Skaleneffekte.

Anlage	Kapitalkosten (Invest)	Ausbringung (Output)	Invest/Output
1	100.000 €	1.000 Stk./h	100 €/(Stk./h)
	+52%	x2	-24%
2	152.000 €	2.000 Stk./h	76 €/(Stk./h)

Abbildung 2.22: Beispiel für zunehmende Skaleneffekte durch den Betriebsgrößeneffekt

Konstante Skaleneffekte liegen vor, wenn eine Ver-n-fachung (z. B. eine Ver-2-fachung) von Inputfaktoren zu einer Ver-n-fachung der Outputmenge führt. Dies ist empirisch gesehen jedoch ein seltener Fall.[273] Abnehmende Skaleneffekte führen bei einer Ver-n-fachung von Inputfaktoren zu weniger als einer Ver-n-fachung der Outputmenge und es resultieren somit erhöhte Kosten bei einer Steigerung der Outputmenge (siehe auch Abbildung 2.21).

Wie stark Outputmengen bei der Erhöhung von Inputfaktoren innerhalb einer Produktion zunehmen, lässt sich durch die *Skalenelastizität* ermitteln. Nach BREYER gibt *„die Skalenelastizität die relative Änderung der Outputmenge dividiert durch die relative Änderung der*

[269] Vgl. Breyer (Mikroökonomik), 2020, S. 47.
[270] Vgl. Breyer (Mikroökonomik), 2020, S. 62.
[271] Vgl. Harnisch (Das Erfahrungskurvenkonzept), 2008, S. 3.
[272] Vgl. Coenenberg et al. (Kostenrechnung und Kostenanalyse), 2016, S. 437.
[273] Vgl. Woeckener (Volkswirtschaftslehre), 2019, S. 29.

Inputmengen bei festem Einsatzverhältnis an."[274] Formel (4) zeigt, dass die Skalenelastizität $\varepsilon_{x,\lambda}$ den Quotienten aus der relativen Änderung $\frac{dx}{x}$ der Outputmenge x und der relativen Änderung $\frac{d\lambda}{\lambda}$ der Inputmenge λ bildet.[275]

$$\varepsilon_{x,\lambda} = \frac{dx/x}{d\lambda/\lambda} = \frac{dx/d\lambda}{x/\lambda} \tag{4}$$

$$\varepsilon_{x,\lambda} = Skalenelastizität$$

$$x = Outputmenge$$

$$\lambda = Inputmenge$$

Sind mehrere Inputmengen variabel, so kann von einer *partiellen Produktionselastizität* gesprochen werden. Sie „*[…] gibt die relative Änderung der Outputmenge dividiert durch die relative Änderung **einer** Inputmenge bei Konstanz der anderen an*". Formel (5) zeigt die zugehörige mathematische Funktion. Die Summe der partiellen Produktionselastizitäten ergibt wiederum die Skalenelastizität, siehe Formel (6).[276]

$$\varepsilon_{x,\lambda_i}(\lambda_1, \dots, \lambda_n) = \frac{dx/d\lambda_i}{x/\lambda_i} \tag{5}$$

$$\varepsilon_{x,n}(\lambda_1, \dots, \lambda_n) = \sum_{i=1}^{n} \varepsilon_{x,\lambda_i}(\lambda_1, \dots, \lambda_n) \tag{6}$$

$$\varepsilon_{x,\lambda_i} = partielle\ Produktionselastizität$$

Bezugnehmend auf die Definition der Skaleneffekte in Kapitel 2.3.2 und die Abbildung 2.20 gilt Formel (7):[277]

$$\varepsilon_{x,\lambda} \begin{Bmatrix} > 1 & & \text{zunehmende} \\ = 1 & \text{für} & \text{konstante} \\ < 1 & & \text{abnehmende} \end{Bmatrix} Skaleneffekte \tag{7}$$

Skalen- bzw. Produktionselastizitäten von Produktionsfaktoren geben also an, zu wie viel Prozent Mehrproduktion eine Erhöhung des Einsatzes von Produktionsfaktoren um ein Prozent verursacht. Der gesamte Produktionsprozess kann somit über seine Skalenelastizität charakterisiert werden.[278] Zunehmende Skaleneffekte liegen bei einer Skalenelastizität größer eins vor, konstante Skaleneffekte bei einer Skalenelastizität gleich eins und abnehmende Skaleneffekte bei einer Skalenelastizität von kleiner eins. Durch die beschriebene mathematische Modellierung von Skaleneffekten ist es somit möglich, Skaleneffekte in einem bestehenden Produktionssystem durch die Berechnung von Skalenelastizität sichtbar zu machen. Innerhalb des folgenden Kapitels werden die Ursachen von Skaleneffekten beschrieben und somit Werkzeuge zur Herstellkostensenkung durch Skaleneffekte identifiziert.

---

[274] Vgl. Breyer (Mikroökonomik), 2020, S. 25.
[275] Vgl. Breyer (Mikroökonomik), 2020, S. 25.
[276] Vgl. Breyer (Mikroökonomik), 2020, S. 25.
[277] Vgl. Breyer (Mikroökonomik), 2020, S. 24ff.
[278] Vgl. Woeckener (Volkswirtschaftslehre), 2019, S. 54.

2.3.4 Herstellkostensenkung durch Skaleneffekte

In den vorherigen Kapiteln wurde erläutert, dass innerhalb der Skaleneffekte ausschließlich zunehmende Skaleneffekte Kostensenkungen hervorrufen. Dieses Kapitel beschreibt für ein Produktionssystem wichtige ökonomische Gesetzmäßigkeiten, die zunehmende Skaleneffekte hervorrufen. Übergeordnetes Ziel ist es dabei, Herstellkosten zu senken.

2.3.4.1 Lerneffekte

Organisationales Lernen als Nebenprodukt von gesammelter Erfahrung hat positiven Einfluss auf die Produktion eines Unternehmens.[279] Laut des Strategieberatungsunternehmens BOSTON CONSULTING GROUP zeigt sich dieser Effekt durch eine Gesamtkostenreduktion eines Produktes von 20%–30% bei jeder Verdopplung dessen kumulierter Ausbringungsmenge.[280] Diese zunehmenden Skaleneffekte entstehen durch die Wiederholung von Tätigkeiten und einer daraus resultierenden Produktivitätssteigerung durch Arbeitsroutine[281]. Auch Arbeitsteilung und Optimierung von Prozessabläufen können vergleichbare Auswirkungen erzielen[282].

Lerneffekte können durch Erfahrungskurven abgebildet werden. Es ist möglich, Lernfortschritte einzelner Prozesse oder einer gesamten Organisation abzubilden.[283] Formel (8) zeigt die mathematische Funktion zur Abbildung von Erfahrungskurven:[284]

$$t_e(x) = T_0 \cdot \frac{1}{x^{\mu}} \tag{8}$$

$$t_e = Produktionszeit\ je\ Einheit$$

$$x = Kumulierte\ Ausbringungsmenge$$

$$T_0 = Benötigte\ Produktionszeit\ für\ erstmalig\ produziertes\ Teil$$

$$\mu = Maß\ für\ Lernfortschritt$$

Die Produktionszeit je Einheit t_e wird in einem ausgewählten Arbeitsablauf betrachtet. Die Variable x gibt dabei die kumulierte Ausbringungsmenge an, während die Konstante T_0 die benötigte Produktionszeit für ein erstmalig produziertes Teil darstellt. Der Ablaufexponent ($\mu \geq 0$) stellt ein Maß für die Größe des Lernfortschritts dar.[285] Für ein besseres Verständnis kann μ über die sogenannte Lernrate LR (Formel (9)) berechnet werden:[286]

---

[279] Vgl. Wright (Factors Affecting the Cost of Airplanes), 1936, S. 122.
[280] Vgl. Thompson (Unit Cost and Cumulative Quantity), 2012, S. 204.
[281] Vgl. Kirchgeorg (Erfahrungskurve), 2018, S. 1.
[282] Vgl. Silberston (Economies of Scale in Theory and Practice), 1972, S. 372f.
[283] Vgl. Thompson (Unit Cost and Cumulative Quantity), 2012, S. 205f.
[284] Vgl. Bronner (Angebots- und Projektkalkulation), 2008, S. 33.
[285] Vgl. Bronner (Angebots- und Projektkalkulation), 2008, S. 33.
[286] Vgl. Tsuchiya (Mass Production Cost of PEM Fuel Cell by Learning Curve), 2004, S. 985.

$$\mu = -\frac{\log LR}{\log 2} \tag{9}$$

$$LR = Lernrate$$

Eine Lernrate von 90% drückt aus, dass die Stückkosten bei einer Verdopplung der kumulierten Ausbringungsmenge, um 10% auf 90% sinken.[287] Abbildung 2.23 zeigt den exemplarischen Verlauf einer Lernkurve mit $T_0 = 148 \frac{s}{Stk.}$ und $LR = 80\%$.

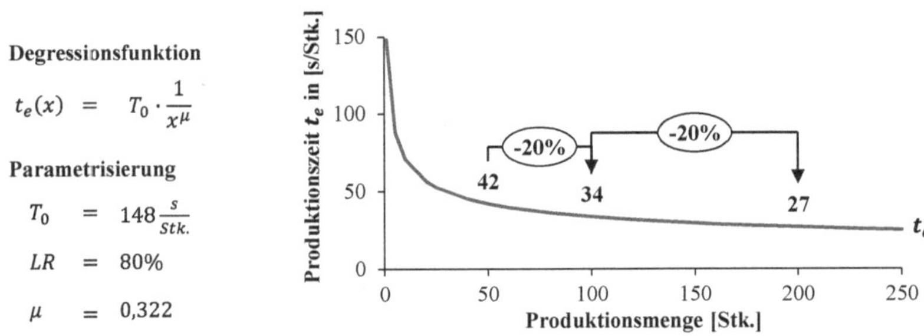

Abbildung 2.23: Grafische Darstellung einer Lernkurve[288]

Bei einer kumulierten Stückzahl von 50 produzierten Teilen beträgt die Fertigungszeit 42 Sekunden. Nach der Produktion weiterer 50 Teile sinkt die Fertigungszeit auf 34 Sekunden, was einer Verkürzung um 20% entspricht. Eine zusätzliche Verdopplung der kumulierten Stückzahl auf 200 Teile sorgt ebenfalls für eine Zeitersparnis von 20%. Da die Funktion $t_e(x)$ bei $x \to \infty$ gegen Null konvergiert, erweitern EHRLENSPIEL ET AL. Formel (8) um einen nicht-reduzierbaren Restanteil τ_{Rest}. Es ergibt sich somit Formel (10):

$$t_e(x) = T_0 \cdot \left(\frac{1 - \tau_{Rest}}{x^{\mu}} + \tau_{Rest}\right) \tag{10}$$

$$\tau_{Rest} = Nicht - reduzierbarer\ Restanteil$$

Die Erweiterung der Formel führt zu einer Stauchung der Erfahrungskurve durch asymptotische Annäherung an den Wert $T_0 \cdot \tau_{Rest}$. EHRLENSPIEL ET AL. gehen davon aus, dass τ_{Rest} als minimal mögliche Fertigungszeit $\tau_{F,n}$ angesehen werden kann, siehe Abbildung 2.24. Lediglich die Rüstzeit $\tau_{R,n}$ sinkt bei zunehmender Losgröße und unterliegt somit zunehmenden Skaleneffekten.[289] Bei höherem Rüstzeitanteil (siehe links) sind demzufolge höhere Kostenersparnisse erreichbar als bei niedrigerem Rüstzeitanteil.[290]

---

[287] Vgl. Mayyas et al. (Emerging Manufacturing Technologies for Fuel Cells and Electrolyzers), 2019, S. 514.
[288] i. A. a. Bronner (Angebots- und Projektkalkulation), 2008, S. 33.
[289] Vgl. Ehrlenspiel et al. (Kostengünstig Entwickeln und Konstruieren), 2014, S. 178f.
[290] Vgl. Ehrlenspiel et al. (Kostengünstig Entwickeln und Konstruieren), 2014, S. 178f.

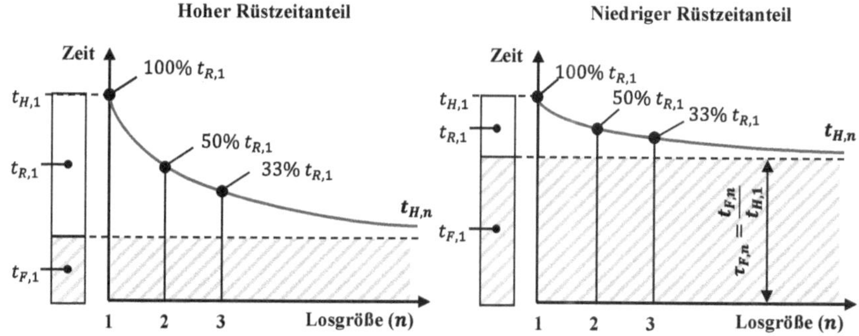

$$t_{H,n} = t_{H,1} \cdot \left(\frac{1 - \tau_{F,n}}{n^{\mu}} + \tau_{F,n} \right)$$

Legende

$t_{F,n}$ – Fertigungszeit bei Losgröße n

$t_{R,n}$ – Rüstzeit bei Losgröße n

$t_{H,n}$ – Herstellzeit bei Losgröße n

Abbildung 2.24: Erfahrungskurven mit minimalen Fertigungskosten als Restanteil[291]

BRONNER ET AL. erweitern das Erfahrungskurvenmodell zusätzlich, indem sie zwischen einer Anlauf- und einer Ablaufkurve innerhalb des Produktionsprozesses unterscheiden, siehe Abbildung 2.25. Während die Anlaufkurve das Verhalten während eines Produktionsanlaufes beschreibt, gibt die Ablaufkurve das Verhalten während eines Serienproduktionsbetriebs wieder. Bei Produktionsanlauf ist gegenüber dem Serienproduktionsbetrieb eine höhere Lernrate zu erwarten, weshalb die Autoren zwei Erfahrungskurven unterschiedlicher Lernraten (LR) anwenden.[292] Auf Grundlage empirischer Daten wurde für die Anlaufkurve eine LR von 80% und für die Ablaufkurve eine LR von 97% angenommen. Der Wert μ ergibt sich danach zu 0,344 für die Anlaufkurve und 0,043 für die Ablaufkurve. Auf diese Weise lassen sich Kostenentwicklungen auch über den Anlaufstatus eines Produktes hinaus realistisch abbilden.

[291] i. A. a. Ehrlenspiel et al. (Kostengünstig Entwickeln und Konstruieren), 2014, S. 178f.

[292] Vgl. Bronner (Angebots- und Projektkalkulation), 2008, S. 34f.

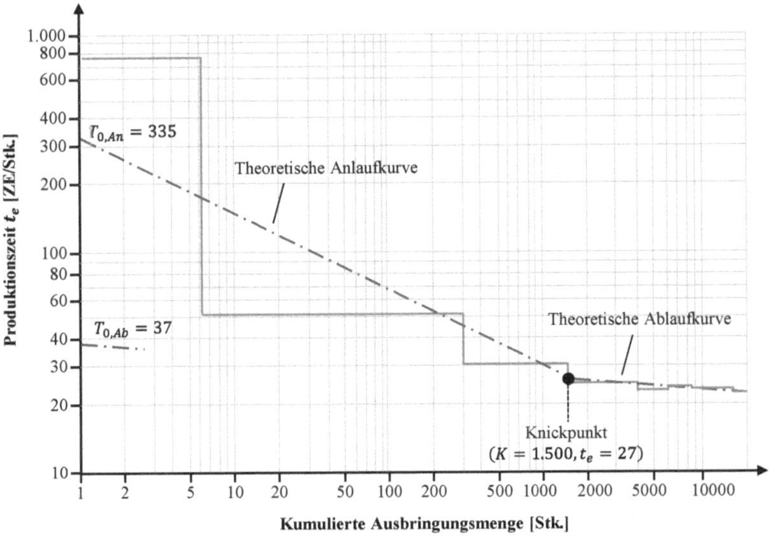

$$\text{mit } T_0 = \begin{cases} 335, & x \in [0, 1.500] \text{ (Anlauf)} \\ 37, & x \in (1.500, \infty) \text{ (Ablauf)} \end{cases}, \quad \mu = \begin{cases} 0{,}344, & x \in [0, 1.500] \text{ (Anlauf)} \\ 0{,}043 & x \in (1.500, \infty) \text{ (Ablauf)} \end{cases}$$

Abbildung 2.25: Produktionszeiten mit An- und Ablaufkurven[293]

Die Abbildung von Lerneffekten durch Erfahrungskurven ist geeignet, um theoretisch mögliche Kostensenkungen durch Lernen zu berücksichtigen. Eine Möglichkeit dazu ist der Zugriff auf historische Daten anderer Produkte ähnlicher Branchen, um Prognosen für neue Produkte anzustellen, siehe WEI ET AL.[294] In Anlehnung an die Definition zunehmender Skaleneffekte in Kapitel 2.3.2 bilden Lerneffekte zunehmende Skaleneffekte ab.

2.3.4.2 Fixkostendegression

Fixkosten bilden jene Kosten, die auch bei einer Ausbringungsmenge von null Produktionseinheiten anfallen. Werden diese Kosten auf eine steigende Ausbringungsmenge verteilt, entsteht Fixkostendegression.[295]

Entsprechend der in Kapitel 2.2.1 vorgestellten Kostenstruktur ergeben sich die Herstellkosten aus Material- sowie Fertigungskosten. Formel (11) zeigt diesen Sachverhalt mit dem Zusatz, dass die Fertigungskosten $K_{Fert.}$ und die Materialkosten $K_{Mat.}$ in fixe und variable Kosten zu unterteilen sind:

---

[293] i. A. a. Brenner (Angebots- und Projektkalkulation), 2008, S. 34f.
[294] Vgl. Wei et al. (Experience Curve and Cost Reduction for Fuel Cell Markets), 2017, S. 346ff.
[295] Vgl. Breyer (Mikroökonomik), 2020, S. 60.

$$HK_n = \frac{K_{Fert.,fix.}}{n} + K_{Fert.,var} + \frac{K_{Mat.,fix}}{n} + K_{Mat.,var} \tag{11}$$

$HK_n = Herstellkosten\ bei\ produzierter\ Stückzahl\ n$

$K_{Fert.,fix/var} = Fixe\ und\ variable\ Fertigungskosten$

$K_{Mat.,fix/var} = Fixe\ und\ variable\ Fertigungskosten$

Es wird deutlich, dass die Fixkostenanteile mit steigender Ausbringungsmenge n sinken, während die variablen Kostenanteile stückzahlunabhängig sind.[296] Dies wird durch Abbildung 2.26 verdeutlicht.

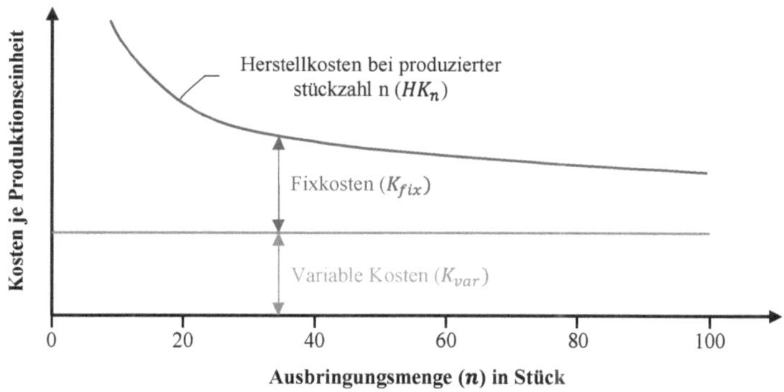

Abbildung 2.26: Kosten je Produktionseinheit in Abhängigkeit von der Ausbringungsmenge[297]

Die Gesamtkosten je Produktionseinheit fallen mit steigender Ausbringungsmenge und sinkenden Fixkosten, während die variablen Kosten konstant bleiben. Dieser Effekt steht in Zusammenhang mit der dem Produktionssystem zugrundeliegenden Maschinenauslastung. Unternehmen erzielen die höchsten Einsparungen, wenn eingesetztes Sachkapital bis zum maximal möglichen technischen Niveau ausgelastet wird. Es ist somit erstrebenswert, Produktionskapazitäten genau auf den tatsächlichen Wert der Marktnachfrage abzustimmen.[298] Zunehmende Skaleneffekte können folglich über maximale Maschinenauslastung und die damit zusammenhängende Verteilung von fixen Kosten über erhöhte Stückzahlen erzielt werden.

2.3.4.3 Kapazitätsgrößenvorteile

Während die Fixkostendegression einen besonders großen Einfluss bei geringen Ausbringungsmengen hat, entfalten Kapazitätsgrößenvorteile bei größeren Stückzahlen ihre Wirkung. Beispielsweise besitzt ein Unternehmen mit hohen Absatzmengen eine stärkere Verhandlungsmacht auf dem Zulieferermarkt.[299] Dieser Effekt tritt ebenfalls bei Anlagentechnologien auf und wird als „Quadrat-Würfel-Gesetz" bezeichnet: Die Herstellkosten für bestimmte Arten von

---

[296] Vgl. Ehrlenspiel et al. (Kostengünstig Entwickeln und Konstruieren), 2014, S. 174.
[297] i. A. a. Bronner (Angebots- und Projektkalkulation), 2008, S. 51.
[298] Vgl. Celli (Determinants of Economies of Scale in Large Businesses), 2013, S. 256.
[299] Vgl. Robinson (The Structure Of Competitive Industry), 1931, S. 65ff.

Anlagen (beispielsweise Tanks, Schiffe, Kessel, etc.) steigen nach einem quadratischen Gesetz, während die relative Produktionskapazität nach einem kubischen Gesetz zunimmt. Die Herstellkosten wachsen folglich proportional zur Fläche, während die Produktionskapazität mit dem Volumen ansteigt.[300,301] In der Fertigung kann dies beispielsweise bedeuten, dass durch eine Vergrößerung von Reinräumen überproportional mehr Platz für Anlagentechnologien zur Verfügung steht oder größere Fräsmaschinen überproportional größere Werkstücke bearbeiten können. BERNHART ET AL. stellen im Rahmen der Batteriefertigung fest, dass sich durch diese Kapazitätsgrößenvorteile in mittelgroßen Fabriken bis zu 6%, in großen Fabriken bis zu 14% der Kosten einsparen lassen und somit zunehmende Skaleneffekte erzielt werden können.[302] Neben einer höheren technischen und wirtschaftlichen Leistung durch modernste Maschinen werden zunehmende Skaleneffekte auch durch größere Anlagen erzielt, da der Wirkungsgradverlust aufgrund von beispielsweise Reibungsverlusten, Materialabfall oder Wärmedispersion geringer ist.[303]

2.3.4.4 Mengenrabatte

Beim Bezug größerer Rohstoff- bzw. Kaufteilmengen sind Mengenrabatte üblich. Je nach Abnahmemenge und Verhandlungsgeschick eines Unternehmens kann der Einkaufspreis gleich spezifizierter Stähle um bis zu 100% schwanken.[304] Eine Darstellung der Preisänderung rostfreier Stähle je nach Abnahmemenge auf Abbildung 2.27 zeigt, dass bei einer Steigerung der Abnahmemenge von 100 kg auf 5.000 kg ohne Verhandlungen bereits 35% Rabatt eingeräumt wird.[305] Zunehmende Skaleneffekte sind somit auch durch Erhöhung der Abnahmemenge erzielbar.

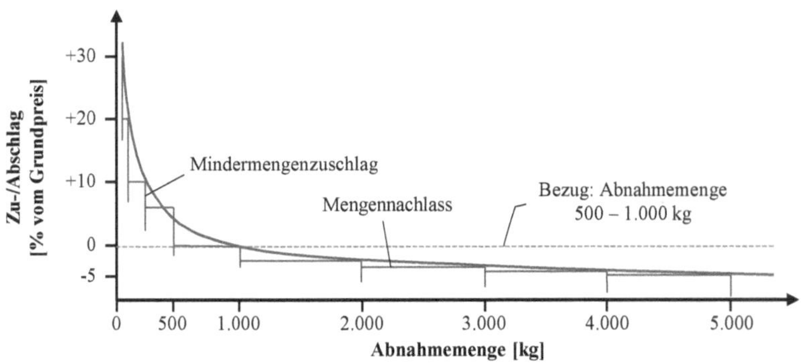

Abbildung 2.27: Preisänderung rostfreier Stähle je Abnahmemenge[306]

[300] Vgl. Celli (Determinants of Economies of Scale in Large Businesses), 2013, S. 257.
[301] Vgl. Bruni (Internal Economies of Scale with a Given Technique), 1964, S. 175.
[302] Vgl. Bernhart et al. (Rising opportunities for battery equipment manufacturers), 2020, S. 11.
[303] Vgl. Celli (Determinants of Economies of Scale in Large Businesses), 2013, S. 257.
[304] Vgl. Ehrlenspiel et al. (Kostengünstig Entwickeln und Konstruieren), 2014, S. 181f.
[305] Vgl. Ehrlenspiel et al. (Kostengünstig Entwickeln und Konstruieren), 2014, S. 210.
[306] i. A. a. Ehrlenspiel et al. (Kostengünstig Entwickeln und Konstruieren), 2014, S. 210.

2.3.4.5 Einsparung und Recycling von Produktionsabfällen

Neben den Primärprodukten einer Geschäftstätigkeit fallen bei Herstellungsprozessen meist Nebenprodukte oder Abfälle an. In wirtschaftlicher Hinsicht gehen diese während des Produktionsprozesses selbst verloren, wofür zwei Gründe bestehen. Erstens kann dieser Verlust technischer Natur sein, wenn Produktionsanlagen nur wenig effizient sind.[307] Zweitens spielt beim Umgang mit Abfällen oder Nebenprodukten der wirtschaftliche Aspekt eine Rolle. Deren Wiederverwendung oder Aufbereitung für den separaten Verkauf ist in der Regel mit erhöhten Kosten verbunden, sodass ein wirtschaftlich günstiges Recycling erschwert ist. Mit Erweiterung eigener Produktionskapazitäten können diese Kosten jedoch auf eine größere Anzahl von Endprodukten verteilt werden, sodass sich Recycling wirtschaftlich lohnt.[308] Eine Erhöhung der Outputmenge ermöglicht folglich die Verwendung effizienterer Anlagen und macht die Aufbereitung von Nebenprodukten oder Abfällen zur Wiederverwertung wirtschaftlich. Zunehmende Skaleneffekte sind in diesem Falle zu erwarten.

2.3.4.6 Technologische Entwicklung

Die Erzielung von Kostensenkungen ist über die genannten Effekte hinaus auch durch effizientere Leistungserstellung möglich. Laut COENENBERG ET AL. kann dies beispielsweise durch die Einführung von CIM-Konzepten erfolgen.[309] EHRLENSPIEL ET AL. geben an, dass leistungsfähigere Fertigungsverfahren durch erheblich geringere Fertigungszeiten die Herstellkosten verringern.[310] Zu den optimierbaren Faktoren gehören neben der Fertigungstechnologie selbst unter anderem die Bauteilhandhabung, der Ausschuss, Mess- und Prüfvorgänge, die Maschinenauslastung, die Durchlaufzeit und mögliche Mehrmaschinenbedienung.[311] Durch den Einsatz neuer und fortschrittlicher Produktionsverfahren sinken die durchschnittlichen Kosten pro Stück langfristig.[312] Dies hängt mit der Umsetzung des Smith'schen Prinzips der Arbeitsteilung zusammen, durch das komplexe Prozesse mit Hilfe hochspezialisierter Produktionsfaktoren im Rahmen einer Abfolge einfacher Operationen durchgeführt werden. Durch die Identifikation von „konditionierten Gewohnheiten" können Anlagen spezialisiert und der Automatisierungsgrad von Produktionsprozessen erhöht werden.[313,314] Auch dies verdeutlicht, dass zunehmende Skaleneffekte durch die Veränderung technischer Merkmale des Produktionsprozesses erzielt werden können.

Die Ausführungen der vorangegangenen Kapitel zeigen, dass vielfältige Möglichkeiten zur Nutzung von Skaleneffekten existieren. Da diese als maßgeblicher Hebel zur Kostensenkung von BZ-Systemen gelten (vgl. Kapitel 2.3.1), wird nachfolgend der Praxisbedarf zur Nutzung von Skaleneffekten erläutert.

---

[307] Beispielsweise ist der Verschnitt von Rollenware unter anderem von der Produkt- und Anlagengeometrie abhängig. Eine effiziente Anlage hätte minimalen Verschnitt durch die Spezialisierung auf ein bestimmtes Produkt.
[308] Vgl. Celli (Determinants of Economies of Scale in Large Businesses), 2013, S. 256.
[309] Vgl. Coenenberg et al. (Kostenrechnung und Kostenanalyse), 2016, S. 435.
[310] Vgl. Ehrlenspiel et al. (Kostengünstig Entwickeln und Konstruieren), 2014, S. 180f.
[311] Vgl. Ehrlenspiel et al. (Kostengünstig Entwickeln und Konstruieren), 2014, S. 167.
[312] Vgl. Dombrowski et al. (Erfahrungskurven in der Fabrikplanung), 2008, S. 662.
[313] Vgl. Celli (Determinants of Economies of Scale in Large Businesses), 2013, S. 258.
[314] Vgl. Young (Increasing Returns and Economic Progress), 1928, S. 538f.

2.3.5 Zwischenfazit

Innerhalb der Brennstoffzellenindustrie werden prognostizierte Produktkostensenkungen insbesondere auf Skaleneffekte durch erhöhte Ausbringungsmengen bzw. Economies of Scale zurückgeführt. Gemäß Kapitel 2.3.2 gelten insbesondere zunehmende Skaleneffekte als erstrebenswert. Zunehmende Skaleneffekte können gemäß Kapitel 2.3.3 durch Skalenelastizität mathematisch modelliert werden. Um Skaleneffekte zu erzielen und im eigenen Unternehmen nutzbar zu machen, sind Lerneffekte, Fixkostendegression, Kapazitätsgrößenvorteile, Mengenrabatte und Einsparung bzw. Recycling von Produktionsabfällen sowie technologische Entwicklungen mögliche Herangehensweisen (vgl. Kapitel 2.3.4).

Im Rahmen der forschungsbegleitenden Studie konnte ebenfalls bestätigt werden, dass zunehmenden Skaleneffekten eine entscheidende Rolle in der Industrie zuteilwird. Dass ein wettbewerbsfähiger Richtpreis zu einem wesentlichen Teil durch Reduzierung von Fertigungskosten erreicht werden kann, wurde von 93% der Teilnehmenden bestätigt (vgl. Abbildung 2.28).

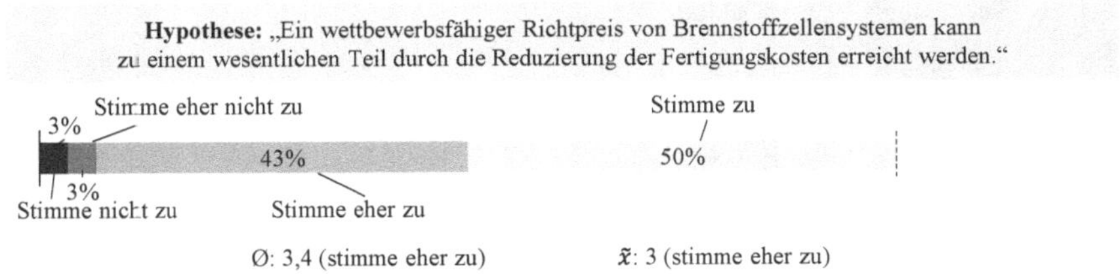

Abbildung 2.28: Studienergebnis zur Fertigungskostensenkung

Außerdem ist die überwiegende Mehrheit der Befragten überzeugt, dass bei der Herstellkostensenkung von BZ-Systemen zunehmende Skaleneffekte zukünftig eine entscheidende Rolle spielen werden. Darüber hinaus wird eine Optimierung oder Neugestaltung bestehender Produktionsprozesse von 93% der Befragten als wegbereitend für die Erzielung zunehmender Skaleneffekte eingeschätzt (vgl. Abbildung 2.29).

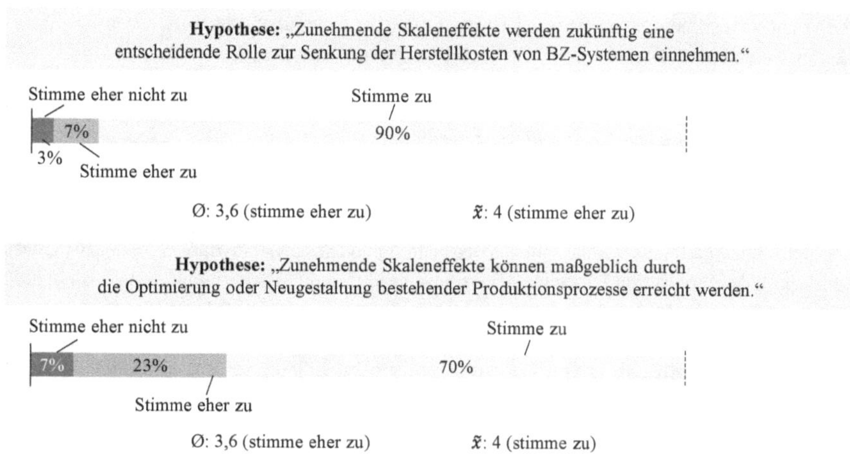

Abbildung 2.29: Studienergebnis zum Einfluss und zur Erreichung zunehmender Skaleneffekte

Angesichts der in den vorangegangenen Kapiteln offengelegten Potenziale zur Kostensenkung von BZ-Systemen durch zunehmende Skaleneffekte bestätigen 96% der Studienteilnehmer die Hypothese, dass eine Handreichung zur Erzielung zunehmender Skaleneffekte im eigenen Produktionssystem hilfreich wäre (vgl. Abbildung 2.30). Produzierende Unternehmen streben somit die Ableitung konkreter Maßnahmen zur Erzielung zunehmender Skaleneffekte an und fordern dabei Unterstützung vonseiten der Wissenschaft. Im folgenden Kapitel werden die identifizierten Handlungsbedarfe aus diesem Kapitel 2 zusammengefasst und Anforderungen an die Theorie formuliert.

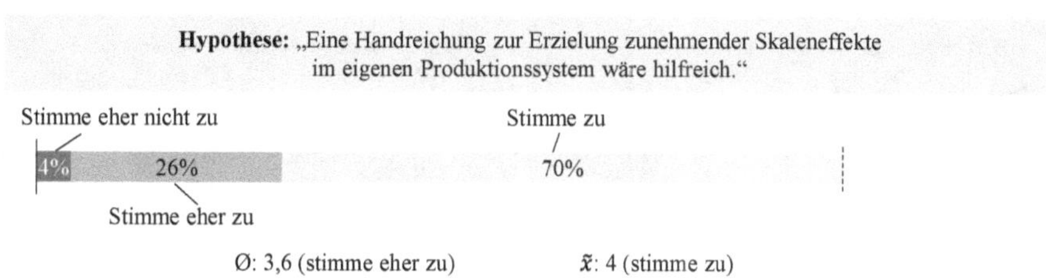

Abbildung 2.30: Studienergebnis zur Notwendigkeit einer Handreichung zur Erzielung zunehmender Skaleneffekte

2.4 Handlungsbedarf aus der Praxis

Need for action from practice

Im Rahmen der vorangegangenen Kapitel wurden relevante Bereiche zur Kostensenkung von BZ-Systemen erläutert und Handlungsbedarfe aus Sicht der Praxis abgeleitet. Abbildung 2.31 fasst diese Handlungsbedarfe zusammen und formuliert daraus Anforderungen an die Theorie.

Die Brennstoffzellenbranche steht der Herausforderung gegenüber, die Kosten von BZ-Systemen im Sinne einer zunehmenden Marktdurchdringung drastisch zu senken.

Die Ausführungen in Kapitel 2.1 haben gezeigt, dass die Fertigungstechnologien zur Herstellung von BZ-Systemen noch nicht für eine Fertigung größerer Stückzahlen ausgelegt sind. Angesichts prognostizierter Kapazitätssteigerungen ist es somit notwendig, diese **Fertigungstechnologien hinsichtlich höherer Ausbringungsmengen zu verändern**.

Kapitel 2.2 beinhaltet die wirtschaftliche Betrachtung von BZ-Systemen. Es wird deutlich, dass der aktuelle Richtpreis von BZ-Systemen zwar in der Literatur erläutert wird, jedoch nicht dem gegenwärtigen Stand der Industrie entspricht. Eine transparente und realitätsnahe **Berechnung des aktuellen Richtpreises von BZ-Systemen** muss somit erfolgen, um Unternehmen anschließend die **Identifikation von Hauptkostentreibern** entlang der Wertschöpfungskette zu ermöglichen.

Aus Kapitel 2.3 geht hervor, dass die Erzielung zunehmender Skaleneffekte für signifikante Kostensenkungen in der Güterproduktion sorgen kann. Die Modellierung von Lerneffekten kann Unternehmen dabei unterstützen, mögliche **Kostendegressionen zu prognostizieren**. Im Rahmen der Erzielung zunehmender Skaleneffekte muss jedoch eine **Vielzahl technischer Maßnahmen berücksichtigt** werden.

Das Nachfolgende Kapitel geht in diesem Zusammenhang auf bereits bestehende Ansätze in der Wissenschaft ein und formuliert einen Handlungsbedarf aus der Theorie.

Handlungsbedarf aus der Praxis	Anforderungen an die Theorie
Veränderung aktueller **Fertigungstechnologien** hinsichtlich größerer Ausbringungsmengen. *(vgl. Kapitel 2.1)*	Einbindung von Methoden zur **Ableitung innovativer Fertigungstechnologien** im Sinne der Nutzung von Skaleneffekten.
Berechnung des aktuellen **Richtpreises** von BZ-Systemen. *(vgl. Kapitel 2.2)*	**Nachvollziehbare techno-ökonomische Modellierung** des Produktionsprozesses.
Identifikation von Hauptkostentreibern von BZ-Systemen. *(vgl. Kapitel 2.2)*	**Systematische Variation** von Produktionsparametern.
Prognose möglicher Kostendegressionen in der Produktion von BZ-Systemen. *(vgl. Kapitel 2.3)*	**Quantifizierung theoretisch möglicher Kostenersparnisse** durch Skaleneffekte.
Berücksichtigung einer **Vielzahl technischer Maßnahmen** zur Kostendegression. *(vgl. Kapitel 2.3)*	Strukturierte **Priorisierung von Technologieveränderungsmaßnahmen**.

Abbildung 2.31: Handlungsbedarf aus der Praxis

3 Grundlagen des Gestaltungsbereiches

Fundamentals of the design area

Entsprechend der Forschungsmethodik dieser Arbeit (vgl. Kapitel 1.3) ist die Herleitung des Handlungsbedarfes aus der Theorie das Ziel dieses Kapitels. Dazu erfolgt, resultierend aus den Herausforderungen aus der Praxis in Kapitel 2.4, die Definition von Anforderungen an die Theorie in Kapitel 3.1. Die Grundlagen zur Produktionskostenschätzung werden in Kapitel 3.2 beschrieben, während bestehende Ansätze zur Kostendegression in Produktionssystemen und zur Ableitung von Technologieveränderungen in den Kapiteln 3.3 und 3.4 erläutert werden. Dieses Kapitel endet mit der Formulierung des Handlungsbedarfes aus der Theorie in Kapitel 3.5 und der Detaillierung der handlungsleitenden Forschungsfrage in Kapitel 3.6.

3.1 Anforderungen an die Methodik

Methodological requirements

Um dem Handlungsbedarf aus der Praxis zu entgegnen, muss die zu entwickelnde Methodik speziellen Anforderungen genügen. Diese Anforderungen werden in diesem Kapitel hergeleitet und in inhaltliche und formale Anforderungen unterteilt. Der Erfüllungsgrad der Anforderungen wird per diskreter Skala mit den drei Ausprägungen nicht erfüllt, teilweise erfüllt und vollständig erfüllt bewertet. Abbildung 3.1 fasst die Anforderungen an die Methodik zusammen.

Inhaltliche Anforderungen	Formale Anforderungen
Ableitung **innovativer Fertigungstechnologien** im Sinne der Nutzung von Skaleneffekten.	Gewährleistung der **Allgemeingültigkeit** der Methodik.
Nachvollziehbare techno-ökonomische Modellierung des Produktionsprozesses.	Sicherstellung der **Nachvollziehbarkeit** für Anwendende.
Systematische Variation von Produktionsparametern.	Sicherstellung der **Handhabbarkeit** der Methodik.
Quantifizierung theoretisch **möglicher Kostenersparnisse** durch Skaleneffekte.	
Strukturierte **Priorisierung von Technologieveränderungsmaßnahmen**.	

Abbildung 3.1: Anforderungen an die Methodik[315]

3.1.1 Inhaltliche Anforderungen

Aus den fünf Aspekten des Handlungsbedarfes aus der Praxis (vgl. Abbildung 2.31) können fünf inhaltliche Anforderungen an einen theoretischen Ansatz abgeleitet werden. Diese beinhalten die Ableitung innovativer Fertigungstechnologien, eine nachvollziehbare techno-ökonomische Modellierung, die systematische Variation von Produktionsparametern, eine

[315] i. A. a. Döring (Konfliktmanagement in der technischen Auftragsabwicklung im Werkzeugbau), 2010, S. 47.

Quantifizierung theoretisch möglicher Kostenersparnisse und eine strukturierte Priorisierung von Technologieveränderungsmaßnahmen.

Innovative Fertigungstechnologien müssen im Sinne der Nutzung von Skaleneffekten abgeleitet werden. Das Ziel ist dabei die Herstellkostensenkung von BZ-Systemen. Eine Methodik ist hinsichtlich der folgenden drei Ausprägungen zu bewerten:

- **Nicht erfüllt:** Eine Methodik ermöglicht keine Identifikation alternativer Fertigungstechnologien im Sinne einer Herstellkostensenkung.
- **Teilweise erfüllt:** Eine Methodik ermöglicht die Identifikation alternativer Fertigungstechnologien, nimmt jedoch keinen Bezug auf mögliche Herstellkostensenkungen oder leitet innovative Fertigungsverfahren nicht systematisch her.
- **Vollständig erfüllt:** Eine Methodik beinhaltet ein systematisches Vorgehen zur Identifikation innovativer Fertigungstechnologien und stellt dadurch erzielte Herstellkostensenkungen durch Skaleneffekte in den Mittelpunkt.

Im Sinne einer ökonomischen Maßnahmenbewertung muss innerhalb der Methodik eine **nachvollziehbare techno-ökonomische Modellierung** von Produktionsprozessen vorgenommen werden. Die zu bewertenden Ausprägungen lauten:

- **Nicht erfüllt:** Eine Methodik beinhaltet die Ermittlung von Herstellkosten. Diese lassen sich jedoch nicht auf eine strukturierte Kostenmodellierung zurückführen.
- **Teilweise erfüllt:** Eine Methodik wendet eine strukturierte Kostenmodellierung an. Die Ermittlung der verwendeten Parameter sowie die konkreten Berechnungsformeln sind nicht erkennbar, sodass ermittelte Kostenwerte nicht vollständig nachvollziehbar sind.
- **Vollständig erfüllt:** Eine Methodik legt unter Anwendung einer strukturierten Kostenmodellierung sämtliche Berechnungsformeln und -parameter offen und ermöglicht eine Reproduktion des Kostenmodells.

Durch **systematische Variation von Produktionsparametern** muss eine Aussage zu resultierenden Herstellkostenänderungen getätigt werden können. Auf diese Weise werden Hauptkostentreiber identifiziert. Die Ausprägungen der Bewertung lauten:

- **Nicht erfüllt:** Eine Methodik identifiziert Hauptkostentreiber, jedoch ohne systematische Variation von Inputparametern.
- **Teilweise erfüllt:** Inputparameter werden variiert und die Auswirkungen dieser Maßnahme auf die Kostenstruktur abgebildet. Die Vorgehensweise folgt jedoch keiner Systematik und die Parameter beziehen sich nicht ausschließlich auf die Produktion.
- **Vollständig erfüllt:** Im Rahmen einer Methodik werden Produktionsparameter systematisch variiert. Resultierende Kostenänderungen sind aufbereitet und Hauptkostentreiber ausgewiesen.

Als Maßstab zur Bewertung von Optimierungsmaßnahmen dient die **Quantifizierung theoretisch durch Skaleneffekte erzielbarer Kostenersparnisse**. Eine Methodik generiert somit einen Sollzustand, den es per Maßnahmenumsetzung zu erreichen gilt. Für die Bewertung dieses Kriteriums gilt:

- **Nicht erfüllt:** Es erfolgt keine Ermittlung eines Sollwertes für Kostenersparnisse innerhalb von Produktionsprozessen.
- **Teilweise erfüllt:** Ein Sollwert für Kostenersparnisse wird gesetzt, dieser wird jedoch nicht nachvollziehbar hergeleitet.
- **Vollständig erfüllt:** Ein Sollwert für theoretisch mögliche Kostenersparnisse durch Skaleneffekte wird rechnerisch ermittelt.

Abgeleitete Technologieveränderungsmaßnahmen sind **systematisch zu priorisieren**, um so konkrete Handlungsempfehlungen für produzierende Unternehmen ableiten zu können. Eine Methodik wird anhand folgender Ausprägungen bewertet:

- **Nicht erfüllt:** Es erfolgt kein Vergleich unterschiedlicher Technologieveränderungsmaßahmen vor dem Hintergrund einer priorisierten Umsetzung.
- **Teilweise erfüllt:** Mehrere Technologieveränderungsmaßnahmen werden miteinander verglichen und priorisiert. Es ist jedoch keine Systematik dabei erkennbar.
- **Vollständig erfüllt:** Mehrere Technologieveränderungsmaßnahmen werden anhand von spezifischen Kriterien bewertet und miteinander verglichen. Aufgrund einer quantitativen Analyse wird eine Handlungsempfehlung abgegeben.

3.1.2 Formale Anforderungen

Zur Gewährleistung der Funktionsfähigkeit der Methodik werden neben den inhaltlichen Anforderungen auch formale Anforderungen festgelegt. Diese setzen sich aus der Allgemeingültigkeit, der Nachvollziehbar- und Handhabbarkeit zusammen.[316,317,318]

Wenngleich das Defizit aus der Praxis am Beispiel der Brennstoffzellenindustrie hergeleitet wurde, ist die übergeordnete Zielsetzung der vorliegenden Arbeit die Nutzung von Skaleneffekten in der Produktion. Aus diesem Grund soll eine Methodik branchenunabhängig gestaltet werden und somit **allgemeingültig** sein. Sofern dasselbe Praxisdefizit zugrunde liegt, muss dazu die Modellierung auf weitere Themenfelder außerhalb der Brennstoffzellenindustrie übertragbar sein. Die drei Ausprägungen zur Bewertung dieses Kriteriums lauten:

- **Nicht erfüllt:** Eine Methodik ist für einen bestimmten Anwendungsfall konzipiert und nicht modifizierbar.
- **Teilweise erfüllt:** Eine Methodik lässt sich mit leichten Anpassungen auf bestimmte weitere Industrien übertragen.
- **Vollständig erfüllt:** Eine Methodik lässt sich ohne Anpassungen auf sämtliche weitere Industrien übertragen.

---

[316] Die Anforderungen orientieren sich an wissenschaftlichen Arbeiten an der RWTH Aachen und sind an den Kontext der vorliegenden Arbeit angepasst.
[317] Vgl. Heimes (Methodik zur Auswahl von Fertigungsressourcen in der Batterieproduktion), 2014, S. 67.
[318] Vgl. Döring (Konfliktmanagement in der technischen Auftragsabwicklung im Werkzeugbau), 2010, S. 6ff.

Um die Akzeptanz einer Methodik sicherzustellen, muss sie die Grundvoraussetzungen des wissenschaftlichen Arbeitens erfüllen. Neben der Nachprüfbarkeit des Vorgehens sollte dieses dabei außerdem einer systematischen Struktur entsprechen und somit **nachvollziehbar** sein.[319] Zur Bewertung dieser Kriterien werden folgende Ausprägungen festgelegt:

- **Nicht erfüllt:** Eine Methodik präsentiert erzielte Ergebnisse, beschreibt das Vorgehen jedoch nicht.
- **Teilweise erfüllt:** Eine Methodik stellt das grundlegende Vorgehen dar, einzelne Schritte können jedoch aufgrund fehlender Informationen nicht nachvollzogen werden.
- **Vollständig erfüllt:** Eine Methodik beinhaltet eine systematische Struktur und gewährleistet durch die detaillierte Beschreibung aller Zwischenschritte eine Reproduktion der beschriebenen Ergebnisse.

Zur Anwendung der Methodik ist das Kriterium der **Handhabbarkeit** zu erfüllen. Dies beinhaltet im vorliegenden Zusammenhang eine möglichst hohe Vereinfachung des Vorgehens. Außerdem ist das Verhältnis von Aufwand zu Nutzen zu bewerten. Die drei Ausprägungen lauten wie folgt:

- **Nicht erfüllt:** Eine Methodik gibt keine klaren Anweisungen oder folgt mehreren Handlungssträngen gleichzeitig. Grob- und Feinkonzept sind nicht vorhanden. Anwendende müssen hohen Initialaufwand betreiben, um die Methodik durchzuführen.
- **Teilweise erfüllt:** Eine Methodik zeichnet sich durch eine leicht verständliche Vorgehensweise aus. Der Aufwand zur Durchführung ist jedoch höher als der erwartete Nutzen.
- **Vollständig erfüllt:** Eine Methodik ist leicht verständlich. Das Verhältnis von Nutzen zu Aufwand ist gering.

3.2 Techniken zur Produktionskostenschätzung

Production cost modeling techniques

Zur Schätzung von Produktionskosten existieren unterschiedliche Techniken. Die Anwendung dieser Techniken unterscheidet sich unter anderem durch die Produktkomplexität, der betrachteten Kostenarten, der Phase im Entwicklungsprozess des Produktes und der Branche. WINDMARK und JÖNSSON geben eine Übersicht zu den verschiedenen Techniken und deren Anwendungen[320,321]. NIAZI ET AL. und DUVERLIE ET AL. klassifizieren diese Techniken auf Grundlage ihrer Merkmale in die vier Subkategorien intuitive, analoge, parametrische und analytische Kostenschätzung.[322,323] Diese Gruppierungen werden im Folgenden anhand von Abbildung 3.2 vorgestellt.

---

[319] Vgl. Kornmeier (Wissenschaftstheorie und wissenschaftliches Arbeiten), 2007, S. 9.
[320] Vgl. Windmark (Performance-Based Costing), 2018, S. 16f.
[321] Vgl. Jönsson (Cost-Conscious Manufacturing), 2012, S. 33.
[322] Vgl. Duverlie et al. (Cost Estimation During Design Step), 1999, S. 895.
[323] Vgl. Niazi et al. (Product Cost Estimation: Technique Classification and Methodology), 2006, S. 563f.

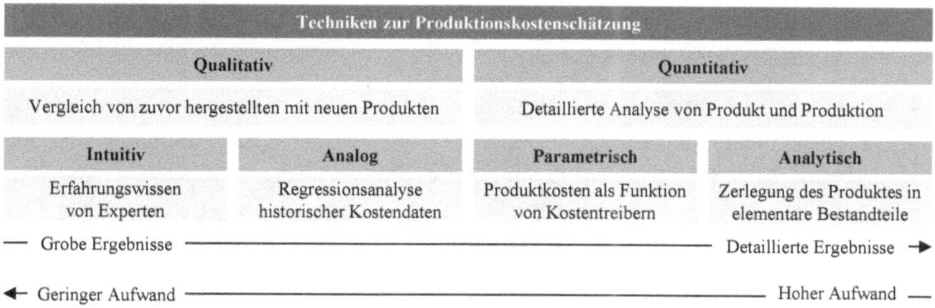

Abbildung 3.2: Klassifizierung von Techniken zur Produktionskostenschätzung[324]

Die Techniken zur Produktionskostenschätzung unterscheiden sich auf übergeordneter Ebene zwischen *qualitativen* und *quantitativen* Techniken. Die qualitativen Kostenschätzungstechniken basieren im Wesentlichen auf dem Vergleich des neuen Produktes mit bereits in der Vergangenheit hergestellten Produkten. Quantitative Kostenschätzungstechniken basieren hingegen auf einer detaillierten Analyse des neuen Produktes und der benötigten Fertigungsprozesse. Die *intuitiven* sowie die *analogen* Techniken sind Teil der qualitativen Gruppierung, während die *parametrischen* und *analytischen* Techniken Teil der quantitativen Gruppierung sind.[325] Im Folgenden werden die Eigenschaften der einzelnen Techniken erläutert.

Intuitive Kostenschätzungstechniken basieren auf Erfahrungswissen einzelner Branchenexpert:innen und ähnlichen Konstruktionen aus der Vergangenheit. Im Sinne der Informationsverfügbarkeit wird dieses Wissen beispielsweise in Form von Regeln oder Entscheidungsbäumen in Datenbanken gespeichert und Anwendenden zur Verfügung gestellt. Sie sind nur anwendbar, wenn historische Daten existieren.[326,327]

Analoge Kostenschätzungstechniken greifen auf historische Kostendaten bereits produzierter Produkte zurück. Voraussichtliche Kosten eines Produktes können mittels Regressionsanalysen oder künstlichen neuronalen Netzen errechnet werden, allerdings sind diese Techniken ausschließlich für sehr ähnliche Produkte anwendbar und benötigen eine hohe Datenverfügbarkeit.[328,329,330] Analoge Kostenschätzungstechniken ermöglichen keine Berechnung oder Ausgabe von Zwischenergebnissen, weshalb diese nicht zur Schaffung von Transparenz in der Kostenentstehung geeignet sind.[331]

Parametrische Kostenschätzungstechniken stellen Produktkosten als Funktion verschiedener Kostentreiber aus, sodass sich eine Anwendung insbesondere bei leicht identifizierbaren Kostentreibern eignet.[332] Als Kostentreiber können beispielsweise das Gewicht oder das Volumen

---

[324] i. A. a. Niazi et al. (Product Cost Estimation: Technique Classification and Methodology), 2006, S. 563ff.
[325] Vgl. Niazi et al. (Product Cost Estimation: Technique Classification and Methodology), 2006, S. 563f.
[326] Vgl. Niazi et al. (Product Cost Estimation: Technique Classification and Methodology), 2006, S. 564ff.
[327] Vgl. Duverlie et al. (Cost Estimation During Design Step), 1999, S. 905.
[328] Vgl. Niazi et al. (Product Cost Estimation: Technique Classification and Methodology), 2006, S. 567.
[329] Vgl. Mandolini et al. (Analytical Cost Estimation of Mechanical Components), 2020, S. 1132.
[330] Vgl. Camargo et al. (Parametric Cost Estimation in the Textile Supply Chain), 2003, S. 3.
[331] Vgl. Ievtushenko et al. (Review of Cost Estimation Techniques), 2012, S. 118.
[332] Vgl. Niazi et al. (Product Cost Estimation: Technique Classification and Methodology), 2006, S. 567.

von Bauteilen gelten[333]. Aufgrund ihrer Funktionsweise erlauben diese Techniken jedoch keine Nachvollziehbarkeit der Kostenentstehung.[334,335]

Bei Verwendung analytischer Kostenschätzungstechniken wird ein Produkt in seine elementaren Bestandteile und Fertigungsschritte zerlegt. Im Anschluss erfolgt die Bestimmung des Ressourcenverbrauchs dieser Elementareinheiten, wobei die Summe der mit diesem Verbrauch verbundenen Kosten die voraussichtlichen Produktkosten ergeben. Die Durchführung dieser Techniken verspricht Ergebnisse mit der höchsten Genauigkeit, bedeutet jedoch auch eine aufwändige Modellierung. Zu den analytischen Techniken gehören das Activity-Based Costing (ABC, dt. aktivitätsbezogene Kostenrechnung), das Feature-Based Costing (FBC, dt. merkmalsbasierte Kostenrechnung) und das Process Based Cost Modeling (PBCM, dt. prozessbezogene Kostenrechnung).[336,337] Diese werden im Folgenden näher betrachtet.

3.2.1 Activity-Based Costing (ABC)

Das ABC ist auf Veröffentlichungen der Autoren COOPER & KAPLAN zurückzuführen. Die Autoren nehmen an, dass alle Aktivitäten eines Unternehmens der Herstellung und Auslieferung von Gütern oder Dienstleistungen dienen. Diese Aktivitäten werden somit Produktkosten zugeordnet.[338] Produkte und Dienstleistungen erfordern somit laut COOPER & KAPLAN Aktivitäten, die wiederum Ressourcen verbrauchen. Im Rahmen einer zweistufigen Vorgehensweise zur Kostenzuordnung werden Kosten auf Grundlage ihres Ressourcenverbrauches zunächst Aktivitäten zugeteilt, während diese anschließend Objekten zugeordnet werden (Abbildung 3.3).

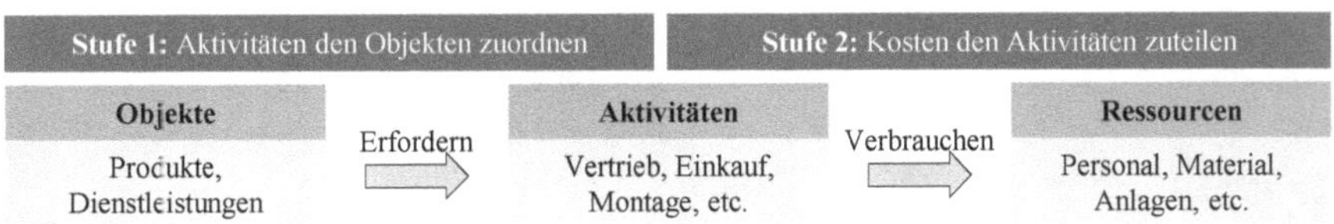

Abbildung 3.3: Activity-based costing[339]

Zur Implementierung eines ABC-Systems sind laut IEVTUSCHENKO sechs Schritte notwendig. In einem ersten Schritt werden die zur Herstellung eines Produktes notwendigen Aktivitäten identifiziert. Hierzu werden Befragungen durchgeführt und Prozesse per Flussdiagramm visualisiert. Gelistete Aktivitäten werden im zweiten Schritt durch Clusterbildung komprimiert und Produkten direkt zugeordnet. Im dritten Schritt ist es möglich, den Aktivitäten Gesamtkosten zuzuordnen. Im vierten Schritt werden die Aktivitäten den produzierten Einheiten zugeordnet. Auf Grundlage somit ermittelter Kosten je Einheit werden im letzten Schritt Handlungsempfehlungen für das Management formuliert.[340]

---

333 Vgl. Ben-Arieh (Parametric Cost Estimation of Design Activities), 2002, S. 2.
334 Vgl. Duverlie et al. (Cost Estimation During Design Step), 1999, S. 896.
335 Vgl. Ievtushenko et al. (Review of Cost Estimation Techniques), 2012, S. 118.
336 Vgl. Niazi et al. (Product Cost Estimation: Technique Classification and Methodology), 2006, S. 568f.
337 Vgl. Camargo et al. (Parametric Cost Estimation in the Textile Supply Chain), 2003, S. 3.
338 Vgl. Cooper et al. (Measure Costs Right: Make the Right Decisions), 1988, S. 2.
339 i. A. a. Ievtushenko et al. (Review of Cost Estimation Techniques), 2012, S. 115.
340 Vgl. Ievtushenko et al. (Review of Cost Estimation Techniques), 2012, S. 116.

Bei diesem Vorgehen ist die präzise Erfassung indirekter Kosten und die Identifikation wertschöpfender und nicht wertschöpfender Aktivitäten vorteilhaft. Als nachteilig gelten unter anderem der hohe Zeitaufwand zur Erstellung eines ABC-Systems sowie die Notwendigkeit sehr genauer Datensätze.[341] Außerdem gilt das Verfahren bei der Bewertung neuer Produkte als inakkurat.[342]

3.2.2 Feature-Based Costing (FBC)

Das FBC nach PHILPOTT ET AL. basiert auf der Annahme, dass jedes Produkt vollständig über eine Gruppe von Produktmerkmalen beschreibbar ist. Die Produktmerkmale setzen sich dabei aus geometrischen und physikalischen Eigenschaften sowie aus Prozessen und Aktivitäten innerhalb der Produktion zusammen. Innerhalb einer fünfstufigen Vorgehensweise werden zunächst alle Produktmerkmale sowie simplere Subproduktmerkmale identifiziert (siehe Abbildung 3.4). Im Anschluss erfolgt die Aufbereitung von Aktivitäten, die zur Erstellung der Produktmerkmale benötigt werden, sowie deren Kosten. Nach der Definition von Produktspezifikationen (beispielsweise Anzahl der Türen oder Farbe eines Fahrzeugs) erfolgt auf dieser Grundlage im letzten Schritt die Ermittlung der Produktkosten durch Addition der Kosten für die einzelnen Produktmerkmale.[343] Die Informationsgrundlage wird dabei aus Datenbanken entnommen.[344]

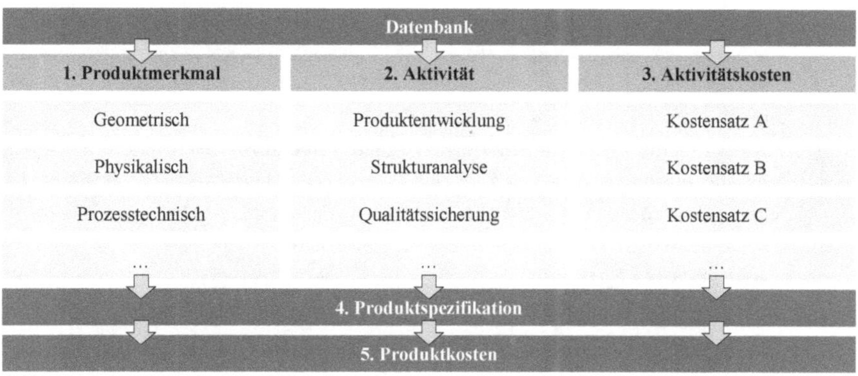

Abbildung 3.4: Vorgehensweise des Feature-based costing[345]

Ein wesentlicher Vorteil des FBC ist die eindeutige Darstellung von Korrelationen zwischen Produktmerkmalen und -kosten, da so Produktdesigns hinsichtlich definierter Zielkosten angepasst werden können. Außerdem werden weniger Informationen benötigt, da gleiche Produktmerkmale auf unterschiedliche Produkte anwendbar sind. Da simple Subproduktmerkmale als Grundlage zur Kostenberechnung dienen, können außerdem die Kosten neuer Produkte gut im Vorhinein abgeschätzt werden. Nachteilig ist, dass die Genauigkeit der Kostenschätzung durch

---

[341] Vgl. Gríful-Miquela (Activity-Based Costing Methodology), 2001, S. 136.
[342] Vgl. Philpott et al. (Integrated Real-Time Feature Based Costing), 2016, S. 29.
[343] Vgl. Ievtushenko et al. (Review of Cost Estimation Techniques), 2012, S. 117.
[344] Vgl. Philpott et al. (Integrated Real-Time Feature Based Costing), 2016, S. 1.
[345] i. A. a. Ievtushenko et al. (Review of Cost Estimation Techniques), 2012, S. 118.

Schwierigkeiten bei der Zuordnung von nicht wertschöpfenden Tätigkeiten eingeschränkt ist. Des Weiteren ist die Technik für sehr komplexe Produkteigenschaften nicht anwendbar.[346]

3.2.3 Process Based Cost Modeling (PBCM)

Das PBCM geht auf die Veröffentlichungen der Autoren BUSCH, CLARK, FIELD, KIRCHAIN und ROTH zurück und basiert auf zwei grundlegenden Annahmen: Erstens gilt, dass die Kosten eines Produktes kontextabhängig sind. Dies liegt im wechselseitigen Einfluss des Produktdesigns und den Produktionskosten begründet, da die Produktkosten eine Funktion des Herstellungsprozesses und die Herstellkosten eine Funktion des Produktdesigns sind. Ein Kostenmodell ist somit niemals allgemeingültig, sondern richtet sich nach dem gegebenen Kontext. Zweitens sind für den Aufbau eines robusten Kostenschätzungsmodells zahlreiche Einflussfaktoren zu berücksichtigen. Diese lassen sich über eine Kette von Abhängigkeiten auf kontrollierbare Design- und Prozessparameter zurückführen.[347] Diese Annahmen führen zu folgenden drei Hauptaufgaben des PBCM:

(1) **Identifikation relevanter Kostenelemente:** Aus Effizienzgründen müssen vor der Modellierung ausschließlich relevante Kostenelemente (z. B. Personalkosten, Materialkosten, etc.) identifiziert und aufgelistet werden.

(2) **Bestimmung von Einflussfaktoren:** Der Produktionsprozess ist in seine Einflussfaktoren zu zerlegen. Dazu gehören eingekaufte oder verbrauchte Produktionsfaktoren sowie technische Abhängigkeiten, welche die Produktionsfaktoren beeinflussen. Es muss nicht jeder Faktor vollständig modelliert werden. Eine Beschreibung der je Produktionsszenario variierbaren Faktoren ist ausreichend.

(3) **Korrelation des Produktionsfaktorverbrauchs mit den Prozessschritten:** Die in (2) bestimmten Einflussfaktoren werden in Kosten übersetzt. Es wird der benötigte Faktoreinsatz abgeleitet und anschließend die Kosten je Faktoreinheit bestimmt. Als Betrachtungszeitraum wird ein Produktionsjahr vorgeschlagen.[348]

Als Grundlage des PBCM gilt das Technical Cost Modeling (TCM), welches erstmalig in Veröffentlichungen des MASSACHUSETTS INSTITUTE OF TECHNOLOGY (MIT) Erwähnung findet. Mit dieser Vorgehensweise werden elementare Kostenelemente von Produkten anhand ingenieurwissenschaftlicher und ökonomischer Prinzipien mathematisch modelliert.[349,350] Abbildung 3.5 zeigt die drei vernetzt abhängigen Modelle des TCM und des PBCM.

[346] Vgl. Ievtushenko et al. (Review of Cost Estimation Techniques), 2012, S. 118.
[347] Vgl. Kirchain et al. (Process-Based Cost Modeling), 2000, S. 1719f.
[348] Vgl. Kirchain et al. (Process-Based Cost Modeling), 2000, S. 1721ff.
[349] Vgl. Busch (Technical Cost Modeling of Plastics Fabrication Processes), 1987, S. 15f.
[350] Vgl. Kirchain et al. (Process-Based Cost Modeling), 2000, S. 1721.

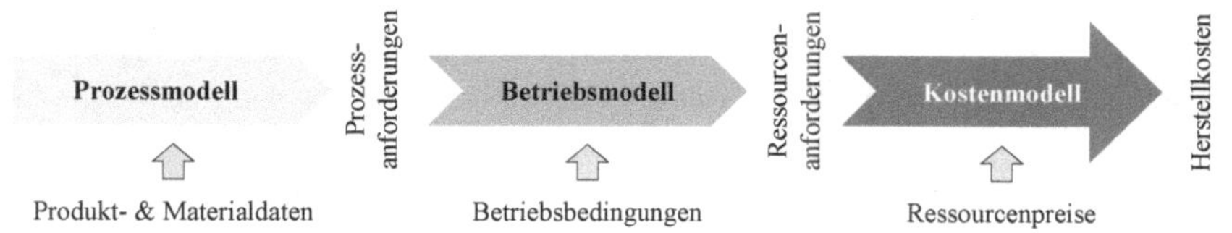

Abbildung 3.5: Prozessbasierter Kostenmodellierungsrahmen für TCM und PBCM[351]

Während das Prozessmodell die notwendigen Fertigungsschritte und deren Vernetzung definiert, beschreibt das Betriebsmodell das Produktionssystem. Das Kostenmodell legt die relevanten Kostenarten, Zuschlags- und Zinssätze fest und leitet die entstehenden Kosten des Ressourcenverbrauches ab.[352,353,354]

Bei der Erstellung eines Kostenschätzungsmodells durch PBCM ist auf drei Besonderheiten zu achten. Erstens: Es wird zwischen Netto- und Brutto-Produktionsvolumen unterschieden. Während das Netto-Produktionsvolumen den Output der Produktion beschreibt, ist das Brutto-Produktionsvolumen durch die benötigte Produktionskapazität definiert. Die Differenz der beiden Werte stellt den produzierten Ausschuss dar. Bei der Modellierung wird das Netto-Produktionsvolumen als Eingangsgröße formuliert. Zweitens: Es existieren eine maximal verfügbare und eine minimal benötigte Prozesszeit. Die maximal verfügbare Prozesszeit ergibt sich aus den Betriebsgrößen der Fabrik (beispielsweise Arbeitstage pro Jahr, Arbeitsstunden pro Tag). Die minimal benötigte Prozesszeit ergibt sich aus der Summe der Prozesszeiten zur Herstellung des Brutto-Produktionsvolumens. Aus dem Verhältnis von minimal benötigter zu maximal verfügbarer Prozesszeit lässt sich die Anzahl benötigter Fertigungslinien berechnen. Drittens: Der Materialfluss sollte je Prozessschritt bekannt sein. Auf diese Weise kann unter Berücksichtigung des Ausschusses und des Verschnitts das jeweilige Produktionsvolumen bestimmt werden. Das Netto-Produktionsvolumen jedes Prozessschrittes muss den Bedarf des darauffolgenden Schrittes abdecken können.[355]

Ein entscheidender Vorteil des PBCM ist die Möglichkeit, die Kosten alternativer Prozessfolgen und -technologien zu vergleichen. Nachteilig ist die zeitaufwändige Modellierung und Notwendigkeit detaillierter Produktdesign- sowie Prozessplanungsdaten.[356] Das PBCM eignet sich aufgrund seiner Ähnlichkeit zum TCM weiterhin für die Bewertung der Machbarkeit sowie der Priorisierung von F&E-Aktivitäten neuartiger Produkte, die auf disruptiven Technologien beruhen.[357]

---

[351] i. A. a. Nadeau et al. (A Dynamic Process-Based Cost Modeling Approach), 2010, S. 225.
[352] Vgl. Field et al. (Process Cost Modeling), 2007, S. 24ff.
[353] Vgl. Busch (Cost Modeling as a Technical Management Tool), 1994, S. 51ff.
[354] Vgl. Johnson et al. (Process-Based Cost-Modeling Approach), 2010, S. 638.
[355] Vgl. Kirchain et al. (Process-Based Cost Modeling), 2000, S. 1727ff.
[356] Vgl. Niazi et al. (Product Cost Estimation: Technique Classification and Methodology), 2006, S. 570.
[357] Vgl. Taleb et al. (Technical-Economic Cost Modeling as a Technology Management Tool), 2014, S. 294.

3.2.4 Design for Manufacturing and Assembly (DFMA)

Eine Methode zur techno-ökonomischen Modellierung mit der Bezeichnung „Design for Manufacturing and Assembly“ (DFMA) wurde von BOOTHROYD & DEWHURST entwickelt. Sie verkörpert eine Vorgehensweise für den Entwurf und die Bewertung kostenoptimierter Komponenten und Systeme. Laut NIAZI ET AL. ist sie keiner Kategorie von Kostenschätzungstechniken zuzuordnen, sondern stellt eine Kostenberechnungsmethode für spezifische Bearbeitungs- und Fertigungsverfahren dar.[358] Bei der Kostenanalyse von Komponenten werden Materialeinzelkosten, Fertigungs- und Montagekosten sowie Händleraufschläge in Betracht gezogen (siehe Abbildung 3.6).[359]

Kostenberechnung innerhalb der Design for Manufacturing and Assembly (DFMA)

Materialkosten	+ Fertigungskosten	+ Montagekosten	+ Händleraufschlag
Art des Materials	Bauteilfeature	Montagezeit	Gewinn
Masse des Materials	Prozesszeit	Manuelle Arbeit	Verwaltung, F&E
Preisinformationen	Maschinenrate	Maschinenrate	Ausschuss

Abbildung 3.6: Kostenartenrechnung innerhalb des DFMA-Ansatzes

Die Bestimmung der Materialkosten geschieht über die Art und Masse des für die jeweilige Komponente verwendeten Materials in Verbindung mit historischen Händlerpreisen. Die Fertigungskosten werden auf Grundlage der Kosten zur Fertigung von Produktmerkmalen berechnet. Dies erfolgt über die Multiplikation der benötigten Fertigungszeit mit der Maschinenrate einer Fertigungsanlage. Montagekosten werden durch Multiplikation der Montagezeit mit den Kosten für manuelle Arbeit oder der Maschinenrate für verwendete Anlagentechnik bestimmt. Händleraufschläge werden prozentual auf die Summe der Material-, Fertigungs- und Montagekosten aufgeschlagen[360]. Sie setzen sich aus Pauschalen für Gewinn, Verwaltung, Forschung und Entwicklung (F&E) sowie Ausschusskosten zusammen. Nicht betrachtet werden Kosten für Gewährleistung, einmaliges Engineering sowie Umsatzsteuern.[361]

Der DFMA-Ansatz gilt als leistungsfähige und gleichzeitig flexible Technik, um kostenoptimierte Komponenten zu entwerfen und zu bewerten. Laut JAMES ET AL. ist es mittels DFMA möglich, Produktkosten durch Kombination von historischem Wissen mit technischem Verständnis akkurat zu bestimmen.[362] Als nachteilig gilt, dass die DFMA zwar Inputkosten bewertet, jedoch keine Verbindung zu Prozessvariablen oder Produktionsratenbeschränkungen herstellt. Dies verhindert eine vollständige Untersuchung kostenbeeinflussender Parameter. Außerdem können keine Aussagen über die Auswirkungen potenzieller F&E-Erkenntnisse und neuer Prozesstechnologien getroffen werden.[363]

---

[358] Vgl. Niazi et al. (Product Cost Estimation: Technique Classification and Methodology), 2006, S. 571.
[359] Vgl. Marcinkoski et al. (Manufacturing Process Assumptions in FCS Cost Analyses), 2011, S. 5284.
[360] Vgl. James et al. (Mass Production Cost Estimation of Direct H2 PEM Fuel Cell Systems), 2018, S. 22.
[361] Vgl. Marcinkoski et al. (Manufacturing Process Assumptions in FCS Cost Analyses), 2011, S. 5284.
[362] Vgl. James et al. (Mass Production Cost Estimation of Direct H2 PEM Fuel Cell Systems), 2018, S. 18.
[363] Vgl. Taleb et al. (Technical-Economic Cost Modeling as a Technology Management Tool), 2014, S. 281, 296.

3.2.5 Zwischenfazit

Durch die Ausführungen in den vorangegangenen Kapiteln wird deutlich, dass unterschiedliche Möglichkeiten zur systematischen Kostenschätzung bestehen. Aufgrund ihrer hohen Genauigkeit wurden analytische Kostenschätzungsmethoden näher beleuchtet. Innerhalb derer wurden die Vor- und Nachteile des ABC, FBC, PBCM und DFMA beleuchtet. Da ABC und DFMA Nachteile bei der Kostenschätzung neuer Produkte und Technologien aufweisen und das FBC hinsichtlich nicht wertschöpfender Tätigkeiten ungenau ist, erscheint das PBCM mit Vorteilen beim Vergleich unterschiedlicher Technologien und durch die Möglichkeit der Priorisierung von F&E-Aktivitäten für den vorliegenden Anwendungsfall am besten geeignet.

3.3 Ansätze zur Kostendegression in Produktionssystemen durch Skaleneffekte

Approaches to cost degression through economies of scale

Dieses Kapitel beschreibt jene Ansätze in der Literatur, die eine Herstellkostensenkung durch zunehmende Skaleneffekte verfolgen. Mögliche Kostendegressionen werden meist durch eine vorangehende Kostenmodellierung identifiziert. Die Vorgehensweisen zur Erzielung der Kostendegressionen unterscheiden sich je Autor. Im Folgenden werden diese Ansätze bezugnehmend auf ihre Zielsetzung und zugrundeliegende Methodik zusammengefasst und hinsichtlich der in Kapitel 3.1 gestellten Anforderungen eingeordnet.

3.3.1 Schätzung der Produktionskosten von PEM-BZ-Systemen nach James et al.

James et al. nutzen die DFMA-Methodik (siehe Kapitel 3.2.4) zur Modellierung des Wertschöpfungsprozesses von PEM-Brennstoffzellensystemen. Zielsetzung der Autoren ist, die Kosten von BZ-Systemen entsprechend gefertigter Stückzahl und zugrundeliegendem Produktdesign zu modellieren. Nach Erläuterung feststehender Annahmen beschreiben die Autoren jeden betrachteten Prozessschritt auf technischer Ebene und geben dabei quantitative Kennzahlen, beispielsweise Takt- oder Prozesszeiten, an. Das betriebswirtschaftliche Ergebnis der einzelnen Schritte wird tabellarisch über unterschiedliche Produktionsstückzahlen angegeben. An dieser Stelle sind die Auswirkungen spezifischer Technologien auf erzielbare Skaleneffekte sichtbar. Auch alternative oder innovative Technologien werden von den Autoren in Betracht gezogen. Diese wurden jedoch nicht mit Hilfe des Ansatzes entwickelt, sondern stammen aus Expertengesprächen. Die Veröffentlichung von James et al. ermöglicht eine transparente Übersicht über mögliche Produktionskosten und -senkungen je hergestellter Anzahl PEM-Brennstoffzellensystemen.[364]

Der Ansatz der Autoren bietet zwar eine transparente techno-ökonomische Modellierung der Brennstoffzellenproduktion, diese ist jedoch nicht gänzlich nachvollziehbar. Es werden mögliche Kostenersparnisse zwar quantifiziert, aber auch an dieser Stelle ist die Nachvollziehbarkeit nicht immer gegeben. Die Ableitung innovativer Fertigungstechnologien sowie die systematische Variation von Produktionsparametern sind nicht gegeben. Auch

[364] Vgl. James et al. (Mass Production Cost Estimation of Direct H2 PEM Fuel Cell Systems), 2018, S. 21ff.

Technologieveränderungsmaßnahmen werden nicht abgeleitet. Die formalen Anforderungen werden aufgrund der fehlenden Nachvollziehbarkeit nur teilweise erfüllt.

3.3.2 Erfahrungskurvenentwicklung nach Wei et al.

Wei et al. entwickeln einen Ansatz mit der Zielsetzung, beobachtete technologische Kostensenkungen von BZ-Systemen mittels eines generalisierbaren Vorgehens aufzuschlüsseln. Dazu wird ein Herstellkostenmodell auf Anbieterebene verwendet, mit Merkmalen des japanischen Marktes synthetisiert und schließlich BZ-Systemkostensenkungen hinsichtlich Skaleneffekten, Produktleistungssteigerungen und Designoptimierungen abgeschätzt. Die Autoren ermitteln im Rahmen ihres Ansatzes auf Grundlage empirischer Marktdaten zunächst Erfahrungskurven und leiten daraus Lernraten als eine Funktion der Produktserienreife ab. Anschließend wird ein Herstellkostenmodell erzeugt, das die Herstellkosten auf Grundlage jährlicher Ausbringungsmengen, Preise wichtiger Materialien und Produktleistungsfähigkeiten abbildet. Im nächsten Schritt werden zukünftige Produktionssteigerungen abgeschätzt und dem Kostenmodell als Input zugeführt. Außerdem werden erwartbare Produktveränderungen sowie Informationen zum Produktionsfortschritt eingegeben. Nach erfolgreicher Kostenmodellierung können abschließend die Herstellkostenersparnisse prozentual in Einsparungen durch Skaleneffekte, Technologie- bzw. Designoptimierungen und weitere Faktoren wie Gewinnmarge oder Wettbewerb aufgeschlüsselt werden.[365]

Diese Methode ist nicht zur Erfüllung der gestellten Anforderungen geeignet, da Einsparungen durch Skaleneffekte zwar analysiert werden, jedoch keinerlei Bezug auf das zugrundeliegende Produktionssystem genommen wird. Des Weiteren erfolgt keine Angabe zur Vorgehensweise innerhalb des Modellierungsansatzes, sodass Nachvollziehbarkeit sowie Handhabbarkeit durch weitere Anwendende nicht möglich sind. Außerdem werden keine zukünftig zu erwartenden Kostenersparnisse angegeben, sondern nur für historische Daten aufgeschlüsselt. Die Inhaltlichen sowie formalen Anforderungen sind zusammenfassend nicht in ausreichender Form erfüllt.

3.3.3 Techno-Ökonomie eines Hochdurchsatzverfahrens nach Toupin et al.

Die Autoren Toupin et al. stellen zwei Verfahren zur Herstellung von Polymerelektrolytmembranen gegenüber. Dabei sollen die Auswirkungen einer Produktionssteigerung auf die Kostenstruktur der Membran aufgezeigt werden. Dies geschieht durch techno-ökonomische Kostenmodellierung. Zur Modellierung werden Prozessparameter und Ausschussraten der jeweiligen Produktionstechnologien angegeben, es erfolgt jedoch keine weitere Detaillierung der Modellierung. Die Produktionstechnologien werden daraufhin hinsichtlich der Arbeitskosten, der Materialkosten, der Energiekosten sowie der Fix- und Finanzkosten gegenübergestellt. Ergebnis der Arbeit ist, dass das Hochdurchsatzverfahren bei größerer Stückzahl gegenüber dem Referenzverfahren um 30% günstiger ist und der Kostentreiber in den Materialkosten besteht.[366]

---

365 Vgl. Wei et al. (Experience Curve and Cost Reduction for Fuel Cell Markets), 2017, S. 346ff.

366 Vgl. Toupin et al. (High Throughput Process for Proton Exchange Membranes Manufacturing), 2016, S. 11.

Das vorgestellte Verfahren erfüllt die Anforderungen nur teilweise. Es wird zwar ein alternatives Fertigungsverfahren für die Großserie zur Analyse herangezogen, jedoch nicht systematisch entsprechend positiven Auswirkungen auf mögliche Skaleneffekte abgeleitet. Es wird außerdem eine techno-ökonomische Analyse vorgenommen, die jedoch nur in Teilen nachvollziehbar ist. Produktionsparameter werden nicht variiert und ebenfalls keine Technologieveränderungsmaßnahmen abgeleitet. Die formalen Anforderungen sind teilweise gegeben, es mangelt jedoch an der Allgemeingültigkeit und der Nachvollziehbarkeit der Methode.

3.3.4 Technisch-ökonomische Kostenmodellierung nach TALEB ET AL.

Im Rahmen einer Fallstudie zur Membranherstellung für PEM-Brennstoffzellen entwickeln die Autoren TALEB ET AL. ein techno-ökonomisches Kostenmodell als Unterstützung für die Entscheidungsfindung im Portfoliomanagement. Ziel ist es, die wichtigsten Kostentreiber disruptiver Technologien zu identifizieren und diese durch gezielte Forschungs- bzw. Entwicklungsbestrebungen zu senken. Dazu führen TALEB ET AL. eine Kostenanalyseplattform ein, mit der unterschiedliche Herstellungsverfahren und Produktkonfigurationen hinsichtlich der resultierenden Kosten miteinander verglichen werden können.[367] Innerhalb der vorgestellten Herangehensweise wird im ersten Schritt ein Fallbeispiel festgelegt. Anschließend wird im zweiten Schritt ein techno-ökonomisches Kostenmodell nach dem Vorbild des PBCM erzeugt, das jedem Produktionsschritt eigene Variablen und finanzielle Kenngrößen zuweist. Der dritte Schritt besteht aus der Festlegung von Inputgrößen für das Modell. Diese setzen sich aus der Prozess-, Finanz- und Materialbeschreibung sowie möglichem Produktionsvolumen und Aufschlägen zusammen. Nachdem die Kostenberechnung durchgeführt wurde, analysieren die Autoren im vierten Schritt unterschiedliche Produktionsszenarien. Hierzu werden erst die Einflüsse unterschiedlicher Rohmaterialien auf die Produktionskosten bei unterschiedlichen Stückzahlen beschrieben und anschließend wird dasselbe für zwei Herstellungsverfahren durchgeführt. Innerhalb des fünften Schrittes gibt eine Sensitivitätsanalyse der Parameter Aufschluss darüber, welche den größten Einfluss auf die resultierenden Produktionskosten haben.[368] Ergebnis des von TALEB ET AL. entwickelten Verfahrens ist eine Darstellung der Herstellkosten unterschiedlicher Produktionsszenarien in Abhängigkeit der produzierten Stückzahl, sodass je nach Fertigungsstrategie eine konkrete Entscheidungsempfehlung zur Auswahl des günstigsten Fertigungsverfahrens abgeleitet werden kann.

TALEB ET AL. erfüllen zwei der fünf inhaltlichen Anforderungen an einen theoretischen Ansatz vollständig. Dazu gehört sowohl die techno-ökonomische Modellierung von Produktionsprozessen als auch eine Quantifizierung zu erwartender Kostenersparnisse. Produktionsparameter werden zwar variiert, jedoch ist keine Systematik festgelegt. Auch die formalen Anforderungen wie Nachvollziehbarkeit, Allgemeingültigkeit und Handhabbarkeit sind aufgrund der klaren Struktur und transparenten Angabe von Informationen vollständig erfüllt. Nicht erfüllt ist die strukturierte Priorisierung von Technologieveränderungsmaßnahmen, da eine Entscheidungsempfehlung zwischen unterschiedlichen Handlungsmöglichkeiten zwar gegeben wird,

[367] Vgl. Taleb et al. (Technical-Economic Cost Modeling as a Technology Management Tool), 2014, S. 279.
[368] Vgl. Taleb et al. (Technical-Economic Cost Modeling as a Technology Management Tool), 2014, S. 285ff.

allerdings keine konkreten Technologieveränderungsmaßnahmen zur Debatte stehen. Ebenso wird keine Unterstützung bei der Ableitung innovativer Fertigungstechnologien gegeben.

3.3.5 Ansatz zum dynamischen PBCM nach NADEAU ET AL.

Ziel des Modellierungsansatzes nach NADEAU ET AL. ist die Untersuchung des Einflusses von Lerneffekten auf die Herstellkostenentwicklung innerhalb einer Güterproduktion. Das Modell stellt die Entwicklung der Herstellkosten eines Produktes über die kumulierte Ausbringungsmenge dar und ermöglicht dabei, bestimmte Prozessparameter Lerneffekten zu unterziehen.[369] NADEAU ET AL. führen eine techno-ökonomische Modellierung mittels PBCM durch. Die üblicherweise unabhängigen Parameter Taktzeit, Ausfallzeit und Ausschussrate des Prozessmodells werden dabei in von der produzierten Stückzahl abhängige Parameter überführt. So kann in der Auswertung des Modells erkannt werden, welchen direkten Einfluss Lerneffekte für die genannten Parameter auf die Stückkosten haben. Im Rahmen des Vorgehens schaffen NADEAU ET AL. zunächst die Grundlagen zur Kostenberechnung und zur Prozessgestaltung. Anschließend erfolgt die Herleitung der benötigten Lernkurven, woraufhin die Entwicklung unterschiedlicher Kostenarten für diverse Produktionssysteme miteinander verglichen werden.[370]

Der Ansatz nach NADEAU ET AL. erfüllt die inhaltliche Anforderung der techno-ökonomischen Modellierung von Fertigungsprozessen, da das PBCM zur Anwendung kommt. Außerdem werden zu erwartende Kostenersparnisse quantifiziert. Teilweise erfüllt ist die Anforderung der systematischen Variation von Produktionsparametern, da Taktzeit, Ausfallzeit und Ausschussrate aufgrund von Lerneffekten variieren, jedoch keine vollumfängliche Parametervariation möglich ist. Eine Ableitung innovativer Fertigungstechnologien sowie eine anschließende Priorisierung von Lösungsmaßnahmen sind im Rahmen des Ansatzes von NADEAU ET AL. nicht möglich. Die formalen Anforderungen sind zum großen Teil erfüllt. Lediglich die Nachvollziehbarkeit für weitere Anwendende ist nicht gegeben, da die Gestaltung des Prozess-, Betriebs- und Kostenmodells nicht eingesehen werden kann.

3.3.6 Technische Kostenanalyse für PEM-Brennstoffzellen nach BAR-ON ET AL.

BAR-ON ET AL. leiten technische Handlungsempfehlungen zur Erreichung eines Produktzielkostenwertes her. Die Autoren nutzen ein bereits bestehendes technisches Kostenmodell und wenden dieses im ersten Schritt auf vorliegende Anwendungsfälle, hier metallische, graphitische und Compound-Bipolarplatten, an. Im zweiten Schritt erfolgt die Eingabe von Inputgrößen und Annahmen in das Kostenmodell, woraufhin im dritten Schritt eine Sensitivitätsanalyse durchgeführt wird. Im Rahmen dieser Sensitivitätsanalyse werden mehrere Prozessparameter analysiert, unter anderem Werkzeugtemperatur, Produktlebensdauer, Produktionsvolumen, Zykluszeit und Material. Auf Grundlage dieser Analyse werden im vierten Schritt konstruktive Produktänderungen abgeleitet. Dies erfolgt durch einen Vergleich der Kostenentwicklung je Maßnahme mit einem Kostenzielwert. Letztendlich leiten BAR-ON ET AL. die Maßnahmen als empfehlenswert ab, die das Kostenziel am ehesten zu erreichen versprechen.[371]

---

369 Vgl. Nadeau et al. (A Dynamic Process-Based Cost Modeling Approach), 2010, S. 223f.
370 Vgl. Nadeau et al. (A Dynamic Process-Based Cost Modeling Approach), 2010, S. 227ff.
371 Vgl. Bar-On et al. (Technical Cost Analysis for PEM Fuel Cells), 2002, S. 71ff.

Der Ansatz von BAR-ON ET AL. erfüllt die inhaltlichen Anforderungen teilweise, da zwar innovative Produktdesigns als Lösungsvorschläge abgeleitet werden, aber keine innovativen Fertigungstechnologien zur Betrachtung kommen. Der Einfluss der Änderungen auf die Produktkostenstruktur wird per Sensitivitätsanalyse von Produktionsparametern ausgewertet, basiert jedoch auf keiner Systematik. Die strukturierte Priorisierung technischer Veränderungsmaßnahmen ist teilweise vorhanden. Eine nachvollziehbare techno-ökonomische Modellierung ist nicht gegeben, jedoch wird auf bestehende Kostenmodelle verwiesen. Hinsichtlich der formalen Anforderungen sind nur wenige Aspekte erfüllt. Da die Autoren ein bereits bestehendes Kostenmodell heranziehen und nicht auf den Aufbau dieses Modells eingehen, ist die Nachvollziehbarkeit der Herangehensweise eingeschränkt. Des Weiteren wird nicht erläutert, wie genau die Sensitivitätsanalyse durchgeführt worden ist. Anwendende haben somit nicht die Möglichkeit, den Ansatz nachzuvollziehen. Die Handhabbarkeit ist nicht gegeben. Insgesamt ist der Ansatz von BAR-ON ET AL. für die Problemstellung dieser Arbeit relevant, kann jedoch keine vollständige Lösung des Problems bieten.

3.4 Methoden zur Ableitung innovativer Prozesstechnologien

Methods for deriving innovative process technologies

Im Rahmen dieses Kapitels werden Ansätze beschrieben, mit Hilfe derer innovative Technologien für Herstellungsprozesse abgeleitet werden können. Auf die Einordnung von Fertigungstechnologien in den Forschungsbereich Innovationsmanagement folgt die Beschreibung bestehender Ansätze zur systematischen Veränderung derselben. Die Zielsetzungen und Vorgehensweisen dieser Ansätze werden, analog zu Kapitel 3.3, zusammengefasst und hinsichtlich der in Kapitel 3.1 gestellten Anforderungen eingeordnet.

3.4.1 Technologieveränderungen durch Innovationen

Zur Ableitung innovativer Prozesstechnologien wird das Innovationsmanagement als Betrachtungsbereich hinzugezogen. Innovationen, definiert als „[...] der erstmalige wirtschaftliche Einsatz von Inventionen“[372], unterscheiden sich durch ihre Art und ihr Ausmaß[373,374,375]. Die Art der Innovation resultiert aus dem Betrachtungsobjekt. Nach BROCKHOFF wird dabei zwischen Produktinnovation als Erfindung, die auf dem Markt eingeführt wird, und Prozessinnovation als Einsatz eines neuartigen Verfahrens innerhalb eines Produktionsprozesses unterschieden.[376] Produkt- und Prozessinnovationen unterliegen nach UTTERBACK ET AL. einer charakteristischen Entwicklung, aus der die zeitliche Korrelation der beiden Innovationsarten entnommen werden kann. Abbildung 3.7 zeigt diese Korrelation und macht deutlich, dass die Innovationsrate mit zunehmendem Produktentwicklungsstadium im Bereich Produktinnovation sinkt, während sie im Bereich Prozessinnovation steigt. Produkte mit maximaler Performance, produziert innerhalb von unkoordinierten Prozessen, entwickeln sich zu Produkten mit

---

[372] Inventionen sind nach BULLINGER als „technische Realisierungen neuer wissenschaftlicher Erkenntnisse“ definiert.

[373] Vgl. Schumpeter et al. (Konjunkturzyklen), 2008, S. 91.

[374] Vgl. Bullinger (Einführung in das Technologiemanagement), 1994, S. 35.

[375] Vgl. Bierfelder (Innovationsmanagement), 1994, S. 28.

[376] Vgl. Brockhoff (Forschung und Entwicklung), 1999, S. 37.

minimalen Produktkosten, die innerhalb von systemischen Prozessen hergestellt werden.[377] Prozessinnovationen sorgen dabei für gesteigerte Produktivität und Reduktion von Prozesszeit.[378,379]

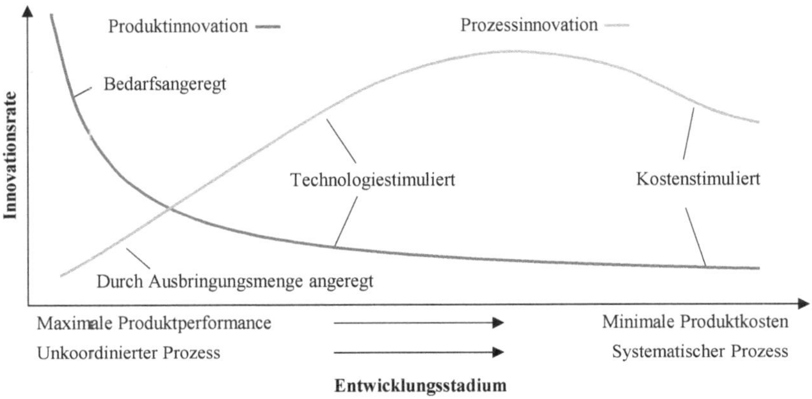

Abbildung 3.7: Innovationsrate in Abhängigkeit des Entwicklungsstadiums, Produkt und Prozess[380]

Das Ausmaß von Innovationen kann radikal oder inkrementell sein. In Bezug auf die Prozessinnovationen existieren somit zwei Verbesserungsansätze für Produktionsprozesse. Zum einen kann eine radikale Veränderung herbeigeführt werden, indem neue Wirkprinzipien angewandt oder Prozesse gänzlich neugestaltet werden. Zum anderen ist eine kontinuierliche Veränderung durch Verbesserung einzelner Produkt- und Prozessparameter unter Beibehaltung des bestehenden Grundprinzips möglich.[381,382] Aus dieser Erkenntnis folgt der typische Verlauf von Technologielebenszyklen. Ein Technologielebenszyklus ist nach SAAD in die vier Phasen Entstehung, Wachstum, Reife und Alter unterteilt.[383] Dieser Technologielebenszyklus ist durch eine Technologiegrenze, definiert als der Rand eines Technologiefähigkeitsprofils in Richtung höherer Leistungskennwerte, eingeschränkt.[384] Abbildung 3.8 zeigt den Lebenszyklus von Technologien über die Zeit. Dabei zeigt die linke Seite der Abbildung einen S-förmigen Verlauf von Technologieleistungsfähigkeiten, während die rechte Seite die Entwicklung kontinuierlicher Verbesserung zeigt.[385,386]

---

377 Vgl. Utterback et al. (A Dynamic Model of Process and Product Innovation), 1975, S. 646.
378 Vgl. Vahs et al. (Innovationsmanagement), 2015, S. 12.
379 Vgl. Davenport (Process Innovation), 1992, S. 3.
380 i. A. a. Utterback et al. (A Dynamic Model of Process and Product Innovation), 1975, S. 645.
381 Vgl. Vahs et al. (Innovationsmanagement), 2015, S. 23.
382 Vgl. Davenport (Process Innovation), 1992, S. 11.
383 Vgl. Saad et al. (Management der F&E-Strategie), 1991, S. 65ff.
384 Vgl. Brecher (Integrative Produktionstechnik für Hochlohnländer), 2011, S. 488.
385 Vgl. Friedrich (Planung fertigungstechnologischer Innovation im Produktionsnetzwerk), 2014, S. 7.
386 Vgl. Horatzek (Toolbox Prozessmanagement), 2019, S. 29.

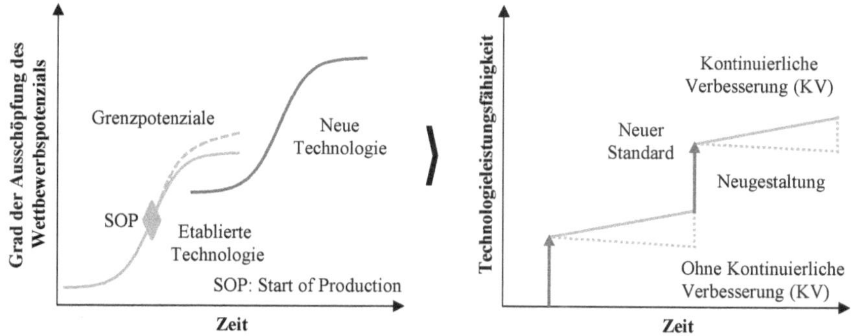

Abbildung 3.8: Technologielebenszyklen nach SAAD (links) und kontinuierliche Verbesserung nach HORATZEK (rechts)[387,388]

Es wird ersichtlich, dass Fertigungstechnologien eine begrenzte Lebensdauer aufweisen. Des Weiteren wird deutlich, dass auf Phasen inkrementeller Innovation in unbestimmten Abständen eine radikale Innovation folgt.[389] Die Kosten von Prozesstechnologien können somit sowohl durch kontinuierliche Verbesserung als auch durch radikale Neugestaltung gesenkt werden. In den anschließenden Kapiteln werden Ansätze beschrieben, die eine systematische Optimierung oder Neugestaltung von Technologien zum Ziel haben.

3.4.2 Methodik zur Analyse von Fertigungsprozessen nach SZCZEPANIAK ET AL.

Der methodische Ansatz nach SZCZEPANIAK ET AL. beinhaltet eine Hilfestellung zur Erstellung einer Prozesslandkarte, Identifikation von Kernproblemen in der Fertigung sowie zur Entwicklung von Ansätzen zur kontinuierlichen Verbesserung von Fertigungsprozessen. Übergeordnetes Ziel der Methodik ist die Vereinfachung von Entscheidungen innerhalb des Managements von Fertigungsprozessen. Im Rahmen von zehn Schritten werden, orientiert am Plan-Do-Check-Act-Zyklus, zunächst Verbesserungsmaßnahmen geplant, eingeführt, überprüft und kontinuierlich optimiert. Die Planungsphase besteht dabei aus der Erfassung des Status quo, der Identifikation des Hauptproblems inklusive seiner Ursachen und der Ableitung von Verbesserungsmaßnahmen. Des Weiteren wird eine Ziel-Prozesslandkarte erstellt. In der Einführungsphase ist die erfolgreiche Umsetzung der Maßnahmen insbesondere von der Kooperation aller beteiligten Mitarbeitenden abhängig. Die Überprüfung der eingeführten Änderungen wird mittels individuell festgelegter Key Performance Indicators (KPI) überprüft. Schließlich besteht die Phase der kontinuierlichen Optimierung aus der Analyse des Fertigungsprozesses bezüglich weiterer Verbesserungspotenziale.

Die Methodik nach SZCZEPANIAK ET AL. beinhaltet mit Hinblick auf die inhaltlichen Anforderungen lediglich eine strukturierte Priorisierung möglicher Technologieveränderungsmaßnahmen. Es erfolgt keine Ableitung innovativer Fertigungstechnologien. Des Weiteren wird keine

[387] i. A. a. Saad et al. (Management der F&E-Strategie), 1991, S. 56.
[388] i. A. a. Horatzek (Toolbox Prozessmanagement), 2019, S. 29.
[389] Vgl. Friedrich (Planung fertigungstechnologischer Innovation im Produktionsnetzwerk), 2014, S. 8.

ökonomische Modellierung des Produktionssystems vorgenommen und mögliche Kostenersparnisse nicht ermittelt. Produktionsparameter werden nicht betrachtet. Die formalen Anforderungen bezüglich Allgemeingültigkeit, Nachvollziehbarkeit und Handhabbarkeit werden vollständig erfüllt.

3.4.3 Konzept zur Lösung technischer Qualitätsprobleme in der Produktion nach Jenke

Es wird ein Gestaltungsmodell zur effizienten Lösung technischer Qualitätsprobleme in Produktionsprozessen erarbeitet. Ziel ist, Produktionsmitarbeitenden ein Hilfsmittel zur Erarbeitung technischer Lösungen für Probleme bei der Fertigung bereitzustellen. Dazu nutzt Jenke die Methode des gestalterischen Problemlösens (TRIZ) und modifiziert diese hinsichtlich einer effizienten Anwendbarkeit. Das Vorgehensmodell zur Anwendung von TRIZ in der Produktion beinhaltet die Bewertung von Problemen hinsichtlich ihrer Optimierbarkeit, der Lösung der Probleme mittels geeigneter Methoden und die Schaffung organisatorischer Rahmenbedingungen. Die Methodik beginnt mit einer Problembeschreibung, geht über in die Lösungsentwicklung und schließt mit der Auswahl passender Lösungen ab. Ergebnis der Methode sind technische Lösungen, die in der Produktion mit größtmöglichem Wertbeitrag zur Anwendung kommen. Teilweise werden Kostenpotenziale durch die erarbeiteten Lösungen gehoben.[390]

Das Gestaltungsmodell beinhaltet methodische Hilfsmittel zur Erarbeitung neuer technischer Lösungskonzepte. Abgeleitete Konzepte sind außerdem auf die Fertigung bezogen, jedoch werden keine gänzlich neuen Fertigungstechnologien entworfen. Gesamthaft werden die inhaltlichen Anforderungen kaum erfüllt, da weder eine techno-ökonomische Analyse vorgenommen noch unterschiedliche Produktionsparameter in Betracht gezogen werden. Die formalen Anforderungen werden zu großen Teilen erfüllt.

3.4.4 Entwicklung von hybriden Fertigungstechnologien nach Klocke et al.

Die Methodik zur Entwicklung hybrider Fertigungstechnologien nach Klocke et al. hat zum Ziel, Anwendende bei der Optimierung von Technologieketten zu unterstützen. Dabei dient diese als Werkzeug zur Beschreibung und Erklärung von Technologiegrenzen sowie zur Entwicklung innovativer Produktionstechnologien.[391] Im ersten Schritt erfolgt die Identifikation von Technologiegrenzen mittels eines Beschreibungsmodells. Dazu wird ein Produktionsprozessschritt als Black Box mit Input- und Outputgrößen modelliert. Zu diesen Größen gehören unter anderem die Werkstückeigenschaften, Prozessparameter und Werkzeugspezifikationen. Der Unterschied zwischen zwei Werkstückeigenschaften beschreibt dabei den Bearbeitungsvorgang durch den Produktionsprozessschritt. Technologiegrenzen ergeben sich dabei aus der Gegenüberstellung von erforderlichen Produktergebnissen und technologischen Möglichkeiten.[392] Der zweite Schritt besteht aus der Ursachenermittlung der Technologiegrenzen. Hierzu wird der Produktionsprozessschritt von einer Black Box in die zwei Submodelle „Wechselwirkung" und „Auswirkung" überführt. Im Rahmen der Wechselwirkung werden Energietransfers modelliert, während „Auswirkung" die neuen Werkstückeigenschaften und den

[390] Vgl. Jenke (Lösung technischer Qualitätsprobleme in der Produktion), 2007, S. 63.
[391] Vgl. Klocke et al. (Design Methodology for Hybrid Production Processes), 2011, S. 419.
[392] Vgl. Klocke et al. (Design Methodology for Hybrid Production Processes), 2011, S. 421.

Werkzeugverschleiß beschreibt. Im Anschluss unterstützt ein Ursache-Wirkungs-Diagramm bei der Identifikation der gesuchten Hauptursachen für Technologiegrenzen. Zur Auflösung der Technologiegrenzen werden im dritten Schritt konventionelle und interdisziplinäre Verbesserungsmaßnahmen abgeleitet. Hilfestellung bieten dabei TRIZ-Werkzeuge.[393]

Die Methodik von KLOCKE ET AL. bietet die Möglichkeit, systematisch innovative Fertigungstechnologien zu identifizieren. Nicht möglich hingegen ist eine Abschätzung der zur erwartenden Kostenersparnisse oder eine strukturierte Priorisierung unterschiedlicher Maßnahmen. Auch eine techno-ökonomische Modellierung oder eine systematische Variation von Produktionsparametern ist nicht vorgesehen. Die formalen Anforderungen sind weitestgehend erfüllt, obwohl die Nachvollziehbarkeit durch geringe Transparenz bzgl. des Vorgehens zur Modellierung eingeschränkt ist.

3.4.5 Verfahren zur Umgestaltung von Produktionssystemen nach KONDOH ET AL.

KONDOH ET AL. entwickeln eine Methodik zur Neugestaltung von Produktionssystemen auf Grundlage des Quality Function Deployment (QFD).[394] Zunächst wird im ersten Schritt ein spezifisches Produktionssystem modelliert und gleichzeitig Zielwerte zur Optimierung festgelegt. Im zweiten Schritt wird definiert, ob Verbesserungen hinsichtlich Kosten oder Qualität durchgeführt werden sollen. Der dritte Schritt besteht aus der Identifikation von Aspekten des Produktionssystems mit Verbesserungspotenzial. Hierzu geben KONDOH ET AL. Anwendenden eine Checkliste mit 13 Fragestellungen an die Hand. Anschließend erfolgt für diese Aspekte die Ableitung von Verbesserungsmaßnahmen aus sieben möglichen Operationen. Die Methodik endet mit der Veränderung des Produktionssystems im fünften Schritt entsprechend der ausgewählten Operation. Sind die festgelegten Zielwerte noch nicht erreicht, erfolgt ein erneuter Durchlauf der Methodik.[395]

Die entwickelte Methodik erfüllt die Einbindung von Methoden zur Ableitung innovativer Fertigungstechnologien, indem die Autoren mittels Checkliste und der Vorgabe von Handlungsoperationen die Definition konkreter Maßnahmen ermöglichen. Eine Quantifizierung zu erwartender Kostenersparnisse ist nur teilweise möglich, da absolute Kostenwerte nicht nachvollziehbar ermittelt werden können. Auch eine strukturierte Priorisierung festgelegter Verbesserungsmaßnahmen ist möglich, da jeweilige Auswirkungen konkret benannt und miteinander verglichen werden können. Eine systematische Variation von Produktionsparametern sowie eine techno-ökonomische Modellierung sind nicht möglich. Die formalen Anforderungen Nachvollziehbarkeit, Allgemeingültigkeit und Handhabbarkeit sind gegeben.

3.4.6 Prozessinnovationen in Unternehmen und Fertigung nach PAPINNIEMI

Ziel des Modells nach PAPINNIEMI ist die Verbesserung der Bewertung von Innovationsinitiativen. Dies wird erstens durch eine Analyse der Auswirkungen möglicher Innovationen auf Fertigungsprozesse, zweitens durch Erklärung der zu erwartenden Leistungssteigerung von Prozessen und drittens durch die Darstellung der Vorgehensweise zur Umsetzung dieser

[393] Vgl. Klocke et al. (Design Methodology for Hybrid Production Processes), 2011, S. 425.
[394] Vgl. Kondoh et al. (Development of Redesign Method of Production System based on QFD), 2007, S. 181.
[395] Vgl. Kondoh et al. (Development of Redesign Method of Production System based on QFD), 2007, S. 189.

Innovationsinitiativen erreicht.[396] Das Modell besteht aus den drei Kernelementen Quelleigenschaften, Objekteigenschaften und Leistungseigenschaften. Innerhalb des ersten Kernelements der Quelleigenschaften werden mögliche Kandidaten für Prozessinnovationen identifiziert, indem das Produktionssystem hinsichtlich technologischer Wegbereiter, fehlender Leistungsfähigkeit oder Potenziale in den menschlichen oder finanziellen Ressourcen untersucht wird. Das zweite Element der Objekteigenschaften zielt auf die Ermittlung von Prozessveränderungspotenzialen ab. Dabei können Änderungen entweder wertschöpfend oder kostensenkend sein.[397] Im dritten Element der Leistungseigenschaften werden diese Änderungen nach PAPINNIEMI mittels bestehender Prozessmatrizen bewertet. Sind die drei Kernelemente durchlaufen, können die neu ermittelten Prozesskonzepte umgesetzt werden.

Das Vorgehen nach PAPINNIEMI beinhaltet eine strukturierte Priorisierung unterschiedlicher Innovationsmöglichkeiten. Außerdem werden innovative Fertigungstechnologien abgeleitet, jedoch ohne Bezug zu Skaleneffekten. Nicht erfüllt ist eine techno-ökonomische Modellierung der Produktionsprozesse sowie eine systematische Variation von Produktionsparametern. Eine Quantifizierung zu erwartender Kostenersparnisse wird angedeutet, jedoch nicht ausgeführt. Die Handhabbarkeit für Anwendende ist nicht gegeben, da die Durchführung des Vorgehens im Detail nicht erläutert wird. Nachvollziehbarkeit und Allgemeingültigkeit sind gegeben.

3.5 Handlungsbedarf aus der Theorie

Need for action from theory

Auf Grundlage der in Kapitel 2.4 beschriebenen Herausforderungen aus der Praxis wurden in Kapitel 3.1 Anforderungen an die Theorie abgeleitet: Die Herausforderungen betreffen einerseits Ansätze zur Kostendegression in Produktionssystemen durch Skaleneffekte und andererseits Methoden zur Ableitung innovativer Prozesstechnologien. Kapitel 3.2 beschreibt in Verbindung mit der techno-ökonomischen Modellierung die theoretischen Grundlagen zur Schätzung von Produktkosten, wonach eine Modellierung nach PBCM für die vorliegende Fragestellung am sinnvollsten erscheint. Kapitel 3.3 und Kapitel 3.4 beschreiben Ansätze in der Literatur, die die Erzielung von Kostendegressionen durch Skaleneffekte und die Ableitung innovativer Fertigungstechnologien adressieren.

Die Ansätze zur Erzielung von Kostendegressionen durch Skaleneffekte führen techno-ökonomische Modellierungen in Teilen umfangreich durch und variieren zugrundeliegende Produktionsparameter teilweise. Die Ansätze nehmen jedoch unzureichend Bezug auf notwendige Änderungen in den zugrundeliegenden Produktionssystemen. Innovative Fertigungstechnologien als mögliche Änderungsmaßnahmen werden nicht abgeleitet. Außerdem ermöglicht keiner der betrachteten Ansätze eine Priorisierung möglicher Technologieveränderungsmaßnahmen vollumfänglich, sodass gesamthaft kein Ansatz zur Erzielung von Kostendegressionen durch Skaleneffekte die gestellten Anforderungen erfüllt.

---

396 Vgl. Papinniemi (Model of Process Innovation for Reengineering of Business and Manufacturing), 1999, S. 97.
397 Vgl. Papinniemi (Model of Process Innovation for Reengineering of Business and Manufacturing), 1999, S. 99.

Systematiken zur Ableitung innovativer Fertigungstechnologien existieren in Grundsätzen und können teilweise als Grundlage verwendet werden. Abgeleitete Technologien werden jedoch nicht in Bezug zu ihren Auswirkungen auf die Herstellkosten gesetzt. Eine Kombination der einzelnen Ansätze, insbesondere mit den Ansätzen zur Erzielung von Kostendegressionen, ist aufgrund fehlender Schnittstellen nicht möglich. Die inhaltlichen Anforderungen werden nicht vollumfänglich erfüllt.

Im Rahmen der vorliegenden Arbeit ergibt sich somit die Notwendigkeit, einen neuen Ansatz zur Adressierung der in Kapitel 2 identifizierten Herausforderungen zu entwickeln. Dieser Ansatz hat die in Kapitel 3 abgeleiteten Anforderungen vollumfänglich zu erfüllen, wobei existierende Methoden miteinbezogen werden sollen. Abbildung 3.9 fasst die analysierten Ansätze sowie die Defizite bei der Anforderungserfüllung zusammen.

	Inhaltliche Anforderungen					Formale Anforderungen		
	Ableitung innovativer Fertigungstechnologien im Sinne der Nutzung von Skaleneffekten	Nachvollziehbare techno-ökonomische Modellierung des Produktionsprozesses	Systematische Variation von Produktionsparametern	Quantifizierung theoretisch möglicher Kostenersparnisse durch Skaleneffekte	Strukturierte Priorisierung von Technologieveränderungs-maßnahmen	Gewährleistung der Allgemeingültigkeit der Methodik	Sicherstellung der Nachvollziehbarkeit für die Anwender	Sicherstellung der Handhabbarkeit der Methodik
Kostendegression durch Skaleneffekte								
JAMES ET AL. (2018)	○	◑	○	●	○	○	◑	◑
WEI ET AL. (2017)	◑	○	○	◑	○	○	○	○
TOUPIN ET AL. (2016)	◑	◑	○	◑	○	◑	◑	●
TALEB ET AL. (2014)	○	●	◑	●	○	●	●	●
NADEAU ET AL. (2010)	○	●	◑	●	○	●	○	●
BAR-ON ET AL. (2002)	○	◑	◑	●	◑	◑	◑	○
Ableitung innovativer Prozesstechnologien								
SZCZEPANIAK ET AL. (2019)	○	○	○	○	●	●	●	●
KLOCKE ET AL. (2011)	●	○	○	○	○	●	◑	●
JENKE (2007)	◑	○	○	○	◑	◑	●	●
KONDOH ET AL. (2007)	●	○	○	◑	●	●	●	●
PAPPINIEMI (1999)	◑	○	○	◑	●	●	●	○

● = vollständig erfüllt ◑ = teilweise erfüllt ○ = nicht erfüllt

Abbildung 3.9: Bewertung der analysierten Ansätze

3.6 Detaillierung der Forschungsfrage

Detailing the research question

Aus Kapitel 3.4 wird deutlich, dass kein bestehender Ansatz in der Literatur die gestellten Anforderungen vollständig erfüllt. Die Entwicklung eines neuen Lösungsansatzes wird durch die Beantwortung von Forschungsfragen unterstützt. Ausgehend von der in Kapitel 1 abgeleiteten Problemstellung wurde bereits die folgende handlungsleitende Forschungsfrage aufgestellt:

Wie können zunehmende Skaleneffekte in der Brennstoffzellensystemproduktion mittels technischer Änderungsmaßnahmen beschleunigt werden?

Abbildung 3.10: Handlungsleitende Forschungsfrage

Aus dieser zentralen Forschungsfrage lassen sich weitere Forschungsfragen ableiten, die ihre Beantwortung unterstützen.[398] Der Fokus auf die Senkung der Herstellkosten resultiert in der Frage, wie Faktoren mit dem größten Einfluss auf die Kostenstruktur des zu fertigenden Produktes identifiziert werden können:

Wie können Hauptkostentreiber in einem Produktionssystem nachvollziehbar identifiziert werden?

Sind diese Faktoren identifiziert, müssen Maßnahmen zur Senkung der Produktkosten abgeleitet werden. Die zweite Teilforschungsfrage bezieht sich auf die Ableitung fertigungsprozesstechnischer Veränderungen:

Wie können technische Änderungsmaßnahmen zur Auflösung von Hauptkostentreibern abgeleitet werden?

Da die zur Verfügung stehenden Ressourcen zur Umsetzung von Veränderungsmaßnahmen in Unternehmen in der Regel begrenzt sind, ist eine Priorisierung möglicher Maßnahmen notwendig. Die dritte Teilforschungsfrage stellt eine Priorisierung hinsichtlich der Erzielung zunehmender Skaleneffekte in den Fokus:

Wie können technische Änderungsmaßnahmen hinsichtlich ihrer Auswirkungen auf die beschleunigte Erzielung zunehmender Skaleneffekte priorisiert werden?

Zur Entwicklung eines umfassenden Lösungsansatzes zur beschleunigten Nutzung von Skaleneffekten werden die handlungsleitende Forschungsfrage sowie die Teilforschungsfragen in den nachfolgenden Kapiteln beantwortet.

398 Vgl. Kubicek (Heuristische Bezugsrahmen), 1976, S. 17 ff.

4 Konzeption der Methodik

Concept of the methodology

In den vorangegangenen Kapiteln wurde der Handlungsbedarf aus der Praxis und aus der Theorie hergeleitet (vgl. Kapitel 2.4 und Kapitel 3.5). Im Folgenden wird, basierend auf den inhaltlichen und formalen Anforderungen des Kapitels 3.1, ein Konzept für eine Methodik zur Nutzung von Skaleneffekten in der Produktion am Beispiel von PEM-Brennstoffzellensystemen erarbeitet. Nach Ausführung der Grundlagen der Modelltheorie wird mit Hilfe der Systemtechnik eine geeignete Aufbaustruktur der Methodik entwickelt, welche die inhaltliche Logik des Vorgehens darstellt. Die zeitliche Logik wird durch die Ablaufstruktur definiert, wobei deren Durchführbarkeit durch die Etablierung einer Modellierungssprache unterstützt wird. Dieses Kapitel wird durch ein Zwischenfazit abgeschlossen, welches die Beantwortung der Forschungsfragen aus Kapitel 3.6 zusammenfasst und die Grundlage für das nachfolgende Kapitel bildet.

4.1 Grundlagen zur Konzeption einer Methodik

Basics for the conception of a methodology

Dieses Kapitel 4.1 behandelt die Grundlagen für die Gestaltung von Methodiken. Mit Hilfe dieser Informationen ist eine systematische Strukturierung der einzelnen Aspekte innerhalb der Methodik mit Bezug auf die gegebene Problemstellung möglich[399]. Kapitel 4.1.1 behandelt die Grundlagen der Modelltheorie mit Hinblick auf die Überführung von komplexen Realproblemen in abstrakte Formalprobleme. Es wird dabei insbesondere auf typische Merkmale sowie unterschiedliche Arten von Modellen eingegangen. Kapitel 4.1.2 geht anschließend auf Grundlagen der Systemtechnik ein, die das Vorgehen zur Strukturierung von Problemlösungsprozessen umfassen.

4.1.1 Grundlagen der Modelltheorie

Da die Wirkzusammenhänge in der Realität als komplex gelten, ist zur Lösung von Realproblemen das Verständnis von Systemen sowie deren Vereinfachung hilfreich[400]. Die Komplexitätsreduktion kann dabei durch Abstraktion, beispielsweise mittels Erzeugung von Modellen, erfolgen[401,402].

Ein Modell beschreibt die Realität dabei hinreichend genau und verliert bestehende Funktionen oder Zusammenhänge nicht[403]. Modelle zeichnen sich nach STACHOWIAK durch drei Merkmale aus. Erstens sorgt das Abbildungsmerkmal für eine Abbildung der Realität. Zweitens stellt das Verkürzungsmerkmal die Abbildung ausschließlich relevanter Zusammenhänge sicher und drittens werden die Nutzer, der Zeitraum und die Zielsetzung durch das pragmatische Merkmal

---

399 Vgl. Lange-Stalinski (Methodik zur Gestaltung und Bewertung mobiler Produktionssysteme), 2003, S. 41.
400 Vgl. Haberfellner et al. (Systems Engineering), 2019, S. 11.
401 Vgl. Wöhe et al. (Einführung in die Allgemeine Betriebswirtschaftslehre), 2008, S. 12f.
402 Vgl. Koltze et al. (Systematische Innovation), 2017, S. 18.
403 Vgl. Domschke et al. (Grundlagen der Betriebswirtschaftslehre), 2008, S. 30.

festgelegt.[404] Nach DOMSCHKE existieren unterschiedliche Modellarten. Durch Beschreibungsmodelle wird die Realität beschrieben, das heißt ohne Anspruch auf Erklärung oder Prognose. Mittels Erklärungsmodellen sollen Ursache-Wirkungs-Zusammenhänge zwischen Parametern und davon abhängigen Variablen untersucht werden. Prognosemodelle sind ein Hilfsmittel zur Vorhersage von Systemverhalten und unterstützen bei der Abschätzung von Auswirkungen möglicher Handlungsoptionen. Entscheidungsmodelle dienen der Auswahl einer optimalen Option bei unterschiedlichen Handlungsalternativen. Simulationsmodelle gelten als spezielle Form von Prognosemodellen, bei denen Ursache-Wirkungs-Zusammenhänge auch stochastischen Einflüssen unterliegen und somit nicht auf analytischem Wege einfach beschrieben werden können.[405,406] Im Rahmen der angestrebten Lösung eines Realproblems können die genannten Modelle in Form von Teilmodellen auch zu einem Gesamtmodell kombiniert werden. Das folgende Kapitel ordnet die Modellbildung als Hilfsmittel zur Problemlösung in den Rahmen der Systemtechnik ein.

4.1.2 Grundlagen der Systemtechnik

Die Systemtechnik unterstützt Anwendende einer Methodik bei der Strukturierung von Problemlösungsprozessen.[407] Ein System ist folgendermaßen definiert: „Ein System besteht aus einer Menge von Komponenten, welche Eigenschaften besitzen und welche durch Beziehungen miteinander zur Verfolgung gesetzter Ziele verknüpft sind.“[408] Abbildung 4.1 zeigt den Prozess zur Lösung von Realproblemen mittels Systemtechnik.

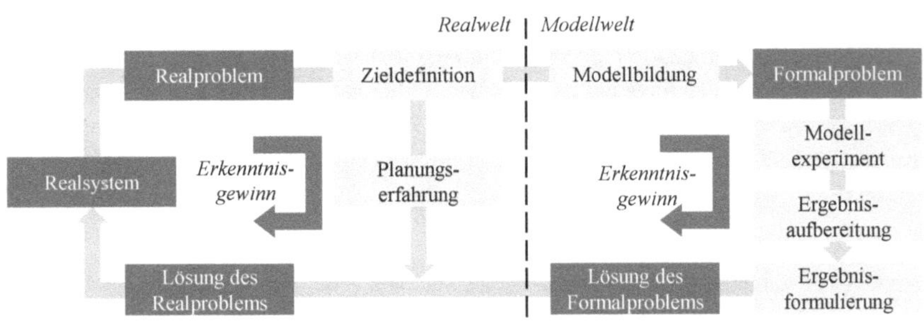

Abbildung 4.1: Prozess zur Lösung von Realproblemen[409,410]

Zur Lösung eines Realproblems innerhalb eines Realsystems wird zunächst eine Zielsetzung definiert. Basierend auf dieser Zielsetzung wird ein Formalproblem mittels Modellbildung formuliert. Durch die experimentelle Nutzung erstellter Modelle, siehe Kapitel 4.1.1, können Ergebnisse zur Lösung des Formalproblems abgeleitet und in die Realwelt überführt werden. In Verbindung mit Erfahrungswerten wird somit die Lösung des Realproblems generiert. Zur

[404] Vgl. Stachowiak (Allgemeine Modelltheorie), 1973, S. 130ff.
[405] Vgl. Domschke et al. (Grundlagen der Betriebswirtschaftslehre), 2008, S. 31.
[406] Vgl. Patzak (Systemtechnik - Planung komplexer innovativer Systeme), 1982, S. 313f.
[407] Vgl. Gaus (Methodik zur Überprüfung der Logik eines Geschäftsmodells im Werkzeugbau), 2010, S. 80.
[408] Vgl. Patzak (Systemtechnik - Planung komplexer innovativer Systeme), 1982, S. 19.
[409] i. A. a. Heimes (Methodik zur Auswahl von Fertigungsressourcen in der Batterieproduktion), 2014, S. 104.
[410] i. A. a. Haunreiter (Unsicherheitsmanagement in der Entwicklung von Batteriesystemen), 2021, S. 129.

Strukturierung der betrachteten Probleme stellen HABERFELLNER ET AL. vier Grundgedanken der Systemtechnik heraus:[411]

- *Vom Groben ins Detail:* Betrachtungs- und Lösungsraum werden zunächst grob strukturiert und anschließend vertieft.[412]
- *Variantenbildung:* Eingrenzung des Lösungsraumes durch Formulierung sowie Strukturierung von Handlungsoptionen.[413]
- *Phasengliederung:* Das Lösungsvorgehen wird in Phasen gegliedert, die durch definierte Eingangs- und Ausgangsgrößen gekennzeichnet sind.[414]
- *Problemlösungszyklus:* Für das Lösen von Problemen ist ein problemneutraler und arbeitslogischer Ablauf zu gewährleisten.[415]

Mit Hilfe der Systemtechnik können Probleme folglich systematisch in Teilprobleme zerlegt werden. Ein Vorgehen nach den Grundgedanken der Systemtechnik beinhaltet des Weiteren unterschiedliche Handlungsoptionen sowie einen Zyklus zur Problemlösung, der aus unterschiedlichen Phasen besteht. In Kombination mit der Erstellung von Modellen können somit Experimente durchgeführt werden, die zur Gewinnung neuer Erkenntnisse dienen. Im Rahmen der vorliegenden Arbeit wird hierzu eine Methodik erzeugt, die als Bündel von Modellen, Methoden und Hilfsmitteln aufgefasst wird.[416,417] Im nachfolgenden Kapitel wird das Grobkonzept der Methodik unter Betrachtung der Phasengliederung definiert. Es unterteilt sich gemäß dem Problemlösungszyklus in eine inhaltliche (Aufbaustruktur) und eine zeitliche Logik (Ablaufstruktur).

4.2 Grobkonzept der Methodik

Rough concept and process structure

In Kapitel 4.1 wurden die Grundlagen zur Konzeption einer Methodik erläutert. Dieses Kapitel beschreibt das Grobkonzept für die zu entwickelnde Methodik. Dazu wird in Kapitel 4.2.1 zunächst die inhaltliche Logik in Form einer Aufbaustruktur vorgestellt. Diese orientiert sich an der Gap-Analyse nach KREIKEBAUM als Ordnungsrahmen. Kapitel 4.2.2 definiert die Ablaufstruktur der Methodik, welche die zeitliche Logik verkörpert. Diese ist in neun Phasen unterteilt und ermöglicht eine sequenzielle Ausführung durch Anwendende. Dieses Kapitel endet mit der Auswahl einer geeigneten Modellierungssprache zur Sicherstellung der Nachvollziehbarkeit der Methodik.

4.2.1 Definition der Aufbaustruktur

Die inhaltliche Logik des entwickelten Lösungsansatzes ist an die Vorgehensweise bei der Potenzial- und Lückenanalyse (auch Gap-Analyse) angelehnt. Als klassisches Instrument der

---

[411] Vgl. Mohsseni (Gestaltung von lebenszyklusrobusten Produktarchitekturen), 2021, S. 96ff.
[412] Vgl. Daenzer (Systems Engineering), 1997, S. 31f.
[413] Vgl. Wessel (Prüfprozess zur Effizienzsteigerung im Entwicklungsprozess der Li-Io-Batterie), 2020, S. 108f.
[414] Vgl. Heimes (Methodik zur Auswahl von Fertigungsressourcen in der Batterieproduktion), 2014, S. 106.
[415] Vgl. Patzak (Systemtechnik - Planung komplexer innovativer Systeme), 1982, S. 41.
[416] Vgl. Koch (Methodik zur Steigerung der Wandlungsfähigkeit von Fabriken), 2011, S. 110.
[417] Vgl. Laufenberg (Situative Umsetzung des Simultaneous Engineering), 1996, S. 6ff.

strategischen Planung ermöglicht sie die Identifizierung strategischer Probleme und zeigt Entwicklungspotenziale auf.[418] Einerseits werden Unternehmensziele entsprechend einer anzustrebenden Entwicklung (Soll-Größen) abgeschätzt und andererseits, auf Grundlage von Informationen aus der Vergangenheit, Zielerreichungsgrade ohne zusätzliche Unternehmensaktivitäten (Ist-Größen) extrapoliert. Die Differenz der beiden Größen ergibt eine strategische Lücke (Gap).[419] Abbildung 4.2 zeigt diesen Zusammenhang und außerdem die Aufbaustruktur im Rahmen dieser Arbeit (siehe Schritt 1 bis Schritt 4).

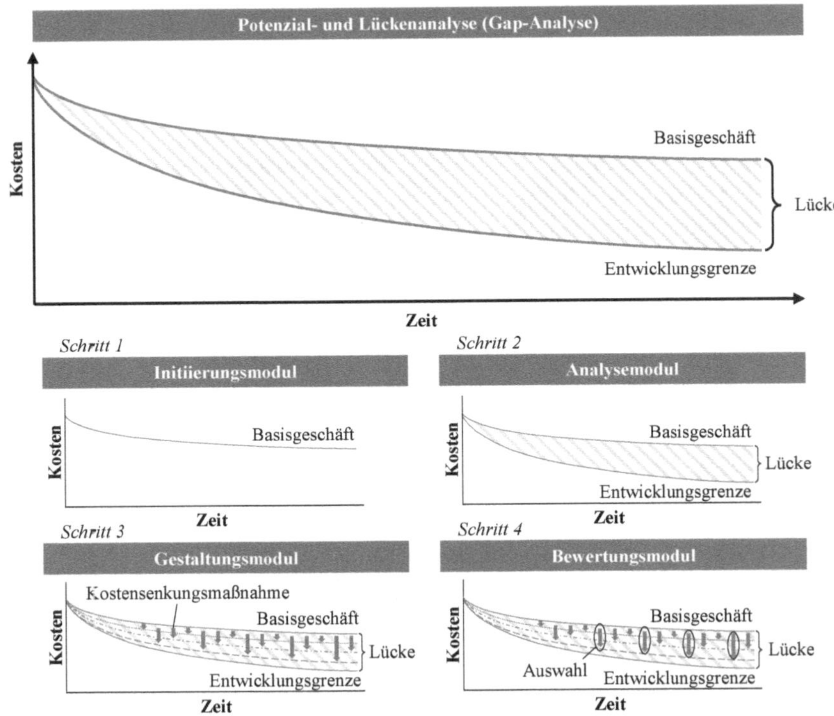

Abbildung 4.2: Aufbaustruktur der Methodik

Als Basisgeschäft werden im vorliegenden Zusammenhang die Ist-Kosten innerhalb eines Produktionssystems verstanden, während die Entwicklungsgrenze die Soll-Kosten im Rahmen dessen darstellt. Die abgebildete Lücke ist die zu erzielende Kostenersparnis. Die Aufbaustruktur der entwickelten Methodik beruht auf vier Schritten. Im Rahmen des Initiierungsmoduls wird im *ersten Schritt* der Ist-Kostenwert für ein BZ-System unter Zuhilfenahme eines Modells ermittelt. Das Modell wird mit Eingangsgrößen versorgt, die für die Kostenberechnung des Endproduktes relevant sind. Beispielsweise werden Anschaffungspreise für Produktionsanlagen, notwendige Personalkapazitäten oder Energieverbräuche sowie Ausschuss berücksichtigt

[418] Vgl. Roventa (Portfolio-Analyse und strategisches Management), 1979, S. 77.
[419] Vgl. Kreikebaum et al. (Strategisches Management), 2018, S. 216.

(vgl. Kapitel 5.1). Der *zweite Schritt* besteht aus dem Analysemodul, welches die Ermittlung der Entwicklungsgrenze sowie der aktuell bestehenden Lücke ermöglicht. Hierbei werden einerseits Hauptkostenbestandteile ermittelt und Produktionsparameter mit dem größten Einfluss auf die Produktkosten identifiziert und andererseits auf Grundlage historischer Daten mögliche Zielkostenwerte mittels Lernkurvenanalyse prognostiziert (vgl. Kapitel 5.2). Die bestehende Lücke wird aus der Differenz des Basisgeschäftes und der Entwicklungsgrenze gebildet. Das Gestaltungsmodul erlaubt im *dritten Schritt* die systematische Entwicklung innovativer technischer Lösungen zur Senkung der Kosten im modellierten Produktionssystem. Dies erfolgt unter Anwendung eines strukturierten Kreativitätsprozesses, der Zuhilfenahme methodischer Optimierungsstrategien sowie der Adaptation aus anderen Industriezweigen (vgl. Kapitel 5.3). Das Gestaltungsmodul endet mit einer bestimmten Anzahl möglicher Änderungsmaßnahmen, aus denen im *vierten Schritt*, dem Bewertungsmodul, ausgewählt wird. Das Bewertungsmodul ermöglicht die systematische Evaluation und Priorisierung verschiedener Änderungsmaßnahmen hinsichtlich der Erzielung positiver Skaleneffekte, des Entwicklungsumfangs und des Risikos. Eine Technologie-Roadmap erlaubt die Formulierung eines strategischen Handlungsplanes. Der Problemlösungsprozess endet an dieser Stelle. Die beschriebene Aufbaustruktur stellt den strukturellen Rahmen der konzeptionierten Methodik dar und bildet die Grundlage für die nachfolgende Ablaufstruktur. Diese ist, entsprechend den Grundlagen der Systemtechnik, in einzelne Phasen unterteilt und erlaubt eine sequenzielle Ausführung durch Anwendende.

4.2.2 Definition der Ablaufstruktur

Die Ablaufstruktur der Methodik zur Nutzung von Skaleneffekten in der Produktion ermöglicht die Beantwortung der übergeordneten Forschungsfrage „Wie können zunehmende Skaleneffekte in der Brennstoffzellensystemproduktion mittels technischer Änderungsmaßnahmen beschleunigt werden?“, indem mit Hilfe der einzelnen Module die in Kapitel 3.6 formulierten Teilforschungsfragen beantwortet werden. Die Module werden als Initiierungsmodul, Analysemodul, Gestaltungsmodul sowie Bewertungsmodul bezeichnet und sind in neun Phasen unterteilt (siehe Abbildung 4.3). Diese Phasen sind von Anwendenden sequenziell nacheinander zu durchlaufen. Das inhaltliche Vorgehen wird nachfolgend erläutert.

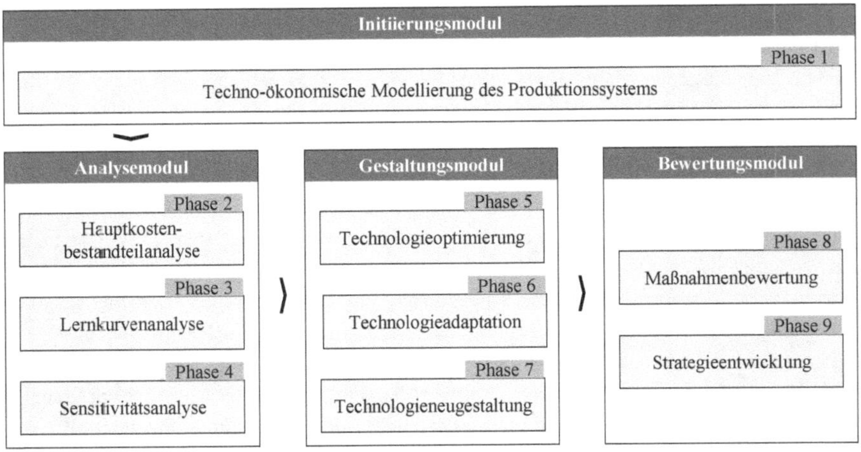

Abbildung 4.3: Ablaufstruktur der Methodik

Das Vorgehen beginnt mit der ersten Phase im Rahmen des Initiierungsmoduls. An dieser Stelle wird das Produktionssystem mittels Erklärungsmodell, siehe Kapitel 4.1.1, techno-ökonomisch modelliert. In dieser Phase erfolgt die Definition der Produkt- und Prozesseigenschaften durch Anwendende. Diese Informationen resultieren teilweise aus Datenblättern, Angeboten und Expert:innenwissen, sind jedoch auch durch die Rahmenbedingungen des vorliegenden Arbeitsumfeldes bestimmt. Ein bereits vorhandenes Produkt kann dabei durch das Modell abgebildet werden, ebenso wie aktuelle Gebäude- und Personalkosten sowie Parameter bestehender Produktionsanlagen. Ergebnis von Phase 1 ist ein techno-ökonomisches Modell eines definierten Produktionssystems in Kombination mit einem bestimmten Produkt. Die Produktkosten können in Abhängigkeit zugrundeliegender Produktionsparameter beispielsweise über die produzierte Stückzahl oder nach Produktionsschritten aufgetragen werden. Eine dynamische Veränderung von Eingabeparametern ist dabei möglich, sodass Ursache-Wirkungs-Zusammenhänge zwischen Eingabe- und Ausgabewerten festgestellt werden können. Das erstellte Modell dient als Grundlage für das anschließende Analysemodul.

Im Rahmen des Analysemoduls erfolgt die Analyse der Informationen aus der vorherigen Phase. Das Modul adressiert an dieser Stelle die erste Teilforschungsfrage nach Kapitel 3.6: „Wie können Hauptkostentreiber in einem Produktionssystem nachvollziehbar identifiziert werden?“ Ausgangspunkt bildet die Darstellung der Produktkosten über unterschiedliche Ausbringungsmengen aus Phase 1, welche im Rahmen der in Kapitel 4.2.1 beschriebenen Gap Analyse dem Basisgeschäft entspricht. In Phase 2 werden zunächst die Produktkostenbestandteile aufgeschlüsselt und ihrem Betrag entsprechend geordnet, sodass die höchsten Kostenwerte ersichtlich sind. Phase 3 beinhaltet die Erzeugung von Kostenzielwerten entsprechend der Entwicklungsgrenze innerhalb der Gap Analyse. Die Kostenzielwerte werden durch die Erstellung von Lernkurven bestimmt. Anwendende führen anschließend in Phase 4 eine Sensitivitätsanalyse durch, die den Einfluss bestimmter Produktionsparameter auf die Produktkosten sichtbar macht und entsprechend ordnet. Auf diese Weise können Handlungsfelder zur Erreichung der

Entwicklungsgrenze aus der vorherigen Phase identifiziert werden und gelten als Kernergebnis des Analysemoduls. Sie dienen als Eingangsgrößen für das nachfolgende Gestaltungsmodul.

Das Gestaltungsmodul entwickelt auf Grundlage der Zielvorgaben des Analysemoduls technische Änderungsmaßnahmen. Es behandelt die Teilforschungsfrage: „Wie können technische Änderungsmaßnahmen zur Auflösung von Hauptkostentreibern abgeleitet werden?" Phase 5 empfiehlt auf Grundlage des vorliegenden Prozesslebenszyklus sowie definierter Zielkriterien methodische Optimierungsstrategien aus der Literatur. Im Rahmen von Phase 6 werden innovative Fertigungstechnologien anderer Wirtschaftszweige ausgewertet und adaptiert. Phase 7 besteht aus der Entwicklung innovativer Technologiekonzepte und beinhaltet einen kreativen Gestaltungsprozess. Ergebnis des Gestaltungsmoduls sind technische Optimierungsmaßnahmen, die dem nachfolgenden Bewertungsmodul als Eingangsgröße dienen.

Das Bewertungsmodul bildet den Abschluss des entwickelten Vorgehens zur Nutzung von Skaleneffekten in der Produktion. Es beantwortet die Forschungsfrage „Wie können technische Änderungsmaßnahmen hinsichtlich ihrer Auswirkungen auf die beschleunigte Erzielung zunehmender Skaleneffekte priorisiert werden?". In Phase 8 werden die zuvor ermittelten Maßnahmen hinsichtlich der Erzielung zunehmender Skaleneffekte, Entwicklungsumfang und Risiko bewertet. Die Änderungsmaßnahmen werden mit Hilfe eines normierten Bewertungsmaßstabes verglichen. Phase 9 besteht aus der Ableitung eines Handlungsplanes zur Umsetzung dieser Maßnahmen. Das Bewertungsmodul ist damit abgeschlossen.

4.2.3 Auswahl einer Modellierungssprache

Die beschriebene Methodik unterliegt entsprechend der Ausführungen in Kapitel 3.1.2 formalen Anforderungen. Um unter diesen Anforderungen insbesondere der Nachvollziehbarkeit und der Handhabbarkeit gerecht zu werden, wird eine Modellierungssprache eingeführt. Diese orientiert sich an WESSEL und HEIMES und richtet sich nach dem sogenannten Black-Box-Prinzip. Dieses beinhaltet eine Formulierung der einzelnen Phasen durch Eingangs- und Ausgangsgrößen sowie die Erfassung des konkreten Vorgehens innerhalb der Phasen. Entsprechend des ersten Grundgedankens der Systemtechnik aus Kapitel 4.1.2 „vom Groben ins Detail" beruht die gewählte Modellierungssprache auf dem Black-Box-Prinzip. Dies bedeutet, dass innerhalb einer Phase der Methodik Inputinformationen erfasst, der Transformationsprozess festgelegt und die Outputinformationen erneut erfasst werden.[420] Der Output einer Phase dient dabei als Input der nächsten Phase.[421] Abbildung 4.4 zeigt die gewählte Modellierungssprache, die neben dem zuvor beschriebenen Black-Box-Format eine Modul- und Phasenzuweisung, die jeweilige Zielsetzung und das Kernergebnis sowie verwendete Hilfsmittel darstellt.

[420] Vgl. Wessel (Prüfprozess zur Effizienzsteigerung im Entwicklungsprozess der Li-Io-Batterie), 2020, S. 113.
[421] Vgl. Heimes (Methodik zur Auswahl von Fertigungsressourcen in der Batterieproduktion), 2014, S. 110.

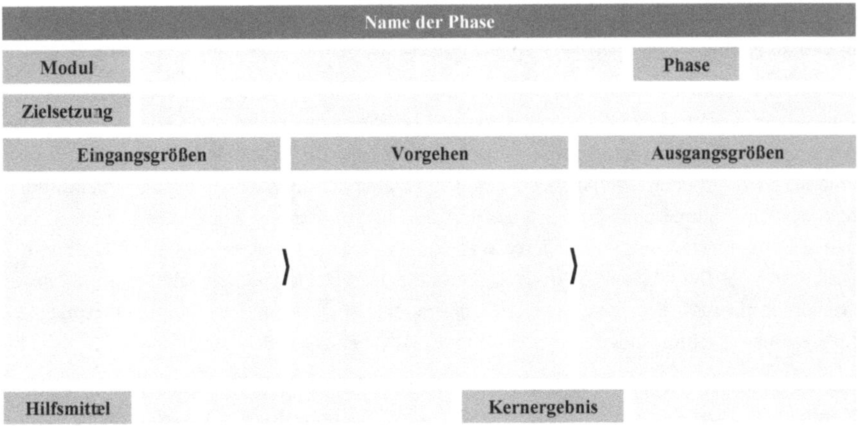

Abbildung 4.4: Modellierungssprache für die Phasen der Methodik[422]

4.3 Zusammenfassung der Konzeption der Methodik

Summary of the concept of the methodology

Das vierte Kapitel beinhaltet die Konzeption der Methodik zur Nutzung von Skaleneffekten in der Produktion am Beispiel von PEM-Brennstoffzellensystemen. Aufbauend auf den Grundlagen zur Konzeption einer Methodik wird die inhaltliche Logik durch eine Aufbaustruktur erzeugt. Die zeitliche Logik ist durch eine Ablaufstruktur gegeben. Die Potenzial- und Lückenanalyse bildet dabei den Ordnungsrahmen zur Konzeption der Aufbaustruktur. Die Forschungsfragen in Kapitel 3.6 adressierend werden innerhalb dieses Ordnungsrahmens vier Module als Lösungsbausteine erzeugt. Dabei beantworten das Initiierungs- und Analysemodul die Frage „Wie können Hauptkostentreiber in einem Produktionssystem nachvollziehbar identifiziert werden?“. Das Gestaltungsmodul beantwortet die Frage „Wie können technische Änderungsmaßnahmen zur Auflösung von Hauptkostentreibern abgeleitet werden?“ und das Bewertungsmodul schließt die Methodik mit Beantwortung der Frage „Wie können technische Änderungsmaßnahmen hinsichtlich ihrer Auswirkungen auf die beschleunigte Erzielung zunehmender Skaleneffekte priorisiert werden?“ ab.

Die konzeptionierte Methodik entspricht durch die Anpassbarkeit des zugrundeliegenden techno-ökonomischen Modells der formalen Anforderung der Allgemeingültigkeit. Auch die Nachvollziehbarkeit ist gegeben, da Aufbau- und Ablaufstruktur systematisch strukturiert sind. Die detaillierte Beschreibung aller Zwischenschritte wird durch die Gliederung in Module und Phasen ermöglicht und im Rahmen von Kapitel 5 ausgeführt. Die Etablierung einer allgemeinen Modellierungssprache nach dem Black-Box-Prinzip wird der formalen Anforderung der Handhabbarkeit gerecht. Der beschriebenen Methodik liegt somit ein Konzept zugrunde, das die Grundlagen der Modelltheorie und die gestellten formalen Anforderungen aus Kapitel 3.1 erfüllt.

[422] i. A. a. Wessel (Prüfprozess zur Effizienzsteigerung im Entwicklungsprozess der Li-Io-Batterie), 2020, S. 114.

Das folgende Kapitel 5 behandelt die Detaillierung der Methodik. Basierend auf der Aufbau- sowie Ablaufstruktur wird Anwendenden in diesem Kapitel ein Leitfaden zur unmittelbaren Anwendung der Methodik in der Realwelt zur Verfügung gestellt. Kapitel 6 führt die Validierung anhand eines Anwendungsfalles aus.

5 Detaillierung der Methodik

Detailing the methodology

Das fünfte Kapitel dient der Detaillierung der Methodik zur Nutzung von Skaleneffekten in der Produktion am Beispiel von BZ-Systemen. Die Vorgehensweise innerhalb der Methodik sowie die Gliederung dieses Kapitels orientieren sich an der Aufbau- und Ablaufstruktur aus Kapitel 4.2. Abbildung 5.1 zeigt eine Übersicht der Module und Phasen für eine Anwendung der Methodik.

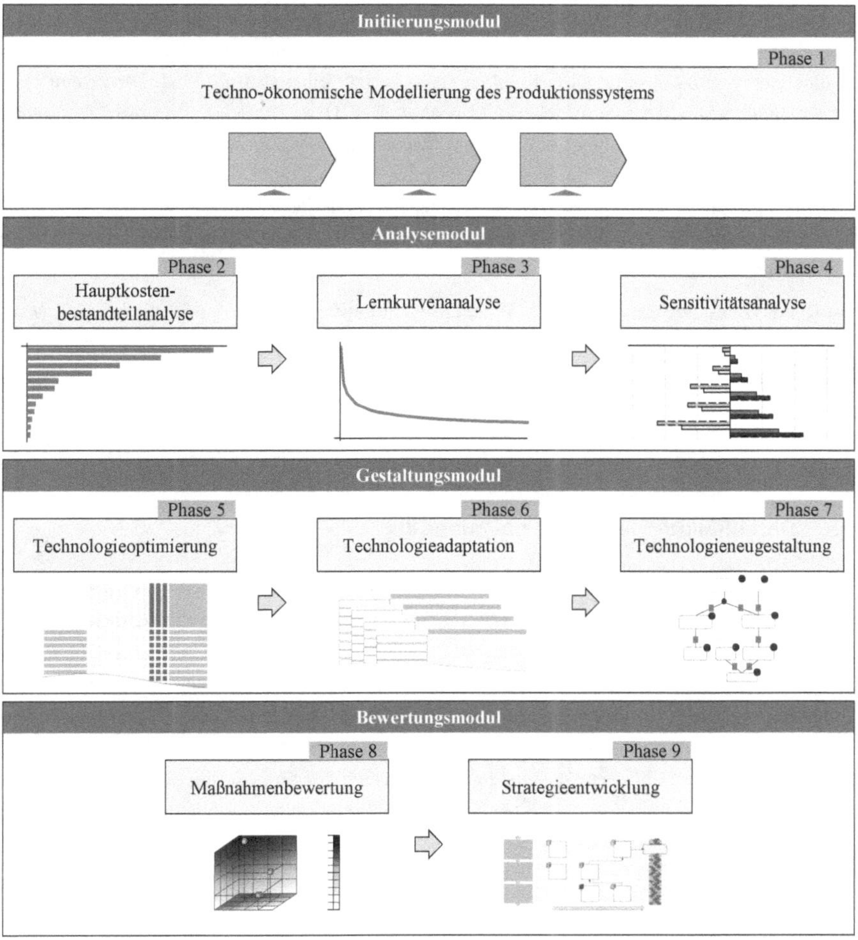

Abbildung 5.1: Detaillierung der Methodik

Das Initiierungsmodul beinhaltet die erste Phase zur techno-ökonomischen Modellierung des betrachteten Produktionssystems. Innerhalb dieses Moduls werden die Kosten des durch Anwendende definierten Produktes ermittelt. Basierend auf Produkt- und Materialdaten,

Betriebsbedingungen und Preisinformationen werden ein Prozessmodell, Betriebsmodell und Kostenmodell erstellt, die das Auslesen von Kostenbeträgen je Kostenart und Produktionsvolumen ermöglichen.

Das Analysemodul beinhaltet die Phasen 2 bis 4 und unterstützt Anwendende bei der Identifikation der Hauptkostentreiber innerhalb des modellierten Produktionssystems. Es beantwortet die erste Teilforschungsfrage. Innerhalb der Phasen werden zunächst Hauptkostenbestandteile ermittelt, anschließend ein Kostenzielwert definiert und schließlich Parameter mit größtem Einfluss auf die Produktkosten ermittelt. Das Analysemodul endet mit der Formulierung technischer Anforderungen in Form von Technologiesteckbriefen.

Die Phasen 5 bis 7 sind Teil des Gestaltungsmoduls, das die Ableitung technischer Änderungsmaßnahmen zur Auflösung der ermittelten Hauptkostentreiber zum Ziel hat. Die zweite Teilforschungsfrage wird durch dieses Modul beantwortet. Dazu werden Fertigungstechnologien des individuellen Produktionssystems entsprechend der zuvor definierten Anforderungen innerhalb der drei Phasen optimiert, adaptiert oder neugestaltet. Diese Phasen müssen nicht zwangsläufig durchlaufen werden, da sie jeweils eigenständige Lösungen hervorbringen. Hierbei werden Anwendende durch ein Framework unterstützt. Diese Lösungen werden im Rahmen von Dokumentationsblättern festgehalten und in das nächste Modul überführt.

Im Rahmen des Bewertungsmoduls findet die quantitative Bewertung der entwickelten Maßnahmen und die Ableitung eines strategischen Handlungsplanes statt. Die Beantwortung der dritten Teilforschungsfrage steht im Vordergrund. Die Bewertung erfolgt hinsichtlich zu erwartender Skaleneffekte, des Entwicklungsumfangs und des Risikos bei der Umsetzung der Maßnahmen. Mit Entwicklung des Handlungsplanes ist die Durchführung der Methodik abgeschlossen.

5.1 Detaillierung des Initiierungsmoduls

Detailing the initiation module

Inhalt des Initiierungsmoduls ist die techno-ökonomische Modellierung des betrachteten Produktionssystems. Die Modellierung hat zum Ziel, die aktuellen Produktkosten im Rahmen des Anwendungsfalles zu ermitteln. Auf Grundlage von Produkt- und Materialdaten, Betriebsbedingungen sowie Preisinformationen werden nach dem Vorbild des Process Based Cost Modeling jeweils ein Prozessmodell, Betriebsmodell und Kostenmodell erstellt (Abbildung 5.2).[423,424] Diese ermöglichen das Auslesen von Kostenbeträgen je definierter Kostenart und je Produktionsvolumen, sodass in den nachfolgenden Modulen die festgelegten Analyseschritte durchgeführt werden können.

[423] Vgl. Johnson et al. (Process-Based Cost-Modeling Approach), 2010, S. 638.
[424] Vgl. Kirchain et al. (Process-Based Cost Modeling), 2000, S. 1720.

Techno-ökonomische Modellierung			
Modul	Initiierungsmodul	**Phase**	1
Zielsetzung	Ermittlung aktueller Produktkosten		

Eingangsgrößen	Vorgehen	Ausgangsgrößen
• Produkt- und Materialdaten • Betriebsbedingungen • Ressourcenpreise	• Erstellung von Prozessmodell, Betriebsmodell und Kostenmodell	• Kostenarten und -beträge je Produktionsvolumen

Hilfsmittel	Datenblätter, Angebote	**Kernergebnis**	Produktkosten

Abbildung 5.2: Techno-ökonomische Modellierung (Phase 1)

Abbildung 5.3 zeigt die Vorgehensweise des Process Based Cost Modeling im Detail. Während das Prozessmodell aus der Modellierung des Produktes, der Prozesskette und der Systemkapazität besteht, werden innerhalb des Betriebsmodells das Brutto- und Netto-Produktionsvolumen sowie Arbeits- und Betriebszeiten bestimmt. Des Weiteren ermittelt dieses Modell die Anzahl benötigter Fertigungslinien und deren Auslastung pro Fertigungsschritt. Das Kostenmodell ermöglicht die Detaillierung der Kostenwerte des betrachteten Produktes, wozu im Wesentlichen der Richtpreis (siehe Kapitel 5.1.4.1), die Herstellkosten (siehe Kapitel 5.1.4.2) und die Kapitalbindungskosten (siehe Kapitel 5.1.4.3) gehören. Die folgenden Unterkapitel gehen im Detail auf die Schritte innerhalb der einzelnen Modelle ein.

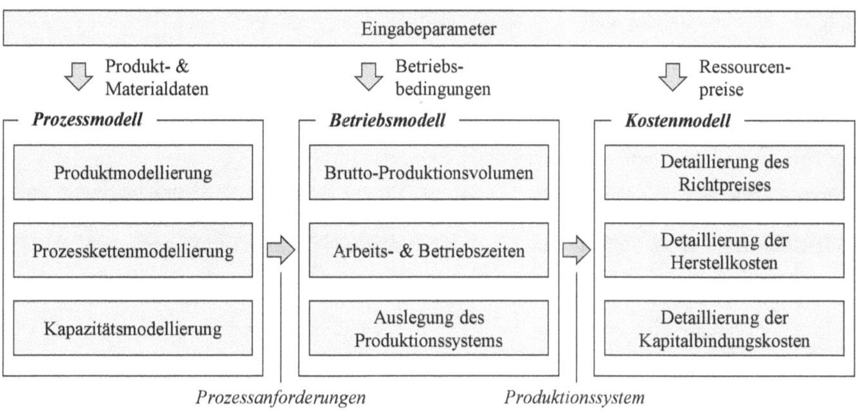

Abbildung 5.3: Techno-ökonomisches Modell[425,426]

[425] i. A. a. Field et al. (Process Cost Modeling), 2007, S. 25.
[426] i. A. a. Johnson et al. (Process-Based Cost-Modeling Approach), 2010, S. 638.

5.1.1 Notationen im Rahmen der techno-ökonomischen Modellierung

Die für die Modellierung verwendeten Parameter unterliegen einer festgelegten Notation. Es werden Buchstabenkombinationen verwendet, bei denen zwischen Groß- und Kleinschreibung zu unterscheiden ist. Parameter werden durch einen tiefgestellten Ausdruck in Bezug zu einem hochgestellten Element gesetzt. Elemente können Komponenten, Prozessschritte oder Subsysteme sein. Der Ausdruck n_Z^{St} beschreibt zum Beispiel die Anzahl n an Zellen Z pro Stack St. Eine Übersicht der verwendeten Parameter ist im Anhang 8A.1 zu finden. Bei der Benennung von Parametern gilt darüber hinaus, dass Längen stets größer oder gleich Breiten sind. Bei der Beschreibung von Netto-Werten sind stets Mengen ohne Berücksichtigung von Ausschuss und Verschnitt gemeint. Brutto-Werte beinhalten entsprechend Ausschuss und Verschnitt. Während der Begriff BPP die Bipolarplatte bezeichnet, wird unter BPHP die Bipolarhalbplatte verstanden.

Zur Beschreibung von mathematischem Ab- bzw. Aufrunden eines Zahlenwertes werden die Notationen der Formeln (12) und (13) verwendet.[427]

$$\lfloor x \rfloor = max\{k \in \mathbb{Z} \mid k \leq x\} \tag{12}$$

$$\lceil x \rceil = min\{k \in \mathbb{Z} \mid k \geq x\} \tag{13}$$

5.1.2 Phase 1: Prozessmodell

Im Rahmen des Prozessmodells erfolgt die Produkt-, Prozessketten und die Kapazitätsmodellierung. Hierbei werden Geometriedaten und Materialzusammensetzungen definiert, notwendige Fertigungsoperationen und Materialbedarfe sowie maximale Kapazitäten pro Fertigungslinie festgelegt. Das Kapitel 5.1.2.1 erläutert die Produktmodellierung, Kapitel 5.1.2.2 die Prozesskettenmodellierung und Kapitel 5.1.2.3 die Kapazitätsmodellierung im Detail.

5.1.2.1 Produktmodellierung

Die Produktmodellierung definiert die Fläche A, Länge l und Breite b bestimmter Bestandteile der Brennstoffzelle. Außerdem wird das BZ-Systemdesign abgeleitet, Netto-Stück- und Materiallisten ermittelt und eingegebene Produktparameter validiert. Abbildung 5.4 zeigt die zu modellierende Brennstoffeinzelzellbemaßung im Querschnitt.

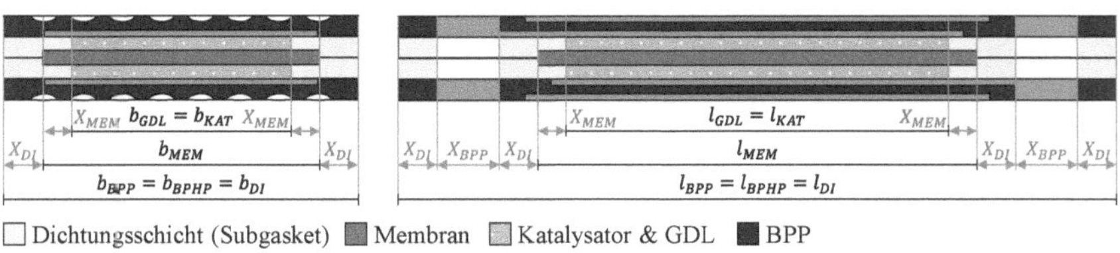

Abbildung 5.4: Größen zur Bemaßung einer Brennstoffeinzelzelle im Querschnitt

Die Fläche eines modellierten BZ-Systems entfällt gänzlich auf den BZ-Stack. Sofern ein BZ-System aus mehreren BZ-Stacks besteht, ist eine entsprechende Verteilung der Fläche

[427] Vgl. Pukelsheim (Sitzzuteilungsmethoden), 2016, S. 2ff.

erforderlich. Zur Minimierung resultierender Fließwege innerhalb der BZ ist ein möglichst kleines Länge-zu-Breite-Verhältnis des BZ-Stacks einzuhalten. Die Länge und die Breite der BPP sowie der MEA entsprechen denen des modellierten BZ-Stacks. Die Formeln (14) und (15) leiten Länge und Breite von BPP und MEA aus dem Nutzvolumen und der Anzahl BZ-Stacks pro System ab.

$$b_{BPP} = b_{BPHP} = b_Z = b_{DI} = b_{St} = min\left(b_{Sys}; \frac{l_{Sys}}{n_{St}^{Sys}}\right) \tag{14}$$

$$l_{BPP} = l_{BPHP} = l_Z = l_{St} = l_{DI} = \max\left(b_{Sys}; \frac{l_{Sys}}{n_{St}^{Sys}}\right) \tag{15}$$

$$b = Breite\ der\ BPP, BPHP, Zelle, Dichtung\ (DI), Stack, System\ (Sys)$$

$$l = Länge\ der\ BPP, BPHP, Zelle, Dichtung, Stack, System$$

$$n_{St}^{Sys} = Anzahl\ Stacks\ pro\ System$$

Eine BPP und eine BPHP verfügen über dieselbe Länge und Breite. Die Längen und Breiten weiterer Zellbestandteile ergeben sich aus Abbildung 5.4. Entlang der Länge l_{BPP} ist Bauraum für die Kühlmittel-, Wasserstoff- und Luftversorgung vorgesehen (X_{BPP}). Das Subgasket der MEA beinhaltet eine minimale Strecke X_{DI} zur Abdichtung. Die Membran besitzt zum Verkleben mit dem Subgasket größere Abmaße X_{MEM} als die GDL. Die Katalysatorschicht und die GDL beschreiben die aktive Fläche der Zelle und sind gleich groß. Die jeweiligen Flächen ergeben sich aus der Multiplikation von Länge und Breite. Die Formeln (16) bis (19) beschreiben Länge und Breite der Membran (l_{MEM}, b_{MEM}) sowie der GDL (l_{GDL}, b_{GDL}) in mathematischer Form.

$$l_{MEM} = l_{BPP} - 2 * (2 * X_{DI} + X_{BPP}) \tag{16}$$

$$b_{MEM} = b_{BPP} - 2 * X_{DI} \tag{17}$$

$$l_{GDL} = l_{KAT} = l_{BPP} - 2 * (2 * X_{DI} + X_{MEM} + X_{BPP}) \tag{18}$$

$$b_{GDL} = b_{KAT} = b_{BPP} - 2 * (X_{DI} + X_{MEM}) \tag{19}$$

$$l = Länge\ der\ Membran\ (MEM), GDL, Katalysatorschicht\ (KAT)$$

$$b = Breite\ der\ Membran, GDL, Katalysatorschicht$$

$$X = Aufschlagsmaß\ für\ die\ Komponenten\ Dichtung, BPP, Membran$$

Die Bestimmung des BZ-Systemdesigns besteht aus der Definition von Zellanzahl, Leistungsdichte, Platinbeladung und Katalysatorbedarf je Zelle. Die eingegebenen Produktparameter beschreiben die geforderte Systemleistung P_{Sys}, die Anzahl BZ-Stacks pro System n_{St}^{Sys} und die maximale Leistungsdichte Pd_{max}. Zusammen mit der Größe der aktiven Fläche pro BZ ergibt sich die ganzzahlige Zellanzahl pro BZ-Stack aus der maximalen Ausnutzung der real erzielbaren Leistungsdichte.

$$n_Z^{ST} = \left\lceil \frac{P_{Sys} * \frac{10^3 W}{kW}}{n_{St}^{Sys} * Pd_{max} * A_{GDL}} \right\rceil \quad (20)$$

$$Pd_{real} = \frac{P_{Sys} * \frac{10^3 W}{kW}}{n_{St}^{Sys} * n_Z^{ST} * A_{GDL}} \quad (21)$$

$$n_Z^{ST} = Anzahl\ Zellen\ pro\ Stack$$

$$P_{Sys} = Systemleistung\ (brutto)$$

$$Pd = Maximale\ (max)\ und\ reale\ (real)\ Leistungsdichte$$

$$A_{GDL} = Fläche\ der\ GDL$$ [428]

Die Platinbeladung $q_{Kat}(Pt)$ ist aus Platinnutzung $U_{KAT}(Pt)$ und realer Leistungsdichte Pd_{real} bestimmbar. Unter der Annahme, dass aufgrund einer gegenüber der Anodenseite langsameren Reaktion auf Kathodenseite die Kathode stets eine höhere Platinbeladung besitzt, ergibt sich ihre Beladung bei einer Platinbeladung der Anode als Eingabewert, $q_{KAT_{Anode}}(Pt)$, zu:[429]

$$q_{KAT_{Kathode}}(Pt) = max\left(U_{KAT}(Pt) * Pd_{real} - q_{KAT_{Anode}}(Pt); q_{KAT_{Anode}}(Pt)\right) \quad (22)$$

$$q_{KAT}(Pt) = Platinbeladung\ der\ Anode\ und\ Kathode$$

$$U_{KAT}(Pt) = Platinnutzung$$

Die Materialzusammensetzung des Katalysators auf Anoden- und Kathodenseite, die Reindichte der Katalysatorbestandteile k und eine Indizierung dieser zur Verdampfung bei Trocknung kann den Produktparametern im Anhang entnommen werden (Siehe Anhang A.13). Die Beladungen der einzelnen Katalysatorbestandteile j entsprechen dem Verhältnis des jeweiligen Bestandteils zum Platinanteil des Katalysators, Formel (23). Die minimale Höhe der Katalysatorschicht ergibt sich aus dem Quotienten der Flächenbeladung und Dichte des Katalysators nach dem Trocknungsprozess in Formel (24).

$$q_{KAT_j}(k) = \frac{s_{KAT_j}(k)}{s_{KAT_j}(Pt)} * q_{KAT_j}(Pt) \quad (23)$$

$$h_{KAT_j,min} = \frac{\sum_k \left(q_{KAT_j}(k) * \left(1 - w_{verdampft(KAT)}(k)\right)\right)}{\sum_k \left(\rho_{KAT}(k) * \frac{s_{KAT_j}(k) * \left(1 - w_{verdampft(KAT)}(k)\right)}{\sum_k s_{KAT_j}(k) * \left(1 - w_{verdampft(KAT)}(k)\right)}\right)} * 10^{-1} \quad (24)$$

$$mit\ j \in [Anode; Kathode]$$

$$s_{KAT} = Massenanteil\ der\ Katalysatorbestandteile$$

$$h_{KAT} = Höhe\ der\ Katalysatorschicht$$

428 Die Fläche der GDL entspricht in diesem Modell der aktiven Fläche der Brennstoffzelle.

429 Vgl. Di Wu et al. (System Integration and Control of Proton Exchange Membrane Fuel Cells), 2020, S. 468.

$$w_{verdampft(KAT)} = Wahrheitswert\ Verdampfbarkeit\ je\ Katalysatorbestandteil$$

Zur Systemdefinition zeigt Abbildung 5.5 die Eingabetabelle der für das BZ-System benötigten Komponenten (KOM). Dabei lassen sich nicht fest definierte Stückzahlen auch als Funktion der BZ-Stack- und Zellanzahl berechnen.

		Anzahl Komponenten [#] pro:				
Komponente	**Zeichen**	**System**	**Stack**	**Zelle**	**MEA**	**BPP**
	KOM	n_{KOM}^{Sys}	n_{KOM}^{St}	n_{KOM}^{Z}	n_{KOM}^{MEA}	n_{KOM}^{BPP}
Stack	St	n_{St}^{Sys}	1	-	-	-
Einzelzelle	Z	$n_Z^{St} \cdot n_{St}^{Sys}$	n_Z^{St}	1	-	-
Membrane Electrode Assembly	MEA	$n_Z^{St} \cdot n_{St}^{Sys}$	n_Z^{St}	1	1	-
Bipolarplatte	BPP	$(n_Z^{St}+1) \cdot n_{St}^{Sys}$	$n_Z^{St}+1$	1	-	1
Bipolarhalbplatte	$BPHP$	$(n_Z^{St}+2) \cdot n_{St}^{Sys}$	$n_Z^{St}+2$	2	-	2
Endplatte	END	$n_{St}^{Sys} \cdot 2$	2	-	-	-
Luftkreislauf	Lu	1	-	-	-	-
[...]	[...]	[...]	[...]	[...]	[...]	[...]

Abbildung 5.5: Auszug aus Komponentenstückliste (netto)

Im Rahmen des vorliegenden Modells werden BoP-Komponenten als Einkaufsteile definiert. Die BZ-Komponenten BPP und MEA werden intern gefertigt, weshalb das benötigte Rohmaterial zu bestimmen ist. Die Herstellung der BPP erfordert die Menge des Grundmaterials und, bei metallischem Grundmaterial, außerdem Korrosionsschutzmaterial. Die MEA besteht aus GDL, Polymermembran, Subgasket sowie Katalysatormaterial. Die folgenden Formeln (25) bis (30) erlauben die Berechnung der netto benötigten Massen und Flächen der Komponentenbestandteile je BPHP bzw. MEA. Die Variable $w_{Metall(BPP)}$ gibt dabei an, ob es sich um metallisches Grundmaterial handelt.

$$m_{BPP,Rohmaterial}^{BPHP}(netto) = A_{BPP} * h_{BPHP,Rohmaterial} * \frac{10^{-4}cm}{\mu m} * \rho_{BPP,Rohmaterial} * \frac{10^{-3}kg}{g} \tag{25}$$

$$m_{BPP,Kor.}^{BPHP}(netto) = A_{BPP} * \mathrm{h}_{BPHP,Kor.} * \frac{10^{-4}\mathrm{cm}}{\mu\mathrm{m}} * \rho_{BPP,Kor.} * \frac{10^{-3}kg}{g} * w_{Metall(BPP)} \tag{26}$$

$$A_{GDL}^{MEA}(netto) = n_{GDL}^{MEA} * A_{GDL} \tag{27}$$

$$A_{MEM}^{MEA}(\mathrm{netto}) = n_{MEM}^{MEA} * A_{MEM} \tag{28}$$

$$A_{DI}^{MEA}(netto) = n_{DI}^{MEA} * A_{DI} \tag{29}$$

$$m_{KAT_j(k)}^{MEA}(netto) = n_{KAT_j}^{MEA} * q_{KAT_j(k)} * A_{KAT} * \frac{10^{-6}kg}{mg} \tag{30}$$

$$m = Masse\ des\ Rohmaterials\ für\ BPP, Korrosionsschutz\ und\ Katalysator$$

$$A = Fläche\ der\ BPP, GDL, Membran, Dichtung\ und\ des\ Katalysators$$

$$h = Höhe\ des\ Korrosionsschutzmaterials$$

$$\rho = Dichte\ des\ Rohmaterials\ für\ BPP\ und\ Korrosionsschutz$$

$$w_{Metall(BPP)} = Wahrheitswert\ metallische\ BPP$$

$$n = z.B. Anzahl\ GDL\ je\ MEA$$

Zur Validierung der Produktparameter kann abschließend die Zellhöhe rechnerisch ermittelt und mit der verfügbaren BZ-Stackhöhe verglichen werden. Die gesamte Höhe wird dabei für den BZ-Stack verwendet und gleichmäßig auf die Zellen verteilt. Im Falle der Nichterfüllung von Formel (33) ist eine Änderung der eingegebenen Produktparameter erforderlich.

$$h_{Z,rech.} = h_{MEM} + 2 * h_{GDL} + 2 * h_{BPHP} + h_{min,KAT_{Anode}} + h_{min,KAT_{Kathode}} \tag{31}$$

$$\mathrm{h}_{BPHP} = \mathrm{h}_{BPHP,Rohmaterial} + 2 * \mathrm{h}_{BPHP,Kor.} * w_{Metall(BPP)} \tag{32}$$

$$h_{Z,Bauraum} = \frac{h_{Sys} * \frac{10^4 * \mu m}{cm}}{n_Z^{St}} \geq h_{Z,rech.} \tag{33}$$

$$h = Höhe\ der\ Zelle, Membran, GDL, BPHP, Katalysatorschicht, System\ und\ Bauraum$$

5.1.2.2 Prozesskettenmodellierung

Im Rahmen der Prozesskettenmodellierung werden notwendige Prozessschritte verkettet, Einkaufskomponenten festgelegt und den Prozessschritten zugeordnet. Außerdem wird der Verschnitt je Prozessschritt definiert. Abbildung 5.6 zeigt eine mögliche Verkettung von Prozessschritten für die Brennstoffzellensystemproduktion. Sie ist an die in Kapitel 2.1.2 beschriebenen Prozessschritte angelehnt. Es wird ersichtlich, dass Prozessschritte teilweise optional und in ihrer Reihenfolge flexibel sind. Das Prozesskettenmodell ist somit in der Lage, anwendendenspezifische Anforderungen an das Produktionssystem umzusetzen. Während schraffierte Prozessschritte je nach Produktionssystem optional sind, sind Prozessschritte mit gestricheltem Rand in ihrer Reihenfolge flexibel. Beispielsweise ist das *Beschichten* innerhalb der BPP-Produktion von der Materialauswahl abhängig und in seiner Reihenfolge variabel. Innerhalb der MEA-Produktion ist hingegen optional, ob zunächst eine indirekte Beschichtung (z. B. auf eine Decal-Folie) erfolgt und an welcher Stelle das Dichtungsmaterial hinzugefügt wird.

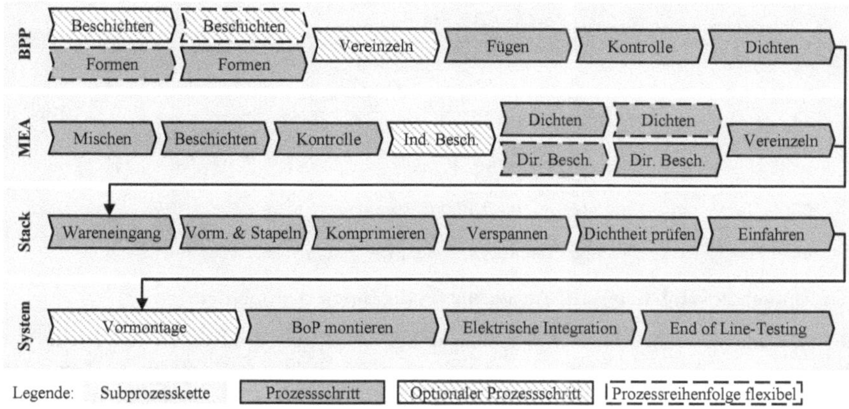

Abbildung 5.6: Verkettung von Fertigungsoperationen für das techno-ökonomische Modell

Die Definition von Einkaufskomponenten sowie deren Zuordnung zu Prozessschritten ist ebenfalls Anwendenden des Modells überlassen. Je nach Zuordnung verändern sich die Materialkostensätze der einzelnen Schritte. Abbildung 5.7 zeigt beispielhaft eine solche Zuordnung unterschiedlicher Komponenten zu einzelnen Prozessschritten. Die Prozessschritte werden nachfolgend stets mit dem Kürzel $i(SUB)$ bezeichnet.

Komponenten	**Zuordnung zu Prozessschritt [i(SUB)]**
Steuergerät, Hochvoltkabel	$Elektrische\ Integration\ (Sys)$
Endplatte, Stromkollektor	$Stapeln\ (St)$
Medienplatte, Gehäuse, Cell Voltage Monitoring-Einheit	$Montage(St)$
Verspannelemente	$Pressen(St)$
Dichtungsmaterial	$Dichtung(MEA)$
Katalysatormaterial	$Mischen(MEA)$
[...]	[...]

Abbildung 5.7: Zuordnung von Einkaufskomponenten zu Produktionsschritten

Darüber hinaus ist die rechnerische Bestimmung von Verschnitt für das Prozesskettenmodell relevant. Der Verschnitt hat Auswirkungen auf den Bruttobedarf von Rohmaterialien bei BZ-Komponenten, die als Rollenware verarbeitet werden. Somit sind ausschließlich Prozessschritte betroffen, die sich in der Reihenfolge vor Vereinzelungsschritten befinden. Der Bruttobedarf eines Rohmaterials ergibt sich aus dessen Nettobedarf (siehe Kapitel 5.1.2.1) und der Materialeffizienz ME, siehe Formel (35). Diese ergibt sich wiederum aus dem Verhältnis der verwerteten zur insgesamt verfügbaren Fertigungsbandfläche, Formel (34). Es folgt die Beschreibung der Berechnungsgrundlagen zur Bestimmung des Rohmaterial-Bruttobedarfes für die BZ-Komponenten BPHP und MEA.

$$ME_{Band(i)} = \frac{n_i^{Bandmeter} * A_i}{A_i^{Bandmeter}} \quad (34)$$

$$m^i_{Rohmaterial}\,(brutto) = \frac{m^i_{Rohmaterial}\,(netto)}{ME_{Band(i)}} \quad (35)$$

$$mit\ i = [BPHP, MEA]$$

$$ME = Materialeffizienz$$

$$A = Verwertete\ und\ insgesamt\ verfügbare\ Fertigungsbandfläche$$

Berechnung des Rohmaterial-Bruttobedarfes für Bipolarhalbplatten

Die Berechnung erfolgt unter der Annahme, dass die Fertigungsbandbreite einem Vielfachen der Länge oder Breite von BPHP entspricht. Außerdem ergibt sich die maximale Bandbreite aus dem Minimum der Bandbreiten einzelner Prozessschritte bis zur Vereinzelung. Die Orientierung der Komponenten auf dem Fertigungsband wird dabei als konstant vorausgesetzt, wobei diese jedoch auf die Nutzung der maximalen Bandfläche ausgelegt werden sollte. Formel (36), Formel (37) und Formel (38) ermöglichen die Berechnung der maximalen Anzahl BPHPs pro Fertigungsbandmeter bei festgelegter Orientierung über die Breite oder die Länge der Komponenten.

$$n^{Bandmeter}_{BPHP,Breite} = \left\lfloor \frac{b_{Band(BPHP),max} - 2 * X_{Rand(BPHP)} + X_{Abstand(BPHP)}}{b_{BPHP} + X_{Abstand(BPHP)}} \right\rfloor * \frac{100cm}{l_{BPHP} + X_{Abstand(BPHP)}} \quad (36)$$

$$n^{Bandmeter}_{BPHP,Länge} = \left\lfloor \frac{b_{Band(BPHP),max} - 2 * X_{Rand(BPHP)} + X_{Abstand(BPHP)}}{l_{BPHP} + X_{Abstand(BPHP)}} \right\rfloor * \frac{100cm}{b_{BPHP} + X_{Abstand(BPHP)}} \quad (37)$$

$$n^{Bandmeter}_{BPHP} = w_{BPHP,Breite} * n^{Bandmeter}_{BPHP,Breite} + (1 - w_{BPHP,Breite}) * n^{Bandmeter}_{BPHP,Länge} \quad (38)$$

$$mit\ b_{Band(BPHP),max} = min([b_{i(BPHP),max}])\ mit\ 1 \leq n_{i(BPP)} \leq n_{Vereinzeln(BPP)}$$

$$n^{Bandmeter}_{BPHP} = Anzahl\ BPHP\ je\ Fertigungsbandmeter, Orientierung\ ü.\ Breite\ o.\ Länge$$

$$X = Rand - und\ Zwischenabstand\ der\ Komponenten\ auf\ Fertigungsband$$

$$w = Wahrheitswert\ Orientierung\ BPHP\ über\ Breite$$

$$n_{i(BPP)} = Position\ in\ Wertschöpfungskette\ der\ BPP - Fertigung$$

Aus der maximalen Anzahl BPHPs pro Fertigungsbandmeter kann die Fertigungsbandfläche ermittelt werden, Formel (39). Ein Fertigungsbandmeter wird dazu in Teilabschnitte zerlegt (Abbildung 5.8).

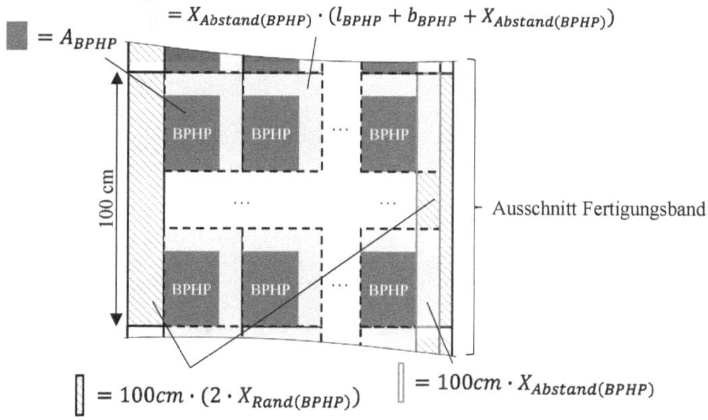

Abbildung 5.8: Flächenbestimmung eines Fertigungsbandmeters der BPHP

Es sind die BPHP-Fläche, die Randabstände und die L-förmigen Abstände zwischen den BPHPs zu beachten. Bei dieser Berechnung wird ein Bereich mit der Breite der BPHP-Abstände doppelt berücksichtigt und ist aus diesem Grunde zu subtrahieren.

$$A_{BPHP}^{Bandmeter} = n_{BPHP}^{Bandmeter} * (A_{BPHP} + X_{Abstand(BPHP)} * (l_{BPHP} + b_{BPHP} + X_{Abstand(BPHP)})) + 100cm * (2 * X_{Rand(BPHP)} - X_{Abstand(BPHP)}) \quad (39)$$

Berechnung des Rohmaterial-Bruttobedarfes für MEAs

Bei der Modellierung der MEA wird ähnlich zur Modellierung der BPHP vorgegangen. Da diese Komponente einen Zusammenbau aus einer katalysatorbeschichteten Membran, dem Subgasket und jeweils zwei GDLs darstellt, unterliegt ihre Modellierung spezifischen Überlegungen. Abbildung 5.9 zeigt die möglichen Anordnungen der MEA über ihre Breite und ihre Länge. Es wird deutlich, dass die Fertigungsbandbreite durch die Brenngaskanäle im Subgasket bei einer Verteilung über die MEA-Länge größer ausfällt.

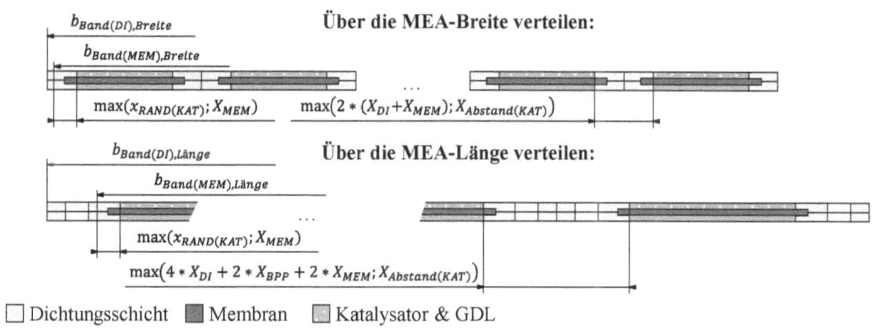

Abbildung 5.9: Abmaße der MEA bei Verteilung über ihre Länge oder Breite

Zur Entscheidung für eine Orientierungsrichtung ist zunächst maßgebend, ob vor oder nach dem Schritt *Dichtung anbringen* eine höhere Anzahl MEAs nebeneinander passt. Dazu bestimmen die Formeln (40) und (41) die maximale Anzahl MEAs bei Verteilung über ihre Breite oder Länge für die katalysatorbeschichtete Membran.

$$n_{MEM,Breite}^{Bandbreite} = \left\lfloor \frac{b_{Band(MEM),max} - 2 * max\,(X_{RAND(KAT)}; X_{MEM}) + max(2 * X_{DI} + 2 * X_{MEM}; X_{Abstand(KAT)})}{b_{KAT} + max(2 * X_{DI} + 2 * X_{MEM}; X_{Abstand(KAT)})} \right\rfloor \quad (40)$$

$$n_{MEM,Länge}^{Bandbreite} = \left\lfloor \frac{b_{Band(MEM),max} - 2 * max\,(X_{RAND(KAT)}; X_{MEM}) + max(2 * (2 * X_{DI} + X_{BPP} + X_{MEM}); X_{Abstand(KAT}}{l_{KAT} + max(4 * X_{DI} + 2 * X_{BPP} + 2 * X_{MEM}; X_{Abstand(KAT)})} \right\rfloor \quad (41)$$

$$mit\ b_{Band(MEM),max} = max([b_{i(MEA),max}])\ mit\ n_{Beschichten(MEA)} \leq n_{i(MEA)} < n_{Dichtung(MEA)}$$

$$n_{MEM}^{Bandbreite} = Anzahl\ MEAs\ je\ Fertigungsbandmeter, Orientierung\ ü.\ Länge\ o.\ Breite$$

$$X = Rand - und\ Zwischenabstand\ der\ Komponenten\ auf\ Fertigungsband, Aufschlagsmaße$$

$$n_{i(MEA)} = Position\ in\ Wertschöpfungskette\ der\ MEA - Fertigung$$

Für die Dichtungsschicht bestimmen die Formeln (42) und (43) die maximale Anzahl MEAs über ihre Breite und Länge.

$$n_{DI,Breite}^{Bandbreite} = \left\lfloor \frac{b_{Band(DI),max} + max(X_{Abstand(KAT)} - 2 * (X_{DI} + X_{MEM}); 0)}{b_{DI} + max(X_{Abstand(KAT)} - 2 * (X_{DI} + X_{MEM}); 0)} \right\rfloor \quad (42)$$

$$n_{DI,Länge}^{Bandbreite} = \left\lfloor \frac{b_{Band(DI),max} + max(X_{Abstand} - 4 * X_{DI} - 2 * X_{BPP} - 2 * X_{MEM}; 0)}{l_{DI} + max(X_{Abstand} - 4 * X_{DI} - 2 * X_{BPP} - 2 * X_{MEM}; 0)} \right\rfloor \quad (43)$$

$$mit\ b_{Band(DI),max} = max([b_{i(MEA),max}])\ mit\ n_{i(MEA)} \geq n_{Dichtung(MEA)}$$

$$n_{DI,Breite}^{Bandbreite} = Anzahl\ MEAs\ je\ Fertigungsbandmeter\ inkl.\ Dichtung\ ü.\ Länge\ o.\ Breite$$

Zur optimalen Nutzung der Fertigungsbandfläche werden die Materialeffizienzen (siehe Formel (34)) der Fertigungsbandnutzung bei Verteilung über die Länge oder Breite bestimmt. Aus ihrem Maximum ergeben sich die Anzahl MEAs, die über die Fertigungsbandbreite verteilt werden, und die finale Orientierung, Formel (44) und Formel (45).

$$n_{MEA}^{Bandbreite} = x \cup y\ mit\ ME_{x,y} \rightarrow max \quad (44)$$

$$w_{MEA,Breite} = \max([ME_x]) > \max([ME_y]) \quad (45)$$

$$w_{MEA,Breite} = Wahrheitswert\ Orientierung\ MEA\ über\ Breite$$

Die Anzahl MEAs pro Fertigungsbandmeter ergibt sich aus der Orientierung und der maximalen Anzahl MEAs pro Fertigungsbandbreite, Formel (46).

$$n_{MEA}^{Bandmeter} = n_{MEA}^{Bandbreite} * \left(w_{MEA,Breite} * \frac{100cm}{l_{KAT} + max(4 * X_{DI} + 2 * X_{BPP} + 2 * X_{MEM}; X_{Abstand(KAT)})} + (1 - w_{MEA,Breite}) * \frac{100cm}{b_{KAT} + max(2 * X_{DI} + 2 * X_{MEM}; X_{Abstand(KAT)})} \right) \quad (46)$$

Die Bestimmung der Gesamtfläche pro Fertigungsbandmeter und der Bruttobedarfe ist ebenfalls an die Vorgehensweise der BPHP angelehnt. Abbildung 5.10 zeigt die zur Flächenbestimmung relevanten Teilelemente.

$$= \max(4 * X_{DI} + 2 * X_{BPP} + 2 * X_{MEM}; X_{Abstand(KAT)}) * b_{KAT}$$

$$= \max(2 * X_{DI} + 2 * X_{MEM}; X_{Abstand(KAT)}) * l_{KAT}$$

$$= \max(4 * X_{DI} + 2 * X_{BPP} + 2 * X_{MEM}; X_{Abstand(KAT)}) * \max(2 * X_{DI} + 2 * X_{MEM}; X_{Abstand(KAT)})$$

$= A_{KAT}$

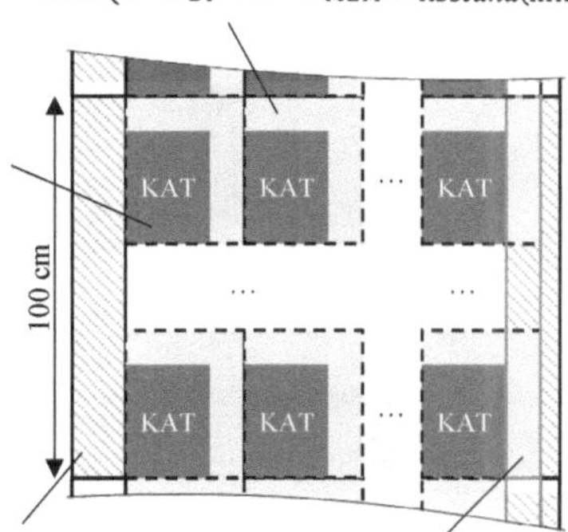

$$= 100cm * 2 * \max(X_{RAND(KAT)}; X_{MEM})$$

$$= 100cm * \left(w_{MEA,Breite} * \max(2 * X_{DI} + 2 * X_{MEM}; X_{Abstand(KAT)}) + (1 - w_{MEA,Breite}) * \max(4 * X_{DI} + 2 * X_{BPP} + 2 * X_{MEM}; X_{Abstand(KAT)}) \right)$$

Abbildung 5.10: Bestimmung der Fläche eines Fertigungsbandmeters der MEA

Die Formeln (47) bis (52) zeigen die Berechnung des notwendigen Bruttobedarfes von GDL, Membran, Katalysator (intermittierend oder durchgehend beschichtet).

$$A_{GDL}^{Bandmeter} = A_{MEM}^{Bandmeter} = n_{MEA}^{Bandmeter} * \left(A_{KAT} + max\left(4 * X_{DI} + 2 * X_{BPP} + 2 * X_{MEM}; X_{Abstand(KAT)}\right) * b_{KAT} + max\left(2 * X_{DI} + 2 * X_{MEM}; X_{Abstand(KAT)}\right) * l_{KAT} + max\left(4 * X_{DI} + 2 * X_{BPP} + 2 * X_{MEM}; X_{Abstand(KAT)}\right) * max\left(2 * X_{DI} + 2 * X_{MEM}; X_{Abstand(KAT)}\right)\right) + 100cm * 2 * max\left(x_{RAND(KAT)}; X_{MEM}\right) - 100cm * \left(w_{MEA,Breite} * max\left(2 * X_{DI} + 2 * X_{MEM}; X_{Abstand(KAT)}\right) + (1 - w_{MEA,Breite}) * max\left(4 * X_{DI} + 2 * X_{BPP} + 2 * X_{MEM}; X_{Abstand(KAT)}\right)\right) \quad (47)$$

$$A_{KAT}^{Bandmeter} = \left(1 - w_{intermittierend(MEA)}\right) * A_{MEM}^{Bandmeter} + w_{intermittierend(MEA)} * A_{KAT} * n_{MEA}^{Bandmeter} \quad (48)$$

$$A_{DI}^{Bandmeter} = A_{GDL}^{Bandmeter} + 2 * 100cm * \left(\left(2 * X_{DI} + X_{BPP} + X_{MEM}\right) * \left(1 - w_{MEA,Breite}\right) + \left(X_{DI} + X_{MEM}\right) * w_{MEA,Breite} - max\left(X_{RAND(KAT)}; X_{MEM}\right)\right) \quad (49)$$

$$m_{KAT_{Anode}(k)}^{MEA}(brutto) = m_{KAT_{Anode}(k)}^{MEA}(netto) * \frac{A_{KAT}^{Bandmeter}}{n_{MEA}^{Bandmeter} * A_{KAT}} \quad (50)$$

$$A_{Decal}^{MEA}(brutto) = 2 * A_{MEM}^{MEA}(brutto) * w_{indirekt(MEA)} \quad (51)$$

$$A_{x}^{MEA}(brutto) = \frac{A_{x}^{MEA}(netto) * A_{x}^{Bandmeter}}{n_{MEA}^{Bandmeter} * A_{x}} \quad (52)$$

$$mit\ x \in [GDL; MEM; DI]$$

$$A = Flächen\ zur\ Ermittlung\ des\ Bruttobedarfes\ jeweiliger\ Rollenware$$

$$w_{intermittierend(MEA)} = Wahrheitswert\ intermittierende\ Beschichtung$$

$$m = Masse\ zur\ Ermittlung\ des\ Rohmaterialbedarfes$$

5.1.2.3 Kapazitätsmodellierung

Im Rahmen der Kapazitätsmodellierung wird für jeden in der Prozesskettenmodellierung definierten Produktionsschritt die Leistungsfähigkeit je Fertigungslinie festgelegt. Der Parameter $D_{i(SUB)}$ beschreibt die Ausbringungsrate für MEA, BPHP, BZ-Stack und BZ-System der Einheit Stück pro Minute und verkörpert die Leistungsfähigkeit.[430] Die Berechnung der Leistungsfähigkeit unterscheidet sich je Art des betrachteten Produktionsschrittes. Übergeordnet kann zwischen kontinuierlichen und diskontinuierlichen Prozessen unterschieden werden. Im Folgenden werden einige typische Beispiele zur Berechnung beider Fälle gegeben.

Das Beschichten der Membran ist ein kontinuierlicher, auf Rollenware durchgeführter Prozess. Die Leistungsfähigkeit dieses Prozessschrittes lässt sich demnach aus der Beschichtungsgeschwindigkeit und der Anzahl MEAs pro Bandmeter berechnen, siehe Formel (53). Durch eine konstante Fertigungsbandbreite und die festgelegte Trocknungszeit ist die Beschichtungsgeschwindigkeit proportional zur Länge des Trocknungsofens $l_{Ofen(MEA)}$, siehe Formel (54). Die

[430] Die Notation $i(SUB)$ bezeichnet den jeweiligen Produktionsschritt in der Fertigungskette.

resultierende Ofenlänge ist somit bei der Bestimmung der Beschichtungsgeschwindigkeit zu beachten.

$$D_{Beschichten(MEA),j} = v_{Beschichten(MEA),j} * n_{MEA}^{Bandmeter} \quad (53)$$

$$l_{Ofen(MEA),j} = v_{Beschichten(MEA),j} * t_{Trocknen(MEA),j} * \frac{100cm}{m} \quad (54)$$

$$v_{Beschichten(MEA),j} \leq \frac{l_{Ofen(MEA),max} * \frac{10^{-2}m}{cm}}{t_{Trocknen(MEA),j}} \quad (55)$$

$$mit\ j \in [Anode; Kathode]$$

$$D = Ausbringungsrate$$

$$v = Bandgeschwindigkeit$$

$$t = Trocknungszeit$$

$$l = Ofenlänge$$

Im Rahmen der Leistungsfähigkeitsberechnung des Mischens wird ebenfalls von einem kontinuierlichen Prozess ausgegangen. Die maximal verarbeitbare Katalysatormenge je Mischvorgang wird dabei durch die maximale Füllmasse und das maximale Volumen des Mischers vorgegeben. Folglich ergibt sich die Ausbringungsrate $D_{Mischen(MEA)}$ nach Formel (56).

$$D_{Mischen(MEA),j} = \max\left(\frac{m_{Mischen(MEA),max}}{t_{Mischen(MEA)} * m_{KAT_j}^{MEA}}; \frac{V_{Mischen(MEA),max} * \rho_{KAT_j}}{t_{Mischen(MEA)} * m_{KAT_j}^{MEA}}\right) \quad (56)$$

$$m_{KAT_j}^{MEA} = \sum_k m_{KAT_j}^{MEA}(k) \quad (57)$$

$$m_{Mischen(MEA),max} = Maximal\ mischbare\ Masse\ innerhalb\ des\ Mischers$$

$$V_{Mischen(MEA),max} = Maximales\ Volumen\ des\ Mischers$$

$$t = Mischdauer$$

Das Formen der BPHP-Flowfields stellt einen typischen diskontinuierlichen Prozess dar. Die Ausbringungsrate wird durch die Anzahl BPHP pro Fertigungszyklus $n_{Formen(BPP)}^{Zyklus}$ und die Zeit je Umformschritt $t_{Formen(BPP)}$ bestimmt, siehe Formel (58).

$$D_{Formen(BPP)} = \frac{n_{Formen(BPP)}^{Zyklus}}{t_{Formen(BPP)}} \quad (58)$$

$$n = Anzahl\ BPHP\ pro\ Fertigungszyklus$$

$$t = Zeit\ je\ Umformschritt$$

Der diskontinuierliche Stapelprozess wird über den Quotienten der Stapelgeschwindigkeit und der Anzahl Komponenten je Stack modelliert, siehe Formel (59). Die Anzahl Komponenten ergibt sich aus der Konfiguration der Anwendenden (siehe Abbildung 5.5), in diesem Falle aus zwei Stromsammlern und Endplatten am Ende des Stacks sowie einer zusätzlichen

Bipolarplatte. Dabei wird vereinfachend angenommen, dass für alle Komponenten dieselbe Zeit benötigt wird.

$$D_{Stapeln(St)} = \frac{v_{Stapeln(St)}^{Stück}}{n_{MEA}^{St} + \frac{n_{BPHP}^{St}}{2} + 1 + 2 * 2} \tag{59}$$

$$v = Stapelgeschwindigkeit$$

Anhand der gezeigten Berechnungsformeln wird deutlich, dass jeder Produktionsschritt eine individuelle Modellierung der Leistungsfähigkeit bedarf. Die Kapazitätsmodellierung im Rahmen der vorliegenden Methodik ist abgeschlossen, wenn je Produktionsschritt eine separate Berechnung erfolgt ist. Nach Vollendung der Prozesskettenmodellierung und der damit einhergehenden Bestimmung der Leistungsfähigkeit wird durch das Betriebsmodell die kapazitive Auslastung bestimmt. Eine Erläuterung zur Erstellung des Betriebsmodells beinhaltet das nachfolgende Kapitel.

5.1.3 Phase 1: Betriebsmodell

Im Rahmen des Betriebsmodells wird der Produktionsbedarf für die einzelnen Produktionsschritte unter Berücksichtigung von Fehlteilraten und Arbeits- sowie Betriebszeiten bestimmt. Außerdem erfolgt die Ableitung paralleler Fertigungslinien inklusive deren Auslastung.

5.1.3.1 Brutto-Produktionsvolumen

Das Brutto-Produktionsvolumen ergibt sich aus dem jährlich geplanten netto-Produktionsvolumen für BZ-Systeme $B_{Sys}(netto)$ und vorliegenden Ausschussraten an den Qualitätskontrollpunkten PPM_i. Die Ausschussraten werden dabei in eine Qualitätsrate Q_i überführt.

$$Q_i = 1 + \frac{PPM_i}{10^6} \tag{60}$$

$$mit\ i \in [Kontrolle(BPP); Kontrolle(MEA); Eingang(St); Dichtheit(St); Kontrolle(Sys)]$$

$$Q = Qualitätsrate$$

$$PPM = Ausschussrate$$

Für die Produktionsschritte im Bereich Systemfertigung ist die Qualitätsrate im Fertigungsschritt Kontrolle von Bedeutung.

$$B_{i(Sys),brutto} = B_{(Sys),netto} * Q_{Kontrolle(Sys)} \tag{61}$$

$$mit\ i = [Vormontage; Montage; Integration; Kontrolle]$$

$$B = Brutto-\ und\ Netto-Produktionsvolumen\ pro\ Jahr$$

Die Produktionsschritte im Bereich Stackfertigung erfordern die Berücksichtigung des voraussichtlichen Ausschusses des nachgelagerten Bereiches Systemfertigung. Des Weiteren sind die Qualitätsraten der Dichtheitskontrolle und des Wareneingangs relevant, siehe Formel (63).

$$B_{i(St)}(netto) = B_{Vormontage(Sys)}(brutto) * n_{St}^{Sys} \tag{62}$$

$$B_{i(St)}(brutto) = \begin{cases} B_{i(St)}(netto);\ n_{Dichtheit(St)} < n_{i(St)} \\ B_{i(St)}(netto) * Q_{Dichtheit(St)};\ n_{Eingang(St)} < n_{i(St)} \leq n_{Dichtheit(St)} \\ B_{i(St)}(netto) * Q_{Dichtheit(St)} * Q_{Eingang(St)};\ n_{i(St)} \leq n_{Eingang(St)} \end{cases} \tag{63}$$

$$mit\ i = [Eingang; Stapeln; Pressen; Montage; Dichtheit; Einfahren]$$

Die MEA-Produktionsschritte erfordern die Berücksichtigung der nachgelagerten Bereiche Stack- und Systemfertigung sowie die Qualitätsrate des Fertigungsschrittes Kontrolle.

$$B_{i(MEA)}(netto) = \begin{cases} B_{Eingang(St)}(brutto) * n_Z^{St} * w_{indirekt(MEA)};\ i = Kat.ein. \\ B_{Eingang(St)}(brutto) * n_Z^{St};\ sonst \end{cases} \tag{64}$$

$$B_{i(MEA)}(brutto) = \begin{cases} B_{i(MEA)}(netto);\ n_{Kontrolle(MEA)} < n_{i(MEA)} \\ B_{i(MEA)}(netto) * Q_{Kontrolle(MEA)};\ n_{i(MEA)} \leq n_{Kontrolle(MEA)} \end{cases} \tag{65}$$

$$mit\ i = [Mischen; Beschichten; Kat.ein.; Kontrolle; Dichtung; Kat.beid.; Vereinzeln]$$

$$w_{indirekt(MEA)} = Wahrheitswert\ indirekte\ MEA - Beschichtung$$

Analog zur MEA erfordern die BPP-Produktionsschritte ebenfalls eine Berücksichtigung der nachgelagerten Bereiche Stack und System. Es ist zusätzlich ein Ausschuss im Produktionsschritt Kontrolle zu berücksichtigen. Das vorliegende Modell berücksichtigt außerdem, dass die oberste und unterste BPHP eines Stacks nicht miteinander verbunden werden.

$$B_{i(BPP)}(netto) = \begin{cases} B_{Eingang(St)}(brutto) * n_Z^{ST} * 2 * w_{Metall(BPP)};\ i = Schützen \\ B_{Eingang(St)}(brutto) * n_Z^{ST} * 2 * w_{endlos(BPP)};\ i = Vereinzeln \\ B_{Eingang(St)}(brutto) * n_Z^{ST} * 2 - n_{St}^{Sys} * B_{Sys}(brutto);\ i = Fügen \\ B_{Eingang(St)}(brutto) * n_Z^{ST} * 2;\ sonst \end{cases} \tag{66}$$

$$B_{i(BPP)}(brutto) = \begin{cases} B_{i(BPP)}(netto);\ n_{Kontrolle(BPP)} < n_{i(BPP)} \\ B_{i(BPP)}(netto) * Q_{Kontrolle(BPP)};\ n_{i(BPP)} \leq n_{Kontrolle(BPP)} \end{cases} \tag{67}$$

$$mit\ i = [Formen;\ Dichten;\ Kontrolle;\ Schützen;\ Vereinzeln; Fügen]$$

$$w = Wahrheitswert\ metallische\ BPP\ und\ Endlosband\ zur\ Fertigung$$

5.1.3.2 Arbeits- und Betriebszeiten

Zur Berechnung der Personalkosten werden im Rahmen des Betriebsmodells Stundensätze je Mitarbeitertyp ermittelt. Diese Stundensätze sind abhängig von Jahresentgelt, Arbeitgeberbelastung und Jahresarbeitszeit. Mitarbeitertypen können beispielsweise in Fach- und Hilfsarbeiter unterteilt werden. Die Jahresarbeitszeit ergibt sich aus den Arbeitsstunden pro Woche und den jährlichen Arbeitswochen. Urlaubstage, Feiertage sowie Krankenquote sind darüber hinaus zu berücksichtigen.

$$K_{Typ(Pers.)}^{Arbeitsstunde}(brutto) = \frac{K_{Typ(Pers.)}^{Jahr}(brutto)}{n_{Arbeitsstunden,Typ(Pers.)}^{Jahr}} \tag{68}$$

$$K_{Typ(Pers.)}^{Jahr}(brutto) = K_{Typ(Pers.)}^{Jahr}(netto) * X_{AGBelastung} \tag{69}$$

$$n_{Arbeitsstd.,Typ(Pers.)}^{Jahr} = \left(n_{Arbeitstage}^{Jahr} - n_{Urlaub,Typ(Pers.)}^{Jahr}\right) * n_{Arbeitsstunden,Typ(Pers.)}^{Tage} * (1 - s_{krank}) \quad (70)$$

$$K = Personalkostensatz\ je\ Jahr\ und\ Stunde, brutto\ sowie\ netto\ je\ Personaltyp$$

$$n = Anzahl\ Arbeitsstunden, Arbeitstage, Urlaubstage\ je\ Jahr\ und\ Personaltyp$$

$$X_{AGBelastung} = Zuschlag\ Arbeitgeberbelastung$$

$$s_{krank} = Krankenquote$$

Die Betriebsstunden des Produktionssystems ergeben sich aus den jährlichen Betriebstagen, den Schichten pro Tag und den Stunden pro Schicht.

$$t_{Betriebsstunden}^{Jahr} = n_{Betriebstage}^{Jahr} * n_{Schichten}^{Betriebstag} * n_{Betriebsstunden}^{Schicht} \quad (71)$$

$$t = Betriebsstunden\ Produktionssystem$$

$$n = Anzahl\ Betriebstage, Schichten\ pro\ Tag\ und\ Stunden\ pro\ Schicht$$

5.1.3.3 Auslegung des Produktionssystems

Die Auslegung des Produktionssystems besteht aus der Ermittlung der Fertigungslinienanzahl und der Auslastung je Produktionsschritt. Die Anzahl paralleler Fertigungslinien je Produktionsschritt ergibt sich dabei aus dem Quotienten des Produktionsbedarfes und der Leistungsfähigkeit je Fertigungslinie des Produktionsschrittes, siehe Formel (72). Die mittlere Auslastung $U_{i(SUB)}$ ist mittels Gesamtkapazität und Produktionsbedarf zu ermitteln, Formel (73).

$$L_{i(SUB)} = \left\lceil \frac{B_{i(SUB)}}{D_{i(SUB)} * 60\frac{min}{h} * t_{Betriebsstunden}^{Jahr}} \right\rceil \quad (72)$$

$$U_{i(SUB)} = \frac{B_{i(SUB)}}{D_{i(SUB)} * 60\frac{min}{h} * t_{Betriebsstunden}^{Jahr} * L_{i(SUB)}} \quad (73)$$

$$für\ alle\ i(SUB)$$

$$L = Anzahl\ paralleler\ Fertigungslinien\ je\ Produktionsschritt$$

$$U = Mittlere\ Auslastung\ je\ Produktionsschritt$$

5.1.4 Phase 1: Kostenmodell

Das Kostenmodell berechnet den Richtpreis von BZ-Systemen als Funktion ihrer Herstell- und Kapitalbindungskosten. Diese werden in ihre Kostenbestandteile zerlegt und auf bereits hergeleitete Parameter zurückgeführt. Die Berechnungen im Rahmen des Kostenmodells ermöglichen eine Auswertung unterschiedlicher Kostenarten je Ausbringung des modellierten Produktionssystems. Abbildung 5.11 zeigt dies beispielhaft durch Abbildung des Richtpreises und der Herstellkosten, unterteilt in Fertigungs- und Materialkosten, für unterschiedliche Produktionsvolumen.

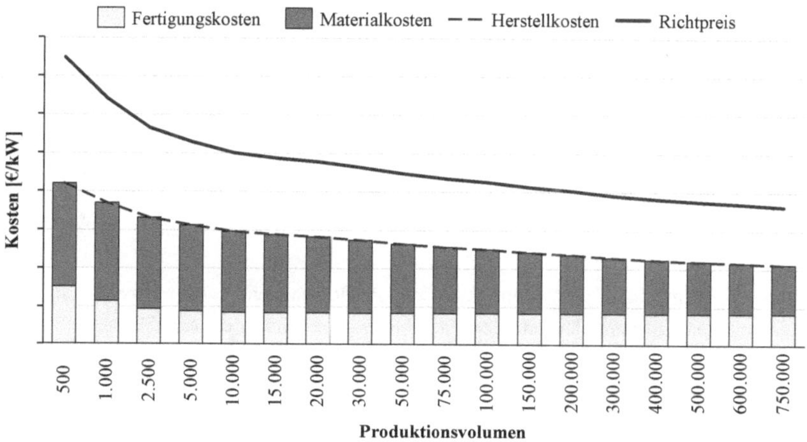

Abbildung 5.11: Modellierung unterschiedlicher Kostenarten pro Brennstoffzellensystem je Produktionsvolumen

5.1.4.1 Detaillierung des Richtpreises

Der Richtpreis eines Produktes stellt den Preis dar, für den ein Unternehmen ein Produkt bei Deckung aller Kosten verkaufen kann. Die Kosten bestehen dabei zunächst aus Selbstkosten und Bruttogewinn, siehe Formel (74).

$$K_{Richtpreis}^{Sys} = K_{Selbstkosten}^{Sys} + K_{Bruttogewinn}^{Sys} \tag{74}$$

$$K = Richtpreis, Selbstkosten, Bruttogewinn$$

Die Selbstkosten beinhalten die Herstellkosten und Kosten für Vertrieb, Verwaltung sowie Forschung- und Entwicklung, siehe Formel (75). Die drei letztgenannten werden mit einem Zuschlagssatz zu den Herstellkosten erfasst. Der Betrag dieser Zuschlagssätze kann anhand von Gewinn-und-Verlust-Rechnungen vergleichbarer börsennotierter Unternehmen ermittelt werden.

$$K_{Selbstkosten}^{Sys} = K_{Herstell}^{Sys} * \left(1 + X_{Vetrieb} + X_{Verwaltung} + X_{F\&E}\right) \tag{75}$$

$$K = Selbstkosten, Herstellkosten$$

$$X = Zuschlag\ Vertriebs-, Verwaltungs-\ und\ F\&E-Kosten$$

Der Bruttogewinn besteht aus kalkulatorischem Gewinn und Steuern. Während der kalkulatorische Gewinn einer angemessenen Verzinsung des im Unternehmen gebundenen Kapitals entspricht, ist der Steuersatz durch das jeweils gültige Rechtssystem vorgegeben und reduziert den Bruttogewinn auf den kalkulatorischen Gewinn.

$$K_{Bruttogewinn}^{Sys} = K_{Kapitalbindung}^{Sys} * \frac{X_{Zins}}{1 - X_{Steuer}} \quad (76)$$

$$K = Bruttogewinn, Kapitalbindungskosten$$

$$X = Zuschlag\ Verzinsung\ gebundenen\ Kapitals, Steuersatz$$

Es wird ersichtlich, dass der Richtpreis eine Funktion der Herstell- und Kapitalbindungskosten ist. Diese werden im Folgenden erläutert.

5.1.4.2 Detaillierung der Herstellkosten

Die Herstellkosten bilden die Summe aus Fertigungslohnkosten, Sondereinzelkosten, Fertigungsgemeinkosten, Materialeinzelkosten und Materialgemeinkosten, siehe Formel (77). Die Berechnung der Kosten je Kostenart wird nachfolgend hergeleitet. Jährliche Gesamtkosten werden dabei gleichmäßig auf die netto produzierten Brennstoffzellensysteme verteilt.

$$K_{Herstell}^{Sys} = \sum_{x} K_{x}^{Sys} = \sum_{i(SUB)} K_{x,i(SUB)}^{Sys}\ für\ alle\ i(SUB) \quad (77)$$

$$x \in [Lohn; Sonder; FertGemein; MatEinzel; MatGemein]$$

Die Fertigungslohnkosten ergeben sich aus dem Personalbedarf für die betriebenen Fertigungslinien. Berücksichtigung finden dabei die unterschiedlichen Personaltypen und die berechnete Auslastung je Fertigungslinie.

$$K_{Lohn,i(SUB)}^{Sys} = \sum_{Typ(Pers.)} \left(n_{Typ(Pers.),i(SUB)}^{Linie} * \frac{L_{i(SUB)} * U_{i(SUB)} * t_{Betriebsstunden}^{Jahr}}{B_{(Sys)}(netto)} * K_{Typ(Pers.)}^{Arbeitsstunde}(brutto) \right) \quad (78)$$

$$K = Fertigungslohnkosten$$

$$n = Anzahl\ Personen\ je\ Personaltyp, Produktionsschritt\ und\ Linie$$

Sondereinzelkosten sind nicht zwingend Teil der Kostenmodellierung. Im Rahmen des techno-ökonomischen Modells können diese je Produktionsschritt festgesetzt werden, sind jedoch nicht per Formel definiert. Es können pauschale Kostensätze für beispielsweise Lizenz-, Patent- und Softwarekosten angenommen und in die Berechnung miteinbezogen werden.

Die Fertigungsgemeinkosten werden als Summe von Hilfslöhnen, Instandhaltungskosten, Energiekosten, Abschreibungen und Kosten für die Gebäudenutzung bestimmt. Es folgt die Angabe der jeweiligen Berechnungsformeln.

Als Hilfslöhne gelten Lohnkosten für Aufsicht, Vorarbeit, werksinternen Transport, Gebäudemanagement und weitere Unterstützungsarbeiten. Nach CLARK ET AL. stehen diese Kosten in einem festen Verhältnis zu den direkten Lohnkosten (Fertigungslohnkosten).[431] Die Hilfslöhne

[431] Vgl. Dieter (Materials Selection and Design), 1997, S. 587.

werden somit als Zuschlag zu den bereits berechneten Fertigungslohnkosten modelliert, siehe Formel (79).

$$K^{Sys}_{Hilfslöhne,i(SUB)} = K^{Sys}_{Lohn,i(SUB)} * X_{Pers.} \tag{79}$$

$$K = Hilfslohnkosten, Fertigungslohnkosten$$

$$X = Zuschlag\ Hilfslohn$$

Nach DIETER ET AL. sind die Instandhaltungskosten abhängig von den Investitionskosten für die jeweiligen Anlagen. Die Autoren gehen davon aus, dass teurere Maschinen höhere Instandhaltungskosten verursachen als günstigere Maschinen.[432] Es werden folglich die Instandhaltungskosten als fester Anteil der Investitionskosten bestimmt, siehe Formel (80).

$$K^{Sys}_{Instandhaltung,i(SUB)} = \frac{K^{Linie}_{Investition,i(SUB)} * L_{i(SUB)} * X_{Wartung}}{B_{(Sys)}(netto)} \tag{80}$$

$$K = Instandhaltungskosten, Investitionskosten$$

$$X = Zuschlag\ Wartungskosten$$

Die Energiekostenbestimmung erfolgt näherungsweise über den Energiebedarf und die Betriebszeiten der jeweiligen Fertigungsanlagen, da eine exakte Bestimmung der benötigten Energiemengen einer noch nicht bestehenden Produktion nach DIETER ET AL. nahezu unmöglich ist.[433] Formel (81) zeigt die Berechnung der Energiekosten in Abhängigkeit vom Energiebedarf, der Leistungsfähigkeit, der Auslastung, der Betriebsstunden, dem netto-Produktionsvolumen und dem Energiekostensatz.

$$K^{Sys}_{Energie,i(SUB)} = E^{Linie}_{i(SUB)} * L_{i(SUB)} * \frac{U_{i(SUB)} * t^{Jahr}_{Betriebsstunden}}{B_{(Sys)}(netto)} * X_{Energie} \tag{81}$$

$$K = Energiekosten$$

$$E = Energieverbrauch\ je\ Fertigungslinie$$

$$X = Energiekostensatz$$

Abschreibungen für einen Produktionsschritt ergeben sich aus den für diesen aufgewendeten Investitionskosten und der steuerlich festgelegten Abschreibungsdauer. Formel (82) zeigt die zugrundeliegende Berechnung.

---

[432] Vgl. Dieter (Materials Selection and Design), 1997, S. 587.
[433] Vgl. Dieter (Materials Selection and Design), 1997, S. 586.

$$K^{Sys}_{Abschreibungen,i(SUB)} = \frac{K^{Linie}_{Investition,i(SUB)} * L_{i(SUB)}}{X_{Abschreibung} * B_{(Sys)}(netto)} \tag{82}$$

$$K = Abschreibungs- \text{ und } Investitionskosten$$

$$X = Abschreibungsdauer$$

Die Kosten für die Gebäudenutzung setzen sich aus Flächentyp, Flächenbedarf eines Produktionsschrittes je Flächentyp und den jeweiligen Kostensätzen zusammen. Die unterschiedlichen Flächentypen können beispielsweise durch Medienausstattung, Schutzklasse, Lüftungsanlagen oder ähnliche Merkmale definiert sein und unterliegen je nach Definition unterschiedlichen Kostensätzen. Formel (83) zeigt die Berechnungsformel für die Kosten der Gebäudenutzung in Abhängigkeit des Flächenbedarfes nach Typ je Fertigungslinie, der Leistungsfähigkeit, dem netto-Produktionsvolumen und dem Flächenkostensatz.

$$K^{Sys}_{Gebäude,i(SUB)} = \sum_{Typ(Fläche)} \left[\frac{A^{Linie}_{Typ(Fläche),i(SUB)} * L_{i(SUB)} * X_{Fläche}}{B_{(Sys)}(netto)}\right] \tag{83}$$

$$K = Kosten\ für\ Gebäudenutzung$$

$$A = Flächenbedarf\ je\ Produktionsschritt\ und\ Flächentyp$$

$$X = Flächenkostensatz\ je\ Flächentyp$$

Die Materialeinzelkosten ergeben sich aus den jährlich eingesetzten Rohmaterialien und Komponenten je Produktionsschritt und den damit verbundenen Einkaufspreisen. Diese Einkaufspreise sind üblicherweise abhängig von der Abnahmemenge (siehe Kapitel 2.3.4). Ähnlich zu den Ausführungen von WEI ET AL. wird die Entwicklung der Einkaufspreise je Abnahmemenge im vorliegenden Modell mittels logarithmischer Regressionsfunktion bestimmt.[434] Die entsprechende Funktion kann durch zuvor eingeholte Preispunkte und einer mit der Abnahmemenge konstant oder degressiv fallenden Trendlinie modelliert werden.

$$K^{Sys}_{Materialeinzel,i(SUB)} = \sum_{VO_{Kom}=i(SUB)} \left[\frac{B^{Jahr}_{KOM}(brutto) * f_{KOM}\left(B^{Jahr}_{KOM}\right)}{B_{(Sys)}(netto)}\right] \tag{84}$$

$$B^{Jahr}_{KOM}(brutto) = \begin{cases} B_{VO_{KOM}}(brutto) * n^{SUB}_{KOM}(brutto); SUB(VO_{KOM}) \in [Sys; St] \\ B_{VO_{KOM}}(brutto) * m^{BPP}_{KOM}(brutto); SUB(VO_{KOM}) = BPP \\ B_{VO_{KOM}}(brutto) * A^{MEA}_{KOM}(brutto); SUB(VO_{KOM}) = MEA \end{cases} \tag{85}$$

$$K = Materialeinzelkosten$$

$$f(B) = Einkaufspreisfunktion\ in\ Abhängigkeit\ von\ Abnahmemenge$$

$$VO_{Kom} = Verbrauchsort\ der\ Komponente$$

Die Materialgemeinkosten werden proportional zu den Materialeinzelkosten bestimmt. Dies geschieht analog zur Vorgehensweise bei der Bestimmung der Vertriebs-, Verwaltungs-, Forschungs- und Entwicklungskosten, siehe Formel (86).

[434] Vgl. Wei et al. (A Total Cost of Ownership Model for PEMFC), 2014, S. 20.

$$K^{Sys}_{Materialgemein,i(SUB)} = K^{Sys}_{Materialeinzel,i(SUB)} * X_{MatGemein} \tag{86}$$

$$K = Materialgemeinkosten, Materialeinzelkosten$$

$$X = Zuschlag\ Materialgemeinkosten$$

5.1.4.3 Detaillierung der Kapitalbindungskosten

Die Kapitalbindungskosten beschreiben eine angemessene Verzinsung des im Unternehmen gebundenen Kapitals. Dieses setzt sich aus Anlage- und Betriebskapital zusammen. Dabei entspricht das Anlagekapital den getätigten Investitionen zum Aufbau des Produktionssystems und es wird unter Berücksichtigung von Reinvestitionen als konstant angenommen. Das Betriebskapital entspricht dem Wert von bereits hergestellten, aber noch nicht verkauften Produkten sowie der Komponenten und Materialien im Lager. Nach vereinfachter Annahme von CLARK ET AL. entspricht das Betriebskapital meist den laufenden Kosten von einem bis drei Betriebsmonaten.[435] Es ergibt sich Formel (87) zur Berechnung der Kapitalbindungskosten, abhängig vom Anlage- und Betriebskapital. Das Betriebskapital ergibt sich zu Formel (88).

$$K^{Sys}_{Kapitalbindung} = \sum_{i(SUB)} \left[\frac{K^{Linie}_{Investition,i(SUB)} * L_{i(SUB)}}{B_{(Sys)}(netto)} + \frac{X_{Betriebskapital}}{12 \frac{Monate}{Jahr}} * K^{Sys}_{Betrieb} \right] \tag{87}$$

$$K^{Sys}_{Betrieb} = K^{Sys}_{Lohn,i(SUB)} * (1 + X_{Pers.}) + K^{Sys}_{Energie,i(SUB)} + K^{Sys}_{Materialeinzel,i(SUB)} * (1 + X_{MatGemein}) \tag{88}$$

$$K = Kapitalbindungs-, Investitions-, Betriebs-, Lohn-, Energie-\ und\ Materialeinzelkosten$$

$$X = Zuschlag\ Hilfslohn, Materialgemeinkosten$$

5.1.5 Zusammenfassung des Initiierungsmoduls

Das Initiierungsmodul dient der Modellierung der Kosten entsprechend des durch Anwendende der Methodik definierten Produktes und Produktionssystems. Dazu wurden in Anlehnung an das Process Based Cost Modeling ein Prozess-, Betriebs- und Kostenmodell erstellt. Das Prozessmodell beinhaltet die Definition des Produktes, der Prozesskette und der Kapazitäten. Im Betriebsmodell werden das Brutto-Produktionsvolumen sowie die Anzahl paralleler Fertigungslinien bestimmt. Das Kostenmodell berechnet den Richtpreis des Produktes als Funktion der Herstell- und Kapitalbindungskosten. Diese wiederum basieren auf den technischen Parametern der vorigen Modelle. Das Initiierungsmodul ermöglicht durch eine flexible Berechnungsstruktur eine detaillierte Betrachtung unterschiedlicher Kostenarten, resultierend aus technischen Kenngrößen.

---

[435] Vgl. Busch (Technical Cost Modeling of Plastics Fabrication Processes), 1987, S. 31f.

5.2 Detaillierung des Analysemoduls

Detailing the analysis module

Übergeordnetes Ziel des Analysemoduls ist es, gemäß der ersten Teilforschungsfrage die Hauptkostentreiber des in Phase 1 der Methodik modellierten Produktionssystems nachvollziehbar aufzudecken. Dazu werden drei Teilziele verfolgt: Erstens sind die größten Kostenbestandteile des BZ-Systems zu identifizieren (Phase 2 der Methodik, Kapitel 5.2.1). Zweitens wird ein theoretisch zu erreichender Kostenzielwert definiert (Phase 3 der Methodik, Kapitel 5.2.2). Drittens sind diejenigen Parameter auszumachen, die den größten Einfluss auf die Kosten der BZ-Systeme haben (Phase 4 der Methodik, Kapitel 5.2.3). Da sich die Kostentreiber je BZ-Systemkonfiguration unterscheiden können, liegt ein besonderer Fokus auf der Nachvollziehbarkeit und der Handhabbarkeit des Analysemoduls. Abbildung 5.12 zeigt die Phasen des Analysemoduls zur Beantwortung der ersten Teilforschungsfrage.

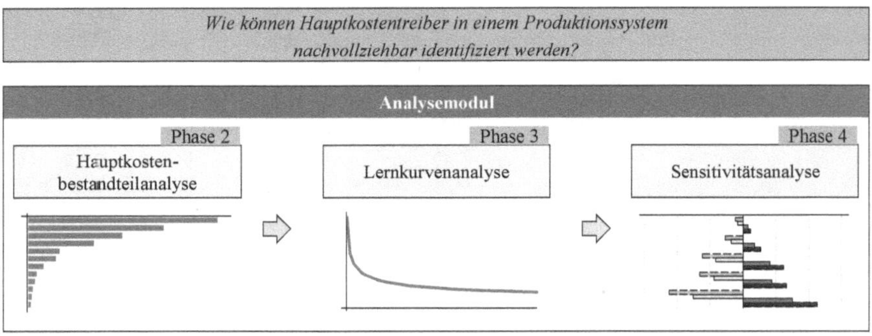

Abbildung 5.12: Zugrundeliegende Teilforschungsfrage und Phasen des Analysemoduls

5.2.1 Phase 2: Hauptkostenbestandteilanalyse

Zielsetzung der zweiten Phase der Methodik ist die Ermittlung der höchsten Kostenwerte innerhalb der modellierten BZ-Systemkostenstruktur. Dazu werden die BZ-Systemkosten zunächst auf Subkomponentenebene dargestellt. Anschließend erfolgt die Darstellung der Subkomponentenkosten je Produktionsschritt. Schließlich werden die Produktionsschritte entsprechend ihres Kostenanteils der Größe nach angeordnet und durch zusätzliche Definition einer Kostengrenze die höchsten Kostenwerte innerhalb des modellierten Produktionssystems sichtbar gemacht. Auf diese Weise findet eine erste Eingrenzung des Betrachtungsbereiches zur Identifikation von Maßnahmen zur Nutzung von Skaleneffekten statt. Abbildung 5.13 fasst die Charakteristika der Hauptkostenbestandteilanalyse zusammen. Die einzelnen Schritte innerhalb des Vorgehens werden nachfolgend erläutert.

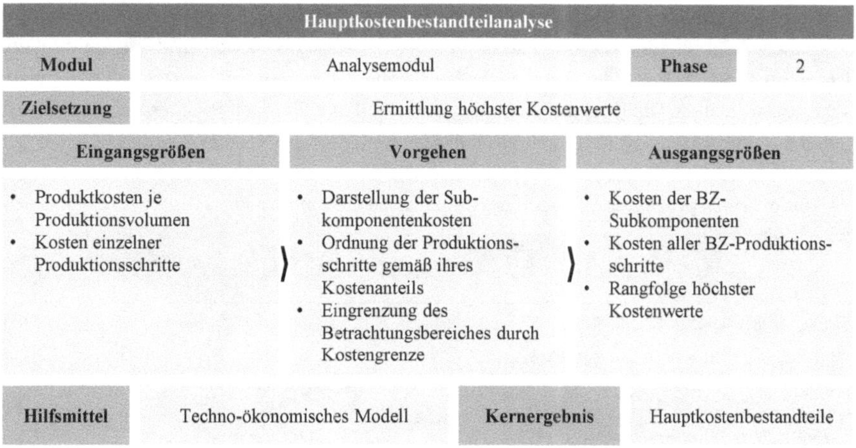

Abbildung 5.13: Hauptkostenbestandteilanalyse (Phase 2)

Die Darstellung der Subkomponentenkosten dient der ersten Eingrenzung des Betrachtungsbereiches. Abbildung 5.14 zeigt beispielhaft die relative Verteilung der Kostenarten Fertigungskosten, Materialkosten, Kapitalbindungskosten und anderen Kosten[436] je BZ-Subkomponente. Hier wird deutlich, dass die Fertigungskosten innerhalb der BPP- und BZ-Stackproduktion am größten sind, während MEA- und Systemproduktion zu einem wesentlichen Teil aus Materialkosten bestehen. Diese Aufschlüsselung ermöglicht Anwendenden, entsprechend dem individuellen Untersuchungsschwerpunkt eine Vorauswahl für den Betrachtungsbereich zu treffen. Liegt die Kernkompetenz der Anwendenden beispielsweise im Qualitätsmanagement, können Komponenten mit hohem Materialkostenanteil aufgrund der Notwendigkeit geringer Ausschussraten von besonderer Relevanz sein.

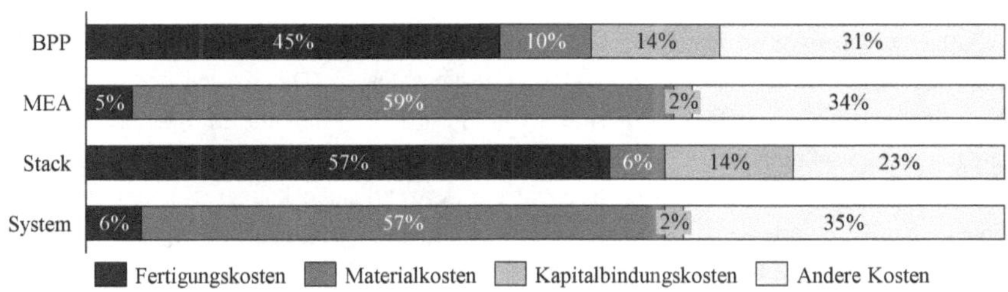

Abbildung 5.14: Prozentuale Kostenarten-Anteile der BZ-Subkomponenten

Im Anschluss erfolgt die Zuordnung der anfallenden Kosten zu einzelnen Produktionsschritten innerhalb der Subkomponentenproduktion. Es wird erkennbar, an welcher Stelle des Wertschöpfungsprozesses welche Kosten anfallen. Abbildung 5.15 zeigt beispielhaft die Kosten der einzelnen MEA-Produktionsschritte, unterteilt in Fertigungs- und Materialkosten. Einzelne

---

[436] Andere Kosten verkörpern hier Forschungs-, Entwicklungs-, Vertriebs- und Verwaltungskosten sowie Steuern.

Schritte fallen durch erhöhte Kosten auf und kommen somit für eine nähere Betrachtung in Frage. Zur Identifikation der Hauptkostenbestandteile der modellierten BZ-Systemproduktion ist innerhalb von Phase 2 die absteigende Anordnung der Kostenwerte einzelner Produktionsschritte vorgesehen. Die Kostenarten können auch hierbei individuell je Untersuchungsschwerpunkt ausgewählt werden. Als Hauptkostenbestandteile sind die Kostenwerte definiert, die sich innerhalb einer von Anwendenden gewählten Hauptkostenbestandteilgrenze befinden. Diese verkörpert einen prozentualen Anteil der kumulierten Gesamtkosten.

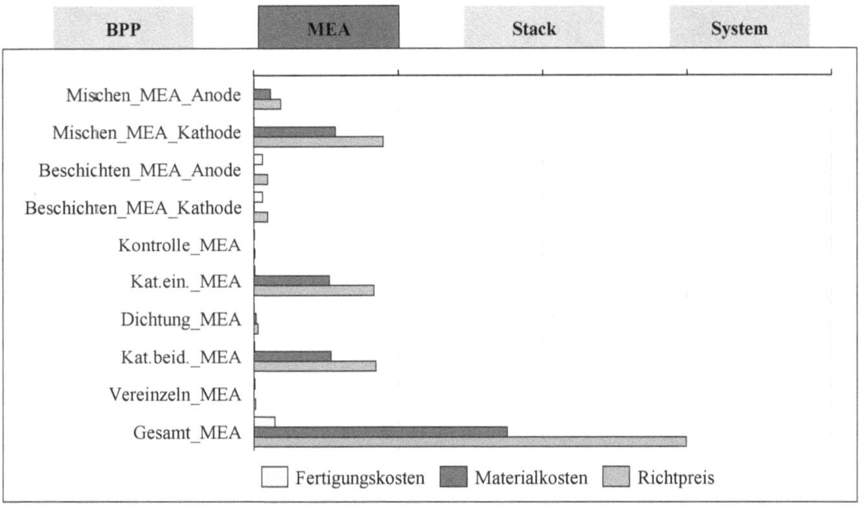

Abbildung 5.15: Beispielhafte Aufschlüsselung der MEA-Kosten nach Produktionsschritten

Abbildung 5.16 zeigt die Anordnung der Richtpreise aller BZ-Systemproduktionsschritte mit einer Hauptkostenbestandteilgrenze von 95%. Diese Produktionsschritte fallen im Rahmen der weiteren Vorgehensweise der Methodik in den engeren Betrachtungsbereich. Alle anderen Produktionsschritte werden von der Betrachtung ausgeschlossen. Die Kosten der modellierten BZ-Systemproduktion sind nach Abschluss von Phase 2 der Methodik transparent. Es ist bekannt, welche Subkomponenten und welche Produktionsprozesse die höchsten Kostenwerte beinhalten. Je nach Untersuchungsschwerpunkt der Anwendenden können Kostenwerte unterschiedlicher Kostenarten ausgelesen werden. Zur Eingrenzung des Betrachtungsbereiches wird eine Hauptkostenbestandteilgrenze definiert, die von Anwendenden frei wählbar ist. Sämtliche Produktionsschritte innerhalb dieser Grenze werden in den nachfolgenden Phasen im Sinne möglicher Kostensenkungen betrachtet. Gemäß der vorliegenden Methodik folgt in der dritten Phase die Ermittlung eines Zielkostenwertes per Lernkurvenanalyse.

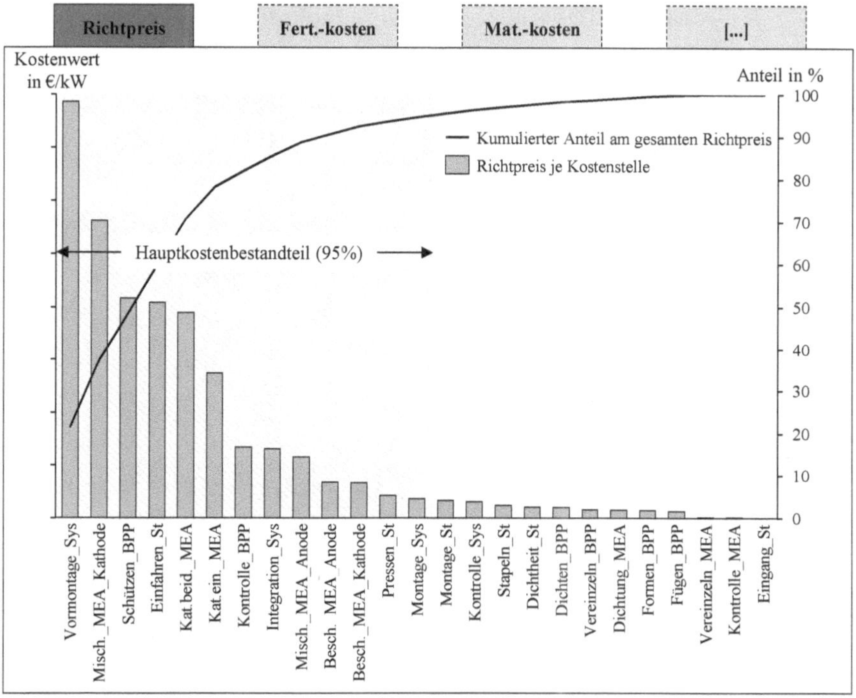

Abbildung 5.16: Auflistung der Produktionsschritte von BZ-Systemen, sortiert nach ihrem Richtpreisanteil

5.2.2 Phase 3: Lernkurvenanalyse

Ziel der Lernkurvenanalyse ist die Ermittlung von Kostenzielwerten, die im Rahmen der zugrundeliegenden Gap-Analyse als zu erreichende Entwicklungsgrenze gelten (siehe Kapitel 4.2.1). Hierzu werden der aus dem Initiierungsmodul resultierende Kostenwert, empirische Lernraten, prognostizierte Produktionsvolumen und ein spezifischer Betrachtungszeitraum als Eingangsgrößen benötigt. Während prognostizierte Produktionsvolumen sowie der Betrachtungszeitraum durch das Unternehmen der Anwendenden definiert werden, können empirische Lernraten der Literatur entnommen werden. Hierzu sollte sich an Veröffentlichungen zu ähnlichen Produkten orientiert werden. Für die PEM-Brennstoffzellenproduktion für mobile Anwendungen bieten sich Lernraten aus dem Bereich der stationären Brennstoffzellen oder anderen disruptiven Energiewandlungssystemen, beispielsweise der Photovoltaikindustrie, an. Die Veröffentlichungen von WEI ET AL. sowie RUBIN ET AL. können als Anhaltspunkte dienen.[437,438] Innerhalb von Phase 3 werden darüber hinaus die jährlich produzierten Stückzahlen im Betrachtungszeitraum abgeschätzt, die Lernfunktion definiert und die resultierenden Kostenwerte je Jahr dargestellt. Diese dienen anschließend als Orientierungshilfe zur Einführung technischer

[437] Vgl. Wei et al. (Experience Curve and Cost Reduction for Fuel Cell Markets), 2017, S. 354.
[438] Vgl. Rubin et al. (A Aeview of Learning Rates for Electricity Supply Technologies), 2015, S. 201.

Maßnahmen. Abbildung 5.17 fasst die wesentlichen Eigenschaften der Lernkurvenanalyse zusammen.

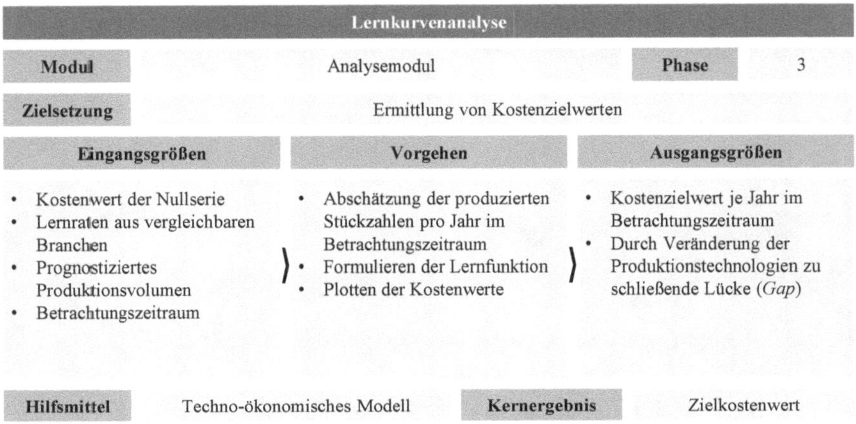

Abbildung 5.17: Lernkurvenanalyse (Phase 3)

Im Rahmen der Lernkurvenanalyse wird der Einfluss von organisationalem Lernen auf eine Zielgröße untersucht. Als Zielgrößen kommen sämtliche Parameter in Frage, für die eine kontinuierliche Verbesserung durch Lerneffekte denkbar ist. Beispielsweise können Zyklus- und Ausfallzeiten sowie Ausschussraten untersucht werden.[439] Innerhalb des vorliegenden Modells werden nach diesem Vorbild die Zykluszeiten und Fehlteilraten für die Lernkurvenanalyse verwendet. Zur Lernkurvenmodellierung wird eine nach oben und unten begrenzte logarithmische Kurve verwendet, siehe Formel (89).[440]

$$Y_t = \min(\max(Y_0 * V_t^{-b}; Y_{min}); Y_{max}) \tag{89}$$

$$Y_t = Wert\ des\ Eingabeparameters\ zum\ Zeitpunkt\ t$$

$$V_t = relatives\ Produktionsvolumen\ bis\ zum\ Zeitpunkt\ t$$

$$b = Lernrate$$

$$Y_{min} \mid Y_{max} = Minimale\ bzw. maximale\ Ausprägung\ des\ Eingabeparameters$$

Bei dieser Analyse wird zwischen vier Freiheitsgraden unterschieden: Der Einfluss von verschiedenen Parametergruppen, wechselnden Lernraten, unterschiedlichen Betrachtungszeiträumen und wechselnden Produktionsmengen auf eine Kostenposition. Dabei ist innerhalb einer einzelnen Betrachtung jeweils ein zweidimensionaler Untersuchungsraum möglich. Zum Beispiel kann der Unterschied zweier Lernraten bei wachsendem Produktionsvolumen auf eine bestimmte Kostenposition evaluiert werden. Abbildung 5.18 zeigt den Verlauf des gewählten Kostenwertes für einen Zeitraum von 10 Jahren bei einer Startausbringung von 1.000 BZ-Systemen pro Jahr. Der Wachstumsfaktor gibt die jährliche Steigerung der Produktionsmenge

[439] Vgl. Nadeau et al. (A Dynamic Process-Based Cost Modeling Approach), 2010, S. 223.
[440] Vgl. Nadeau et al. (A Dynamic Process-Based Cost Modeling Approach), 2010, S. 228.

innerhalb des simulierten Produktionssystems an. In diesem Falle wird diese jährlich um 65% gesteigert. Diese Abbildung zeigt aufgrund der fehlenden Lernrate den Kostenwert, der ohne größere Veränderungen im Unternehmen innerhalb des simulierten Produktionssystems auftreten wird. Dieser Wert wird im Rahmen der Gap-Analyse auch als Basisgeschäft bezeichnet, siehe Kapitel 4.2.1.[441]

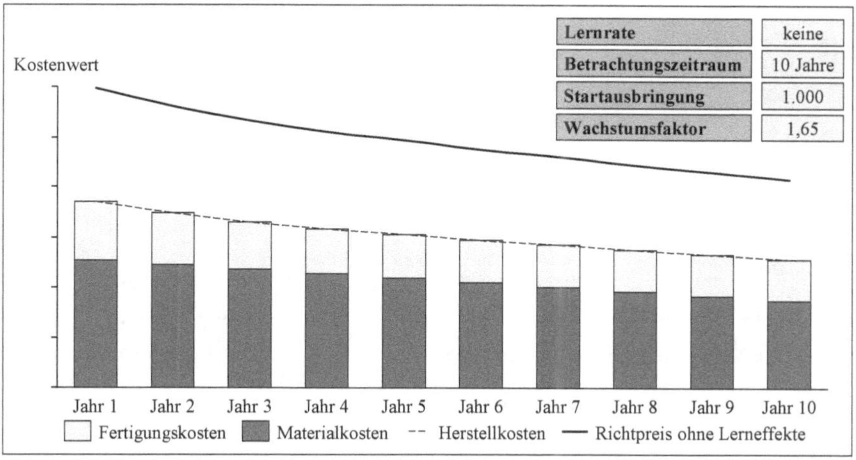

Abbildung 5.18: Richtpreis als Ist-Kostenwert für vorgegebenen Betrachtungszeitraum

Theoretisch erreichbare Kostenwerte werden in Abbildung 5.19 gezeigt. Bei gleichen Werten für Betrachtungszeitraum, Startausbringung und Wachstumsfaktor wird eine Lernrate von 21% angenommen, wodurch eine stark erhöhte Kostensenkung, insbesondere innerhalb der Fertigungskosten, erkennbar wird. Ein Wert für die Lernrate kann zum Beispiel aus empirischen Betrachtungen anderer Branchen ermittelt werden. Die berechneten Kostenwerte werden im Rahmen dieser Methodik als Kostenzielwerte bezeichnet.

[441] Vgl. Kreikebaum et al. (Strategisches Management), 2018, S. 216.

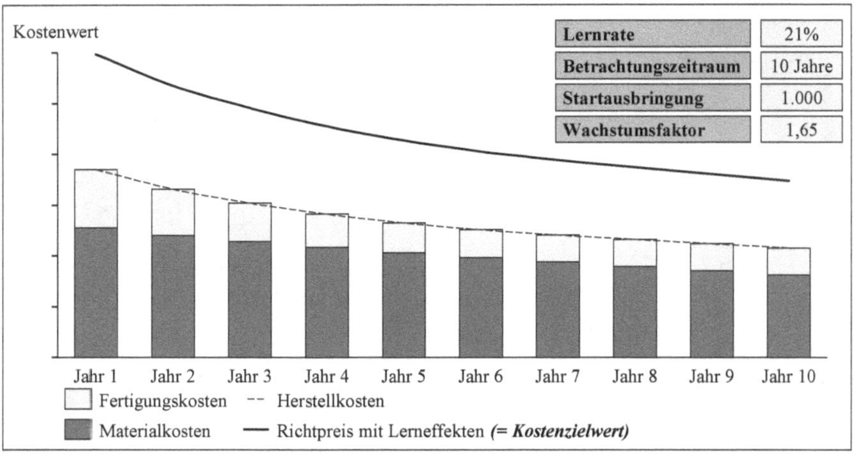

Abbildung 5.19: Lernkurve als Kostenzielwert für vorgegebenen Betrachtungszeitraum

Um die Differenz zwischen Ist-Kostenwerten und Kostenzielwerten zu ermitteln, werden die beiden Kurven gemeinsam innerhalb eines Diagrammes dargestellt, siehe Abbildung 5.20. Diese Differenz wird im Rahmen der Methodik auch als Lücke (engl. Gap) bezeichnet. Diese Lücke ist innerhalb der nachfolgenden Phasen der Methodik durch Veränderung der verwendeten Produktionstechnologien zu schließen. Hierbei gilt es, Veränderungen mit dem größten Einfluss auf den Ist-Kostenwert zu identifizieren. Im Rahmen der nachfolgenden Sensitivitätsanalyse werden entsprechende Produktionsschritte ermittelt.

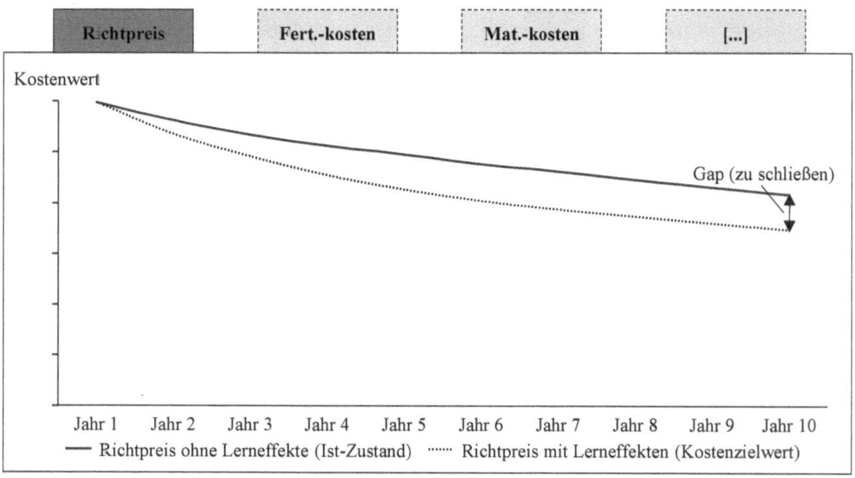

Abbildung 5.20: Vergleich von Ist-Kostenwert mit Kostenzielwert

5.2.3 Phase 4: Sensitivitätsanalyse

Ziel der vierten Phase der Methodik ist die Identifikation zu optimierender Parameter innerhalb des simulierten Produktionssystems. Eine Sensitivitätsanalyse kann in diesem Zusammenhang dazu beitragen, technische Parameter mit dem größten Einfluss auf gegebene Kostenstrukturen zu ermitteln. Hierzu werden ein oder mehrere Eingabeparameter systematisch um ein Sensitivitätsintervall variiert und resultierende Auswirkungen auf eine Zielvariable dargestellt. Um den Rechenaufwand der Sensitivitätsanalyse gering zu halten, werden ausschließlich die Produktionsschritte innerhalb der Hauptkostenbestandteilgrenze für eine Betrachtung herangezogen (siehe Kapitel 5.2.1). Während der Durchführung der Sensitivitätsanalyse erfolgt die Festlegung des Sensitivitätsintervalls und die Identifikation derjenigen Parameter, die den größten Einfluss auf die Kostenstruktur der BZ-Systeme haben. Phase 4 ist abgeschlossen, wenn die zur Erreichung des in der Lernkurvenanalyse ermittelten Kostenzielwertes notwendigen Prozessparameteränderungen herausgestellt wurden.

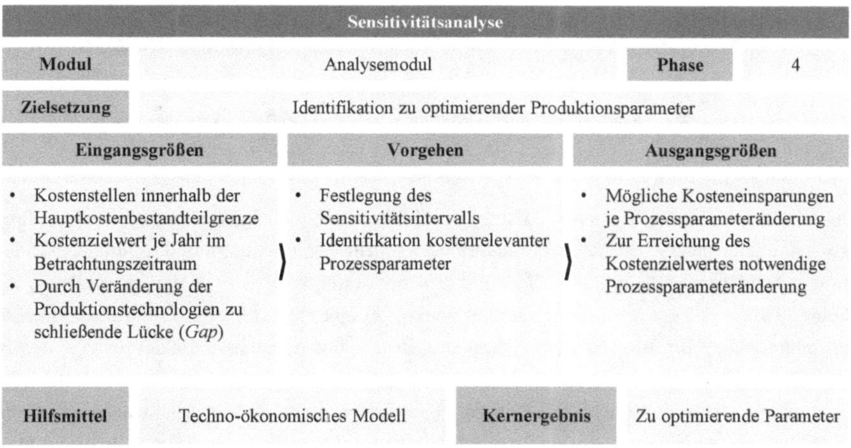

Abbildung 5.21: Sensitivitätsanalyse (Phase 4)

Das Vorgehen der Sensitivitätsanalyse in Phase 4 der Methodik wird im Folgenden erläutert. Ein Sensitivitätsintervall entspricht einer prozentualen Abweichung des betrachteten Prozessparameters gegenüber seinem ursprünglichen Wert. Eine Abweichung des Wertes in positive oder negative Richtung wird über das Vorzeichen des Sensitivitätsintervalls festgelegt. Abbildung 5.22 zeigt ein mögliches Ergebnis einer anhand des techno-ökonomischen Modells durchgeführten Sensitivitätsanalyse mit Intervallen zwischen $x_2^+, x_1^+, x_1^-, x_2^-$ mit $X \to \mathbb{R}$ und $X \subseteq \mathbb{R}^n$ in Form eines Tornado-Diagrammes, wobei x_n^+ als Wert mit positivem Vorzeichen und x_n^- als Wert mit negativem Vorzeichen definiert sind. Vor Beginn der Sensitivitätsanalyse sind diese Werte von Anwendenden auf Grundlage von Expert:innenmeinungen oder Erfahrungswerten festzulegen. Auszugsweise sind in der Abbildung sechs Prozessparameter aufgeführt, die jeweils unter Konstanthaltung der anderen Parameter variiert werden.[442]

[442] Vgl. Borgonovo (Sensitivity Analysis), 2017, S. 20ff.

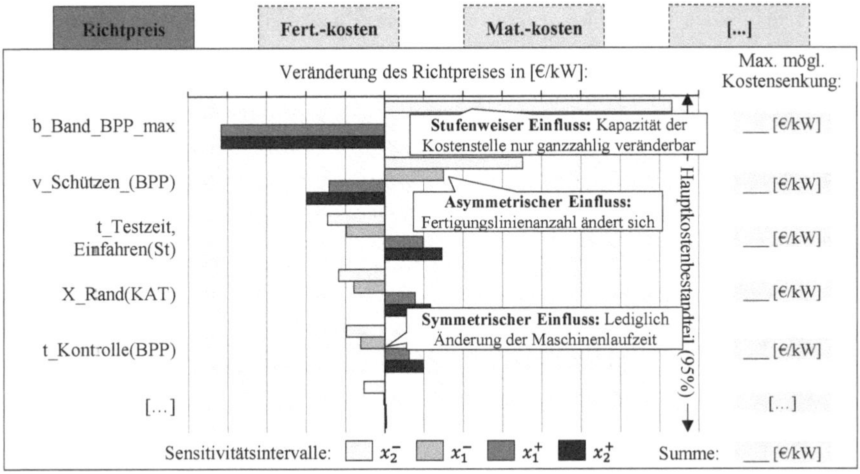

Abbildung 5.22: Ergebnis einer Sensitivitätsanalyse mit festgelegten Sensitivitätsintervallen

Aus der Darstellung geht hervor, dass die gewählten Sensitivitätsintervalle die jeweiligen Prozessparameter unterschiedlich beeinflussen. Der Einfluss einer Änderung des Parameters Fertigungsbandbreite BPP *b_Band_BPP_max* tritt nur stufenweise auf, da ein Intervall von x_1^+ keinen Effekt zeigt, während ein Intervall von x_2^+ zu einer signifikanten Änderung führt. Ein asymmetrischer Einfluss ist beim Parameter Beschichtungsgeschwindigkeit BPP *v_Schützen(BPP)* erkennbar: Hier schlägt eine Änderung des Parameters um x_2^- stärker aus als derselbe Wert mit positivem Vorzeichen. Dies ist darauf zurückzuführen, dass innerhalb dieses Intervalls eine Reduktion der Fertigungslinienanzahl durchgeführt werden kann und somit die Kapitalbindungskosten im Vergleich erheblich sinken. Ein symmetrischer Einfluss ist anhand der Dauer der Dichtheitsprüfung der BPP *t_Kontrolle(BPP)* erkennbar. An dieser Stelle steigt bzw. sinkt der Kostenwert für den Parameter in stetiger Form. Eine Änderung des Zeitaufwandes ist in eine direkte Kostenänderung überführbar. Im Rahmen der Methodik dieser Arbeit tragen Anwendende nach Durchführung der Sensitivitätsanalyse die maximal möglichen Kostensenkungen je betrachtetem Prozessparameter auf der rechten Seite von Abbildung 5.22 ein. Die Summe dieser Werte ergibt die insgesamt erzielbare Kostenersparnis für das modellierte Produktionssystem.

Die Sensitivitätsanalyse ist abgeschlossen, wenn sämtliche Prozessparameter der zu der Gruppe der Hauptkostenbestandteile gehörenden Produktionsprozesse analysiert wurden. Es folgt ein Vergleich der insgesamt erzielbaren Kostenersparnis mit dem in Phase 3 (siehe Kapitel 5.2.2) ermittelten Kostenzielwert. Innerhalb dieses Vergleiches können drei Fälle vorliegen, die durch Abbildung 5.23 verdeutlicht werden. Ist die maximal mögliche Kostensenkung K_{mm} kleiner als die zu schließende Kostenlücke G, so ist eine Anpassung der Rahmenbedingungen notwendig. Anwendende haben in diesem Falle erstens die Möglichkeit, die in Phase 2 definierte Hauptkostenbestandteilgrenze auszuweiten und somit die Anzahl betrachteter Produktionsprozesse zu erhöhen. Zweitens kann das in Phase 4 festgelegte Sensitivitätsintervall erhöht werden, wodurch die Anforderungen an eine Prozessoptimierung jedoch steigen. Drittens ist eine Korrektur des Kostenzielwertes durch eine Anpassung der Lernrate denkbar. Entspricht die mögliche Kostensenkung der zu schließenden Kostenlücke, so kann direkt in die Umsetzung des Gestaltungsmoduls übergegangen werden. Sofern K_{mm} größer als G ist, kann im Sinne einer Aufwandsersparnis die Hauptkostenbestandteilgrenze verkleinert werden. Beim Übergang in das Gestaltungsmodul fallen somit weniger Operationen zur Prozessoptimierung an.

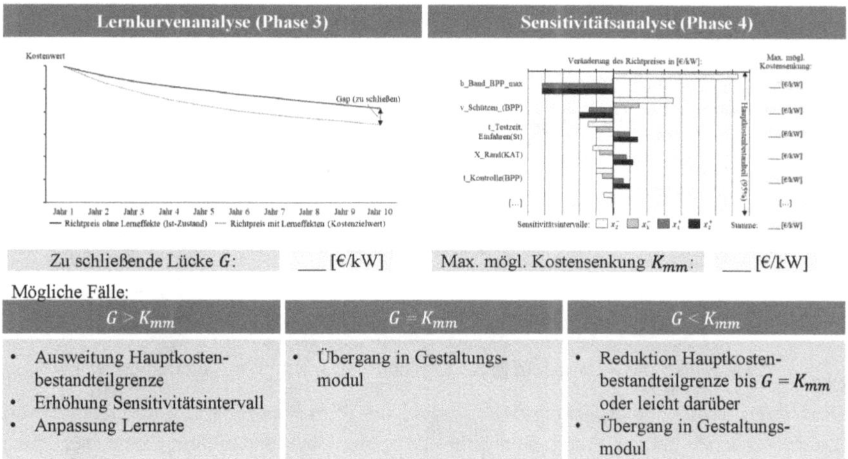

Abbildung 5.23: Vergleich der max. mögl. Kostensenkung mit der zu schließenden Kostenlücke

5.2.4 Zusammenfassung des Analysemoduls

Das Analysemodul dient zum einen der Festlegung eines quantitativen Zielwertes zur Kostensenkung des modellierten Produktes, zum anderen werden die wesentlichen Stellhebel zur Erreichung dieser Kostensenkung identifiziert. Die Hauptkostenbestandteilanalyse führt dabei zu einer Eingrenzung der betrachteten Produktionsschritte, während die Sensitivitätsanalyse den Einfluss der zugrundeliegenden technischen Parameter auf die Kosten untersucht und dementsprechend der Größe nach einordnet. Die Lernkurvenanalyse ermöglicht die Definition eines Zielkostenwertes, der im Rahmen der zugrundeliegenden Gap-Analyse erforderlich ist. Auf Grundlage des Analysemoduls werden Handlungsfelder abgeleitet, für die im nachfolgenden Gestaltungsmodul technische Änderungsmaßnahmen entwickelt werden.

5.3 Detaillierung des Gestaltungsmoduls

Detailing the design module

Ziel des Gestaltungsmoduls ist die Ableitung technischer Änderungsmaßnahmen zur Auflösung von Hauptkostentreibern im vorliegenden Produktionssystem. Zur Erfüllung dieses Ziels sieht die vorliegende Methodik die drei Phasen Technologieoptimierung (Phase 5 der Methodik, Kapitel 5.3.1), Technologieadaptation (Phase 6 der Methodik, Kapitel 5.3.2) und Technologieneugestaltung (Phase 7 der Methodik, Kapitel 5.3.3) vor, siehe Abbildung 5.24. Im Rahmen von

Phase 5 werden Optimierungsmethoden aus der Literatur anhand von technischen Zielkriterien zur Verbesserung des betrachteten Produktionsschrittes ausgewählt und zur Ableitung von Optimierungsmaßnahmen genutzt. Phase 6 hat die Identifikation adaptierbarer Technologien anderer Branchen zum Ziel. Innerhalb von Phase 7 wird anhand eines strukturierten Kreativitätsprozesses ein individueller Lösungsansatz für eine innovative Technologie erzeugt. Das Gestaltungsmodul endet mit dem Vorhandensein mindestens einer technischen Änderungsmaßnahme für mindestens einen betrachteten Prozessparameter.

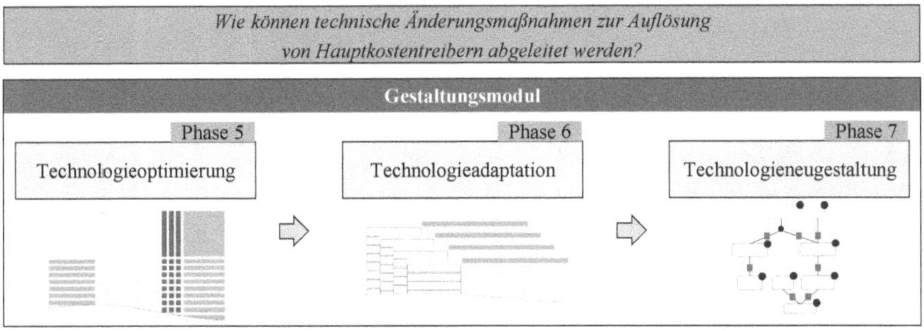

Abbildung 5.24: Zugrundeliegende Forschungsfrage für das Gestaltungsmodul

Die Umsetzung der drei genannten Phasen orientiert sich an einem übergeordneten Framework, das Anwendende bei der Entscheidung für oder gegen eine Durchführung einzelner Phasen unterstützt. Dies hat zum Ziel, dass das Gestaltungsmodul möglichst effizient durchlaufen werden kann. Zunächst ist zu bestimmen, ob die Grenze der betrachteten Technologie erreicht ist. Die Technologiegrenze ist hierbei entsprechend der Ausführungen von KLOCKE ET AL. als Rand eines Technologiefähigkeitsprofils in Richtung höherer Leistungskennwerte definiert.[443] Das Framework beginnt somit mit der Durchführung eines Prozesscontrollings nach HORATZEK, bei dem folgende Leistungskennzahlen des betrachteten Produktionsschrittes analysiert werden:[444]

- Blind- und Fehlleistungen (z. B. Ausschuss, Rückfragen)
- Prozessdurchlaufzeit (z. B. Liegezeit, Rüstzeit)
- Prozessqualität (z. B. Ausschuss, Nacharbeit)
- Weiche Faktoren (z. B. Prozesszufriedenheit des Personals)

Sofern mindestens eine dieser Kennzahlen aus Sicht der Anwendenden Optimierungsbedarf aufweist, sind die Grenzen der Technologie noch nicht erreicht. Folglich wird mit der Durchführung von Phase 5 begonnen. Weist keine der Kennzahlen Optimierungsbedarf auf, beginnen Anwendende direkt in Phase 6 der Methodik. Abbildung 5.25 zeigt diese Vorgehensweise im Rahmen einer Unified Modeling Language (UML) Darstellung. Nach Durchführung jeder Phase findet eine Vorbewertung der erarbeiteten Lösungen mit Hinblick auf das sich anschließende Bewertungsmodul (Kapitel 5.4) statt, während anschließend eine umfassende Dokumentation erfolgt. Nach Durchführung einer Phase ist durch Anwendende zu bewerten, ob die

[443] Vgl. Klocke et al. (Hybride Produktionssysteme), 2011, S. 488.
[444] Vgl. Horatzek (Toolbox Prozessmanagement), 2019, S. 27.

identifizierten Lösungen zur Erfüllung der Anforderungen des Analysemoduls ausreichend sind. Dies geht aus der Vorbewertung hervor. Da die Phasen 5 und 6 auf eigens erstellte Datenbanken (Optimierungskatalog und Technologiedatenbank, siehe Kapitel 5.3.1 und 5.3.2) zurückgreifen, ist ihr Lösungsraum begrenzt. Dies kann zur Folge haben, dass eine oder beide dieser Phasen keine anwendbare Maßnahme hervorbringen. In diesem Falle ist entsprechend des Frameworks unmittelbar in die nächste Phase überzugehen und so der Lösungsraum zu erweitern. Phase 7 beinhaltet aufgrund ihrer kreativen Herangehensweise einen unbegrenzten Lösungsraum und ist somit die letzte anwendbare Phase. An dieser Stelle ist in jedem Falle die Ableitung einer anwendbaren Maßnahme zur erwarten. Das Vorgehen innerhalb des Gestaltungsmoduls endet spätestens dann, wenn alle Phasen einmal durchlaufen wurden.

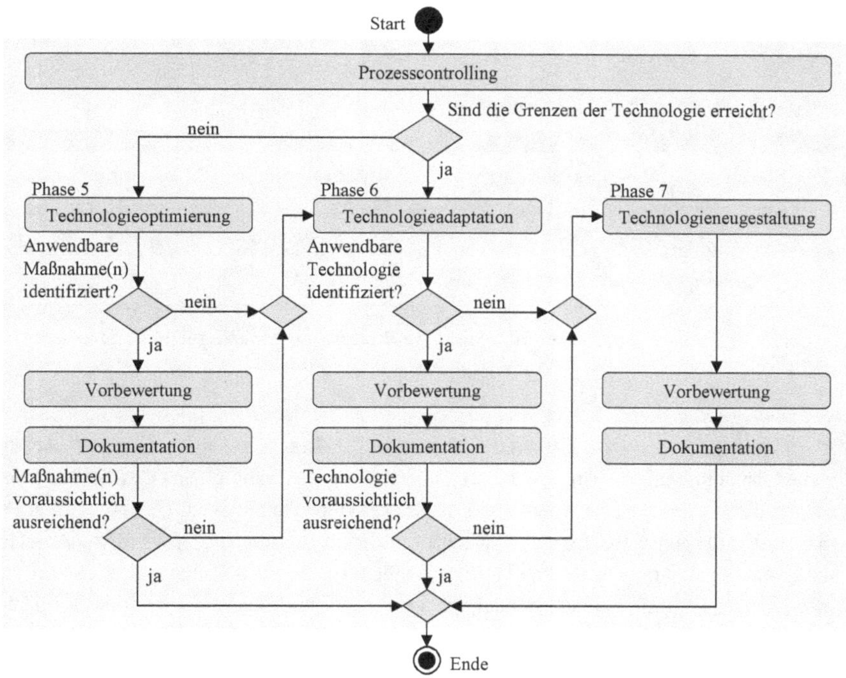

Abbildung 5.25: Framework zur Umsetzung des Gestaltungsmoduls

Darüber hinaus bestehen die Ergebnisse des Analysemoduls, wie in Kapitel 5.2 beschrieben, aus quantitativen Änderungen bestimmter Prozessparameter und voraussichtlich resultierender Kostensenkungen. Diese Vorgaben müssen zur Umsetzung innerhalb des Gestaltungsmoduls in Anforderungen übersetzt werden. Anwendenden muss im Sinne der Handhabbarkeit der Methodik außerdem bewusst sein, welche Produktionstechnologie je Prozessparameter zu verändern ist. Die Verfügbarkeit relevanter Informationen zur jeweiligen Produktionstechnologie ist dabei ebenfalls für die Handhabbarkeit der Methodik von Vorteil. In diesem Sinne wird je analysiertem Produktionsschritt ein Technologiesteckbrief erstellt, der diese Informationen zusammenfasst. Abbildung 5.26 stellt diesen beispielhaft dar.

Technologiesteckbrief

Produktionsschritt: Einfahren_St

Technologievisualisierung

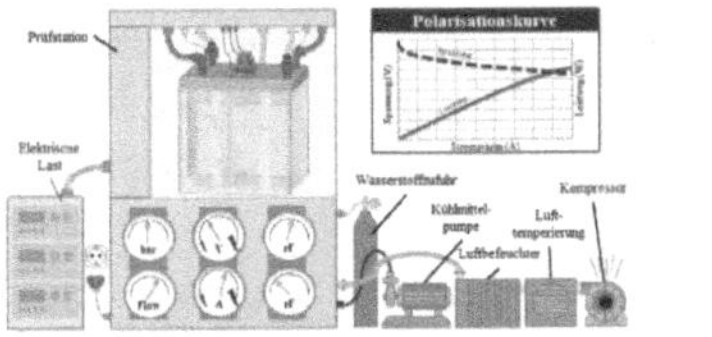

Technologieparameter		**Modelliert?**
Prozesszeit	[Sek.]	[Ja/Nein]
Elektrische Leistung	[kW]	[Ja/Nein]
Betriebsdruck	[bar]	[Ja/Nein]
Betriebstemperatur	[°C]	[Ja/Nein]
[...]	[...]	[Ja/Nein]

Technologiebeschreibung

Ziel	Erreichung der geforderten Leistungsfähigkeit des BZ-Stacks
Vorgehen	Betrieb des BZ-Stacks bei variierenden Parametern entsprechend vorgegebener Einfahrstrategie
Ergebnis	Entsprechend der Kundenanforderungen einsatzfähiger BZ-Stack

Qualitätsmerkmale		**Qualitätseinflüsse**	
Zellspannung	Leistungskennwert	Reinheit der Medien	Umgebungstemperatur
Stromdichte	[...]	Umgebungsdruck	[...]

Anforderungen aus Analysemodul

Reduktion der Prozesszeit um 25% [...]

Abbildung 5.26: Technische Informationen zur Produktionstechnologie im Rahmen eines Technologiesteckbriefes[445]

Der Technologiesteckbrief besteht aus einer Visualisierung der Produktionstechnologie sowie der Auflistung der wichtigen Parameter. Hierbei wird gekennzeichnet, ob die Parameter im Rahmen des Initiierungsmoduls modelliert wurden oder nicht. Es folgt eine Beschreibung der Technologie, die das Ziel des Produktionsschrittes zusammen mit dem dazu benötigten Vorgehen und dem gewünschten Ergebnis darstellt. In diesem Zusammenhang werden außerdem Qualitätsmerkmale und -einflüsse aufgeführt. Schließlich zeigt der Technologiesteckbrief die Anforderungen an das Gestaltungsmodul, die aus der Sensitivitätsanalyse des Analysemoduls resultieren. Sie werden in den Phasen des Gestaltungsmoduls adressiert. Es folgt die Beschreibung dieser Phasen.

5.3.1 Phase 5: Technologieoptimierung

Zielsetzung der Phase 5 ist die Bestimmung einer Optimierungsmaßnahme zur Kostensenkung der jeweils betrachteten Produktionstechnologie. Dazu wird entsprechend individuellen Technologiecharakteristika eine bestehende Methodik zur kontinuierlichen Prozessverbesserung ausgewählt und angewendet. Abbildung 5.27 zeigt das zugrundeliegende Verfahren. Als Eingangsgrößen fungieren der zur optimierende Produktionsschritt inklusive der Anforderungen an die Parameteränderung, resultierend aus der Sensitivitätsanalyse, sowie der entsprechende Technologiesteckbrief als Informationsquelle. Das Vorgehen besteht innerhalb von sechs

[445] i. A. a. Greitemann (Methodik für die systematische Identifikation von Produktionstechnologien), 2016, S. 96.

Schritten aus der Ableitung eines zu optimierenden Kriteriums und der Analyse sowie Auswahl bestehender Optimierungsmethoden. Es resultiert eine Maßnahme zur Parameteroptimierung, die schließlich zur Bewertung im Bewertungsmodul übernommen wird. Es obliegt Anwendenden jedoch, ob eine Untersuchung hinsichtlich eines methodischen Optimierungsansatzes durchgeführt werden soll. Falls dies bereits im Vorhinein als nicht zielführend eingestuft wird, kann direkt zu Phase 6 übergegangen werden.

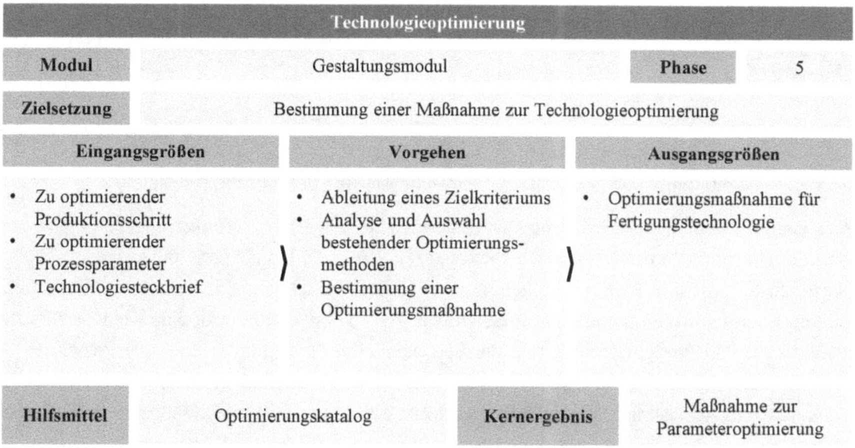

Abbildung 5.27: Technologieoptimierung (Phase 5)

Das Vorgehen zur Technologieoptimierung basiert auf der Methode zur Auswahl eines Ansatzes zur kontinuierlichen Prozessverbesserung nach SZCZEPANIAK UND TROJANOWSKA. Hierbei werden Analyse- und Optimierungstools zur Erzielung von kontinuierlichen Prozessoptimierung vor dem Hintergrund der Produktivitätssteigerung verwendet.[446] Phase 5 der vorliegenden Methodik stellt darüber hinaus eine unterstützte Entscheidungsfindung bei der Anwendung bestehender Optimierungsmethoden in den Vordergrund. Grundlage zur Auswahl einer Optimierungsmethode ist eine Auflistung und Kategorisierung dieser innerhalb einer Datenbank. Im Rahmen der vorliegenden Methodik wurde eine solche Datenbank erstellt, die im Folgenden als Optimierungskatalog bezeichnet wird. Die Inhalte des Kataloges basieren auf Veröffentlichungen der Autoren AULL und STÖRMER ET AL.[447,448] Die im Optimierungskatalog gelisteten methodischen Ansätze sind nach definierten Zielkriterien zur Produktivitätssteigerung nach LEY eingeordnet. Abbildung 5.28 zeigt diese Zielkriterien, die weiterhin in Subkriterien zur Produktivitätssteigerung aufgeschlüsselt sind.

---

[446] Vgl. Szczepaniak et al. (Methodology of Manufacturing Process Analysis), 2019, S. 284f.
[447] Vgl. Aull (Ableitung effizienter Implementierungsstrategien), 2013, S. 54f.
[448] Vgl. Störmer et al. (Industrial Engineering), 2016, S. 34f.

Zielkriterien Produktivitätssteigerung	Subkriterien zur Produktivitätssteigerung				
Zeit	Bearbeitungszeit	Rüstzeit	Transferzeit	Liegezeit	
Kosten	Investitionen	Räumlichkeiten	Energie	Instandhaltung	Ersatzteile
Qualität	Fehlerkosten	Fehlteilrate	Ressourcenverbrauch		
Kapazität	Durchsatz	Engpässe	Auslastung		
Flexibilität	Maschinenflexibilität	Volumenflexibilität	Prozessflexibilität	Routingflexibilität	
Prozessintegration	Koordinationsaufwand	Kommunikationsaufwand			
Komplexität	Prozessverflechtung	Standardisierung	Strukturierungsgrad		
Automatisierung	Aktivitäten ohne menschlichen Eingriff				
Mitarbeiter	Lerneffekte	Weiterbildung	Motivation		

Abbildung 5.28: Zielkriterien zur Adressierung des Optimierungsziels[449]

Das Zeitkriterium stellt ein zentrales Optimierungsziel zur Effizienzsteigerung von Prozessen dar. Zugehörige Subkriterien sind Bearbeitungszeit, Rüstzeit, Transferzeit und Liegezeit.[450] Das Kostenkriterium ist in Kostenursachen unterteilt. Diese bestehen aus Investitionen, Räumlichkeiten, Energie, Instandhaltung und Ersatzteilen.[451,452] Die Qualität stellt eine Kennzahl für die Effektivität von Produktionsschritten dar und beinhaltet die Subkriterien Fehlerkosten, Fehlteilrate und Ressourcenverbrauch.[453] Das Zielkriterium Kapazität beinhaltet den Durchsatz, Engpässe und Auslastung. Während der Durchsatz bestimmt, wie viele Einheiten während eines Zeitraumes maximal gefertigt werden können, begrenzen Engpässe die Kapazität von Produktionssystemen.[454,455] Das Zielkriterium Flexibilität besteht aus den Subkriterien Maschinen-, Volumen-, Prozess- und Routingflexibilität. Die Maschinenflexibilität beinhaltet die Anzahl verschiedener Operationen, die eine Technologie mit geringem Mehraufwand ausführen kann.[456] Die Volumenflexibilität umfasst die Anpassungsfähigkeit der Technologie auf Schwankungen im Produktionsvolumen.[457] Die Subkriterien Prozess- und Routingflexibilität beziehen sich auf die Flexibilität des Produktionssystems.[458] Prozessintegration verkörpert ein weiteres Zielkriterium, das insbesondere als Minimierung des Koordinations- und Kommunikationsaufwandes von Produktionsprozessen definiert wird. Dabei spielt insbesondere der mit dem Informationsfluss zwischen Aktivitäten verbundene Zeitaufwand eine Rolle.[459] Das Zielkriterium Komplexität besteht aus den Subkriterien Interprozessverflechtung, Standardisierung und Strukturierungsgrad von Produktionsprozessen. Höhere Interprozessverflechtung erhöht die Komplexität, während Standardisierung diese verringert und die Individualität von

449 Vgl. Ley et al. (Kriterien zur Leistungsbeurteilung von Prozessen: Ein State-of-the-Art), 2012, S. 4f.
450 Vgl. Ley et al. (Kriterien zur Leistungsbeurteilung von Prozessen: Ein State-of-the-Art), 2012, S. 5.
451 Vgl. Hartel et al. (Planung und Bewertung von Montagesystemen), 2006, S. 425.
452 Vgl. Lukic et al. (Multi-Criteria Selection of Manufacturing Processes), 2017, S. 156.
453 Vgl. Ley et al. (Kriterien zur Leistungsbeurteilung von Prozessen: Ein State-of-the-Art), 2012, S. 6.
454 Vgl. Romero-Silva et al. (Serial Production Line Performance Under Random Variation), 2019, S. 7.
455 Vgl. Ley et al. (Kriterien zur Leistungsbeurteilung von Prozessen: Ein State-of-the-Art), 2012, S. 6.
456 Vgl. Tsoubone et al. (A Comparison between Machine Flexibility and Routing Flexibility), 1999, S. 88.
457 Vgl. Hollstein et al. (A Survey on Changeability of Machine Tools), 2012, S. 94.
458 Vgl. De Toni et al. (Manufacturing Flexibility: A Literature Review), 1998, S. 1597.
459 Vgl. Berente et al. (Information Flows and Business Process Integration), 2009, S. 123.

Prozessabläufen beschreibt.[460] Die Strukturierung von Prozessen verringert die Notwendigkeit menschlichen Eingreifens.[461] Der Automatisierungsgrad beeinflusst die Produktivität eines Produktionssystems und ist insbesondere für die Serienfertigung relevant.[462] Es wird der Anteil an Aktivitäten beschrieben, die keinen menschlichen Eingriff erfordern.[463] Das Zielkriterium Mitarbeiter berücksichtigt den Faktor Mensch im Produktionssystem, das in die Subkriterien Lerneffekte, Weiterbildung und Motivation unterteilt werden kann. Abbildung 5.29 zeigt einen Ausschnitt des Optimierungskataloges mit den methodischen Ansätzen in den Zeilen und den Zuordnungen zu den zuvor erläuterten Kategorien in den Spalten. Der vollständige Katalog ist im Anhang A.8 zu finden.

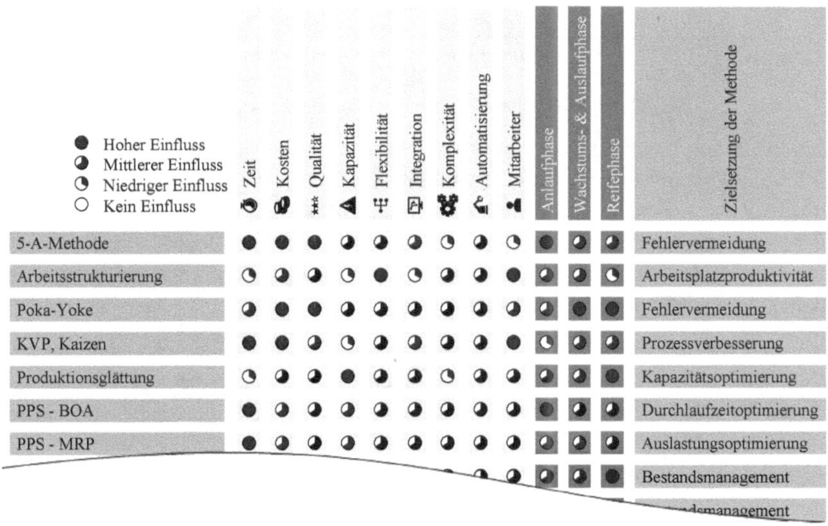

Abbildung 5.29: Auszug aus dem Optimierungskatalog mit methodischen Ansätzen

Die abgebildeten Harvey Balls stellen den Grad des Einflusses der gesammelten Methoden auf das jeweilige Zielkriterium zur Produktivitätssteigerung in den vier Stufen hoher, mittlerer, niedriger und kein Einfluss dar. Auf der rechten Seite der Abbildung ist außerdem eine Zuordnung zu unterschiedlichen Prozesslebenszyklusphasen erkennbar. Diese Zuordnung ermöglicht es Anwendenden, den methodischen Ansatz nicht nur hinsichtlich eines spezifischen Zielkriteriums, sondern auch hinsichtlich des Prozesslebenszyklus der aktuell betrachteten Technologie auszuwählen. Abbildung 5.30 zeigt die zugrundeliegende Produktlebenszyklusstruktur, die auch auf den Prozesslebenszyklus übertragen werden kann.[464]

[460] Vgl. Lillrank (The Quality of Standard, Routine and Nonroutine Processes), 2003, S. 215.
[461] Vgl. Ley et al. (Kriterien zur Leistungsbeurteilung von Prozessen: Ein State-of-the-Art), 2012, S. 9.
[462] Vgl. Slama (Effizienzsteigerung in der Montage), 2004, S. 106.
[463] Vgl. Balasubramanian et al. (Metrics for Goal Based Business Process Design), 2005, S. 685.
[464] Vgl. Hayes et al. (Link Manufacturing Process and Product Life Cycles), 1979, S. 2.

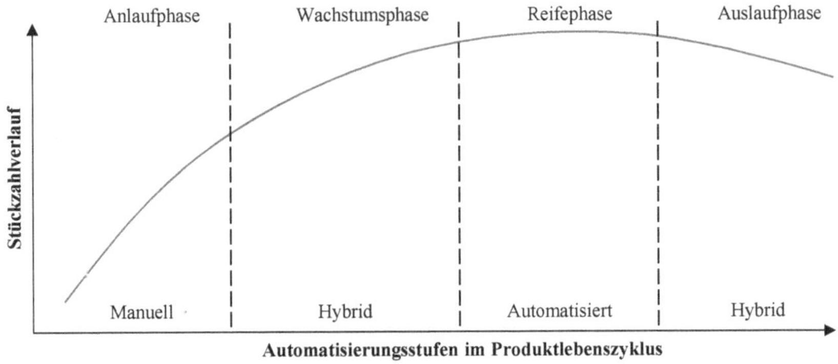

Abbildung 5.30: Übersicht der Produktlebenszyklusphasen[465]

Während in der Anlaufphase der Fokus auf der halbindustriellen Kleinserienfertigung liegt, werden die Prozesse innerhalb der Wachstums- und Reifephase zunehmend standardisiert, strukturiert und automatisiert. Die Produktion wird dabei von hoher Flexibilität auf hohe Automatisierung umgestellt.[466] Während der Auslaufphase nehmen die produzierten Stückzahlen des jeweiligen Produktes ab, sodass die energie- und wartungsintensiven automatisierten Produktionstechnologien wieder hybridisiert werden.

Zur Identifikation der passenden Optimierungsmethode ist zunächst die Auswahl eines zu verbessernden Zielkriteriums erforderlich. Dieses resultiert aus der Anforderung im Technologiesteckbrief. Zur Verfeinerung der Suche erfolgt im Anschluss die Definition des relevantesten Subkriteriums für die vorliegende Technologie, siehe Abbildung 5.28. Des Weiteren ist die Prozesslebenszyklusphase entsprechend Abbildung 5.30 zu definieren. Im nachfolgenden Schritt werden diejenigen Methoden einer genaueren Analyse durch Anwendende unterzogen, die entsprechend der beiden Auswahlkriterien den höchsten Erfüllungsgrad aufweisen. Schließlich wählen Anwendende die Methode aus, die aus ihrer Sicht die höchsten Erfolgschancen verspricht. Anschließend wird die Methode auf die zu betrachtende Fertigungstechnologie des Technologiesteckbriefes angewendet und eine Optimierungsmaßnahme bestimmt. Abbildung 5.31 fasst dieses Vorgehen zusammen.

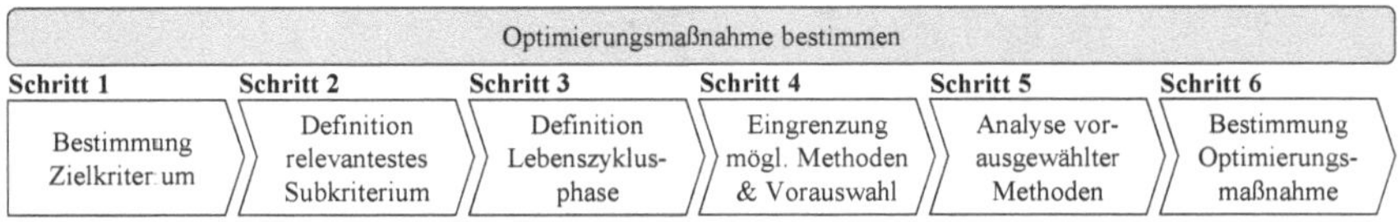

Abbildung 5.31: Schrittfolge bei der Auswahl eines Optimierungsansatzes

Im Sinne der weiteren Verarbeitung im Laufe der Methodik wird die Optimierungsmaßnahme auf einem Dokumentationsblatt dokumentiert. So kann diese im späteren Bewertungsmodul

465 i. A. a. Gschirr et al. (Montagesystemplanung für die schlanke Produktion), 2009, S. 351.
466 Vgl. Hayes et al. (Link Manufacturing Process and Product Life Cycles), 1979, S. 8.

aufwandsarm hinsichtlich diverser Kriterien eingeordnet werden. Abbildung 5.32 zeigt den Aufbau des Dokumentationsblatts für Phase 5.

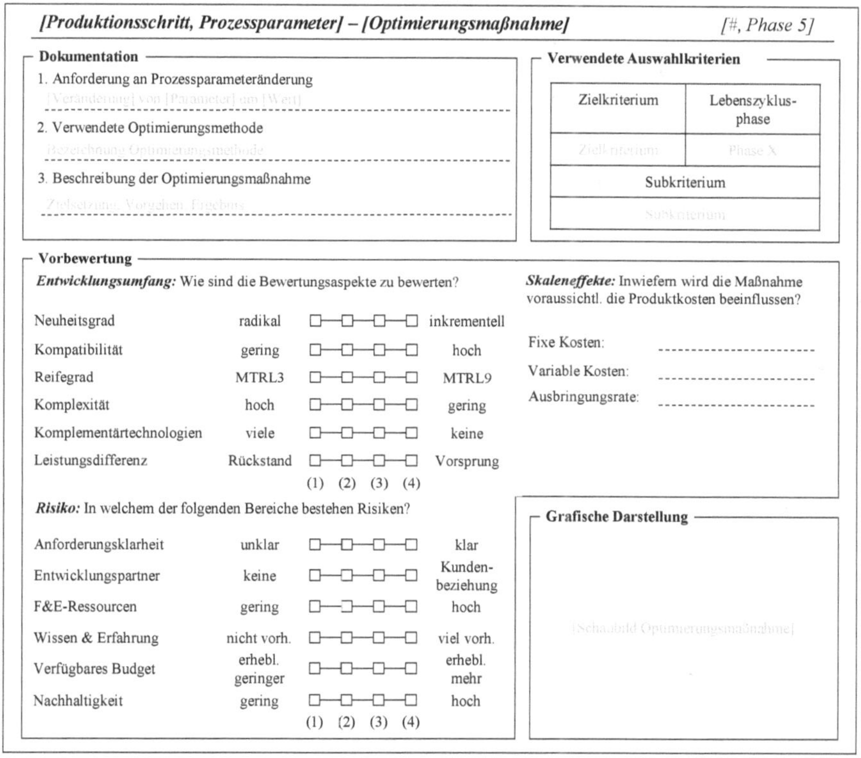

Abbildung 5.32: Dokumentationsblatt zur Beschreibung einer Optimierungsmaßnahme

Das Dokumentationsblatt beinhaltet neben einer Zuordnung zum jeweiligen Produktionsschritt und Prozessparameter die Bezeichnung der Optimierungsmaßnahme und eine Nummerierung. Die Dokumentation besteht aus der Anforderung an die Änderung des jeweiligen Prozessparameters, entnommen aus dem Technologiesteckbrief. Zur Nachvollziehbarkeit des Vorgehens werden die verwendeten Auswahlkriterien festgehalten und der Optimierungsansatz hinsichtlich der Zielsetzung, des Vorgehens und des Ergebnisses beschrieben. Sofern vorhanden, kann ein entsprechendes Schaubild zum Optimierungsansatz hinterlegt werden. Es erfolgt außerdem eine erste Vorbewertung der Maßnahme entsprechend des zu Beginn des in Kapitel 5.3 beschriebenen Gestaltungsframeworks. Dazu füllen Anwendende das Dokumentationsblatt im Bereich der Vorbewertung hinsichtlich der voraussichtlichen Auswirkungen auf die Skaleneffekte, den Entwicklungsumfang und das Risiko aus. Dies geschieht durch die Beantwortung der aufgeführten Hilfsfragen. So ist für den Bewertungsaspekt der Skaleneffekte der voraussichtliche Einfluss der Maßnahme auf die Produktkosten relevant. Dazu ist eine Abschätzung des Einflusses auf die fixen sowie variablen Kosten des Produktionsschrittes durch Anwendende notwendig. Auch ein Schätzwert der zukünftig möglichen Ausbringungsrate muss angegeben werden. Der Entwicklungsumfang wird durch Angabe des Neuheitsgrades, der Kompatibilität, des Reifegrades, der Komplexität, der Komplementärtechnologien und der Leistungsdifferenz vorbewertet. Mit Angabe bestehender Unsicherheiten durch Bewertung der Anforderungsklarheit, verfügbarer Entwicklungspartner, F&E-Ressourcen, im Unternehmen vorhandenem Wissen und Erfahrung, verfügbarem Budget sowie zu erwartender Nachhaltigkeit der Maßnahme ist Phase 5 der Methodik abgeschlossen.[467] Es folgt Phase 6, die eine Hilfestellung zur Adaptation von Technologien aus anderen Branchen bietet.

5.3.2 Phase 6: Technologieadaptation

Die Phase der Technologieadaptation hat zum Ziel, Produktionstechnologien aus anderen Branchen für die Fertigung von BZ-Systemen zu identifizieren und zu übernehmen. Dazu wird auf Grundlage des aus dem Technologiesteckbrief hervorgehenden Produktionsschrittes eine Einordnung desselben in eine Prozesskategorie vorgenommen. Diesen Prozesskategorien sind im Rahmen der vorliegenden Methodik charakteristische Wirtschaftszweige zugeordnet, die wiederum Teil einer Technologiedatenbank sind. Ziel ist es dabei, Anwendenden der Methodik Zugang zu branchenfremden Innovationen Dritter zu verschaffen. Innerhalb der Technologieadaptation wird die Problemstellung der Anwendenden mit ähnlichen Problemstellungen anderer Branchen verglichen und existierende Best Practices übernommen. Dabei ist es notwendig, die Technologiedatenbank kontinuierlich mit aktuellen Daten zu bestücken. Weiterhin wird geprüft, inwiefern Anpassungen des Best Practices notwendig sind. Ist bereits vor Durchführung dieser Phase bekannt, dass das vorliegende Problem nicht über Erkenntnisse anderer Branchen zu lösen ist, kann direkt in Phase 7 übergegangen werden.

Technologieadaptation

Modul	Gestaltungsmodul	**Phase**	6
Zielsetzung	Identifikation adaptierbarer Technologien anderer Branchen		

Eingangsgrößen	**Vorgehen**	**Ausgangsgrößen**
• Zu optimierender Produktionsschritt • Zu optimierender Prozessparameter • Technologiesteckbrief	• Einordnung in Prozesskategorie • Sichtung charakteristischer Wirtschaftszweige • Auswahl adaptierbarer Technologien	• Adaptierbare Fertigungstechnologie aus anderer Branche

Hilfsmittel	Prozesskategoriebaum, Technologiedatenbank	**Kernergebnis**	Adaptierbare Technologie

Abbildung 5.33: Technologieadaptation (Phase 6)

Die Einordnung des zu untersuchenden Produktionsschrittes in eine Prozesskategorie erfolgt anhand eines branchenübergreifenden Prozesskategoriebaumes, der sich im Sinne einer

[467] Die Definition der Bewertungskriterien inklusive deren Ausprägungen erfolgt ausführlich in Kapitel 5.4.1.

umfassenden Industriebetrachtung an den Ausführungen von FÖRSTER ET AL. und BEITZ ET AL. sowie der DIN 8580 orientiert. Abbildung 5.34 zeigt eine Übersicht der angewandten Prozessstruktur. Innerhalb der übergeordneten Kategorie der operativen Prozesse existieren Kernprozesse und unterstützende Prozesse. Die Kernprozesse setzen sich aus Fertigungsverfahren und verfahrenstechnischen Prozessen zusammen, die wiederum in Operationen wie Umformen, Trennen, Beschichten oder Fügen sowie in Grundoperationen unterteilt sind. Jede Operation beinhaltet weitere Spezifikationen, beispielsweise besteht das Umformen unter anderem aus Druck-, Zug- und Biegeumformen.[468,469] Die unterstützenden Prozesse beinhalten Instandhaltung und Wartung, Handling und Transport sowie Qualitätssicherung. Die definierte Struktur wird nachfolgend entsprechenden Wirtschaftszweigen zugeordnet.

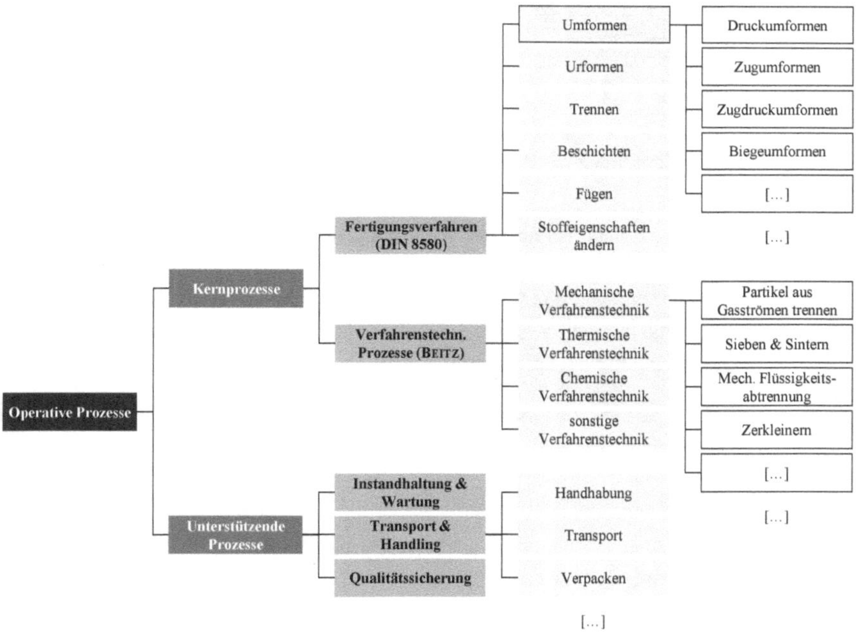

Abbildung 5.34: Prozesskategoriebaum zur Nutzung von Informationen anderer Wirtschaftszweige

Die in der Technologiedatenbank hinterlegten Wirtschaftszweige entsprechen der Struktur der „Nomenclature statitisque des activités économiques dans la Communauté europóene" (NACE), die die statistische Systematik der Wirtschaftszweige in der europäischen Gemeinschaft verkörpert.[470] Die Struktur umfasst rund 360 Wirtschaftszweige des produzierenden Gewerbes, die im Rahmen der vorliegenden Methodik den Prozesskategorien aus Abbildung 5.34 mit Hilfe von ID-Kennzeichen zugeordnet wurden. Abbildung 5.35 verdeutlicht diese

---

468 Vgl. Förster et al. (Einführung in die Fertigungstechnik), 2018, S. 23ff.
469 Vgl. Beitz et al. (Dubbel Taschenbuch für den Maschinenbau), 1997, N3-N52.
470 Vgl. Europäische Kommission (NACE Rev. 2), 2008, S. 5.

Zuordnung und zeigt auszugsweise den Zusammenhang zwischen Operationen und Wirtschaftszweigen.

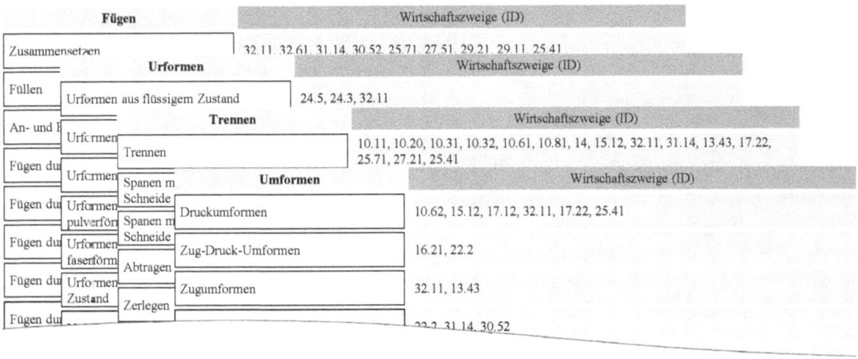

Abbildung 5.35: Zuordnung der Prozesskategorien zu Wirtschaftszweigen im Rahmen der vorliegenden Methodik

Die zugrundeliegende Kategorisierung der Wirtschaftszweige wird durch Abbildung 5.36 verdeutlicht. Sie zeigt eine Zuordnung der ID-Kennzahl zur entsprechend nach NACE definierten Abteilung. Einer ganzzahligen ID ist dabei jeweils eine bestimmte Abteilung zugeordnet. Einzelne Abteilungen sind beispielsweise die Getränke- oder Tabakherstellung sowie die Herstellung von Textilien, Holzwaren oder Futtermitteln.

ID	Abteilung
10.x	Herstellung von Nahrungs- und Futtermitteln
11.x	Getränkeherstellung
12.x	Tabakverarbeitung
13.x	Herstellung von Textilien
14.x	Herstellung von Bekleidung
15.x	Herstellung von Leder, Lederwaren und Schuhen
16.x	Herstellung von Holz, Flecht-, Korb- und Korkwaren (ohne Möbel)

Abbildung 5.36: Auszug aus der ID-Zuordnung erfasster Wirtschaftszweige[471]

Die Abteilungen der NACE sind weiterhin in Gruppen und Klassen unterteilt. Eine Klasse dient dabei als unterste Klassifizierungsebene. Im Sinne der Zielsetzung der Phase 6 werden die einzelnen Klassen im Rahmen von Literaturrecherchen und Expert:inneninterviews mit Charakteristika versehen, die Anwendenden als Orientierungshilfe zur Identifikation von adaptierbaren Technologien dienen. Anhand des vorliegenden Beispiels ist die Herstellung von Bekleidung

[471] i. A. a. Europäische Kommission (NACE Rev. 2), 2008, S. 69.

unter anderem durch die Charakteristika Tauchbad, Trennen und Handling definiert, siehe Abbildung 5.37.

Abteilung	Gruppe	Klasse	Bezeichnung	Charakteristika
10			Herstellung Nahrungs- & Futtermittel	Massenproduktion, Trennen, [...]
10	10.1		Schlachten & Fleischverarbeitung	Massenproduktion, Trennen, [...]
10	10.1	10.11	Schlachten (ohne Geflügel)	Transport per Förderband, [...]
10	10.1	10.12	Schlachten von Geflügel	Automatisierte Säuberung, [...]
10	10.1	10.13	Fleischverarbeitung	Transport per Förderband, [...]
[...]	[...]	[...]	[...]	[...]
13	13.4	13.43	Herstellung von Teppichen	Rolle-zu-Rolle, Automatisierung, [...]
14			Herstellung Bekleidung	Tauchbad, Trennen, Handling, [...]
[...]	[...]	[...]	[...]	[...]
22	22.2	22.22	Verpackungsmittel aus Kunststoff	Massenproduktion, Handling, [...]
[...]	[...]	[...]	[...]	[...]

Abbildung 5.37: Auszug aus der Vergleichsdatenbank anderer Wirtschaftszweige

Passend zu den definierten Charakteristika beinhaltet die Technologiedatenbank Quellenangaben zu Best Practices innerhalb der einzelnen Klassen, siehe Abbildung 5.38. Die Datenbank erfordert dabei eine kontinuierliche Aktualisierung durch Datenmanager:innen. Nach Sichtung der Quellen durch Anwendende der Methodik ist eine Prüfung auf Adaptierbarkeit im eigenen Produktionssystem erforderlich. Dies geschieht unternehmensintern mit entsprechenden Expert:innen.

Bezeichnung	Charakteristika	Best Practice	Quelle
[...]	[...]	[...]	[...]
Fischverarbeitung	Massenfertigung, Förderbänder, [...]	Leitersystem zur Fischförderung	[...]
Milchverarbeitung	Mischen, Erhitzen, Evaporieren, [...]	Zentrifugalkraft zum Trennen	[...]
Tabakverarbeitung	Stacking, Zerkleinern, Trocknen, [...]	Stacking per Rotation	[...]
Herstellung von Arbeitskleidung	Tauchbäder, Rolle-zu-Rolle, [...]	Cutting Tables	[...]
[...]	[...]	[...]	[...]
Lederverarbeitung	Zerteilung, Haarentfernung, [...]	R2R-Beschichtung	[...]
Papierherstellung	Zerkleinerung, Waschen, [...]	Infrarottrockung	[...]
[...]	[...]	[...]	[...]
Herstellung von Reinigungsmitteln	Verpackung, Automatisierung	Verpackung per Wasserfallprinzip	[...]
[...]	[...]	[...]	[...]

Abbildung 5.38: Auszug der Best Practices aus der Technologiedatenbank

Eine Zusammenfassung des beschriebenen Vorgehens zur Technologieadaptation geht aus Abbildung 5.39 hervor. Nachdem der Produktionsschritt einer Prozesskategorie zugeordnet wurde, werden relevante Wirtschaftszweige in Anlehnung an NACE aus der Technologiedatenbank ausgelesen und Best Practices für charakteristische Verfahren innerhalb des jeweiligen Wirtschaftszweiges identifiziert. Es erfolgt eine Sichtung der angegebenen Quellen und die Prüfung auf Adaptierbarkeit durch Expert:innen. Parallel zu diesem Vorgehen muss die Datenbank kontinuierlich, beispielsweise durch Datenmanager:innen im Unternehmen, gepflegt werden.

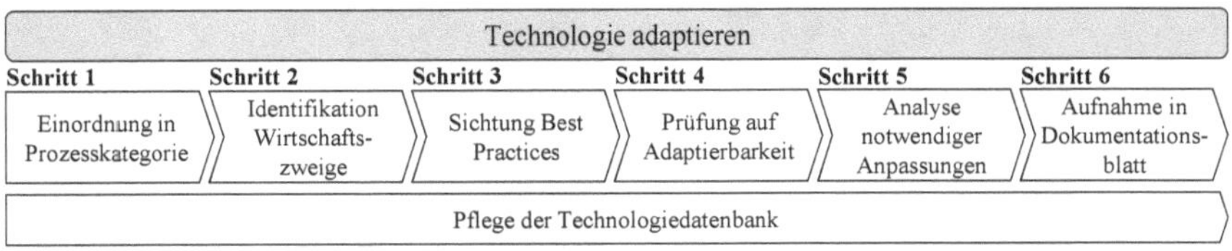

Abbildung 5.39: Schrittfolge bei der Festlegung alternativer Technologien

Ähnlich zum Vorgehen in Phase 5 werden die Resultate der Technologieadaptation im Rahmen eines Dokumentationsblattes festgehalten. Das Blatt beinhaltet neben Produktionsschritt, Titel des Best Practice und der Phase die adressierten Branchencharakteristika, konsultierte Quellen und gegebenenfalls notwendige Anpassungen. Des Weiteren werden die verwendeten NACE-Klassen, eine Beschreibung und eine grafische Darstellung des Best Practice dokumentiert. Analog zur Beschreibung in Kapitel 5.3.1 erfolgt eine Vorbewertung der Maßnahme durch Anwendende. Nach Abschluss dieses Vorgehens erfolgt der Übergang in die siebte Phase der Methodik, innerhalb derer innovative Technologien mittels eines strukturierten Kreativitätsprozesses entwickelt werden.

[Produktionsschritt, Prozessparameter] – [Titel Best Practice] *[#, Phase 6]*

Dokumentation

1. Welche Charakteristika sind zu adressieren?
2. Welche Quellen wurden herangezogen?
3. Welche Anpassungen sind zu tätigen?

Verwendete NACE-Klassen

# Nummer (ID)	# Nummer (ID)
ID XX	ID XX
ID XX	ID XX

Vorbewertung

Entwicklungsumfang: Wie sind die Bewertungsaspekte zu bewerten?

		(1) (2) (3) (4)	
Neuheitsgrad	radikal	☐—☐—☐—☐	inkrementell
Kompatibilität	gering	☐—☐—☐—☐	hoch
Reifegrad	MTRL3	☐—☐—☐—☐	MTRL9
Komplexität	hoch	☐—☐—☐—☐	gering
Komplementärtechnologien	viele	☐—☐—☐—☐	keine
Leistungsdifferenz	Rückstand	☐—☐—☐—☐	Vorsprung

Risiko: In welchem der folgenden Bereiche bestehen Risiken?

		(1) (2) (3) (4)	
Anforderungsklarheit	unklar	☐—☐—☐—☐	klar
Entwicklungspartner	keine	☐—☐—☐—☐	Kunden-beziehung
F&E-Ressourcen	gering	☐—☐—☐—☐	hoch
Wissen & Erfahrung	nicht vorh.	☐—☐—☐—☐	viel vorh.
Verfügbares Budget	erhebl. geringer	☐—☐—☐—☐	erhebl. mehr
Nachhaltigkeit	gering	☐—☐—☐—☐	hoch

Skaleneffekte: Inwiefern wird die Maßnahme voraussichtl. die Produktkosten beeinflussen?

Fixe Kosten: ------------------------

Variable Kosten: ------------------------

Ausbringungsrate: ------------------------

Grafische Darstellung & Beschreibung

[Foto von Best Practice]

Abbildung 5.40: Dokumentationsblatt zur Beschreibung adaptierbarer Technologien

5.3.3 Phase 7: Technologieneugestaltung

Das Ziel der Phase zur Technologieneugestaltung ist es, über die Technologieoptimierung und die -adaptation hinaus eine innovative Fertigungstechnologie zu entwickeln. Der erarbeitete Ansatz beinhaltet dazu eine systematische Überwindung von Kreativitätsbarrieren bei der Neugestaltung von Technologien im Sinne der Nutzung von Produktivitätspotenzialen. Grundlagen für das Vorgehen innerhalb der Phase 7 liefern die Methodik zur Hybridisierung von Fertigungstechnologien nach KLOCKE ET AL. (siehe Kapitel 3.4.4), die Theory of Inventive Problem Solving (TRIZ) nach ALTSHULLER ET AL. sowie der Gestaltung von Problemlösungsprozessen in der Produktion nach JENKE und der Effizienzsteigerung im Produktionsprozess nach WIGGER.[472,473,474,475] Eingangsgrößen für die Technologieneugestaltung sind die Beschreibung des zu optimierenden Produktionsschrittes, zu optimierende Prozessparameter und der Technologiesteckbrief. Das Vorgehen besteht erstens aus der Identifikation von Ursachen für die Grenzen zur Erfüllung der im Technologiesteckbrief aufgeführten Anforderung und zweitens

[472] Vgl. Klocke et al. (Design Methodology for Hybrid Production Processes), 2011, S. 419.
[473] Vgl. Altshuller (The Innovation Algorithm), 2000, S. 171.
[474] Vgl. Jenke (Lösung technischer Qualitätsprobleme in der Produktion), 2007, S. 40.
[475] Vgl. Wigger (Effizienzsteigerung im Produktentwicklungsprozess), 2017, S. 121.

werden Konflikte herausgestellt, deren Auflösung die Elimination der identifizierten Ursachen ermöglicht. Zur Auflösung der Konflikte werden drittens Handlungsempfehlungen abgeleitet und viertens Ideen für neue Technologien entwickelt. Resultierende Ausgangsgröße ist ein Konzept für eine innovative Fertigungstechnologie zur Erfüllung der Anforderung des Technologiesteckbriefes.

Technologieneugestaltung

Modul	Gestaltungsmodul	**Phase**	7
Zielsetzung	Entwicklung einer innovativen Fertigungstechnologie		

Eingangsgrößen	**Vorgehen**	**Ausgangsgrößen**
• Zu optimierender Produktionsschritt • Zu optimierender Prozessparameter • Technologiesteckbrief	• Identifikation von Ursachen für Grenzen zur Erfüllung der Anforderungen • Feststellung von Konflikten • Auflösung der Konflikte • Ableitung von Ideen für eine neue Technologie	• Innovative Fertigungstechnologie zur Erfüllung der gestellten Anforderungen

Hilfsmittel	RCA+, TRIZ, methodisches Konstruieren	**Kernergebnis**	Innovative Technologie

Abbildung 5.41: Technologieneugestaltung (Phase 7)

Der erste Schritt im Rahmen der Technologieneugestaltung dient der Identifikation von Ursachen für eine bestehende Produktivitätsgrenze. Hierzu wird die Root-Conflict-Analyse (RCA+) als methodisches Hilfsmittel herangezogen. Kern der RCA+ ist die Abbildung der Kausalketten von Ursache und Wirkung hinsichtlich eines bestehenden Problems, um anschließend Konflikte zu identifizieren, die schließlich unter Zuhilfenahme weiterer Methoden aufgelöst werden können.[476] Abbildung 5.42 zeigt das zugrundeliegende RCA+-Diagramm.

[476] Vgl. Souchkov (Root Conflict Analysis), 2005, S. 486.

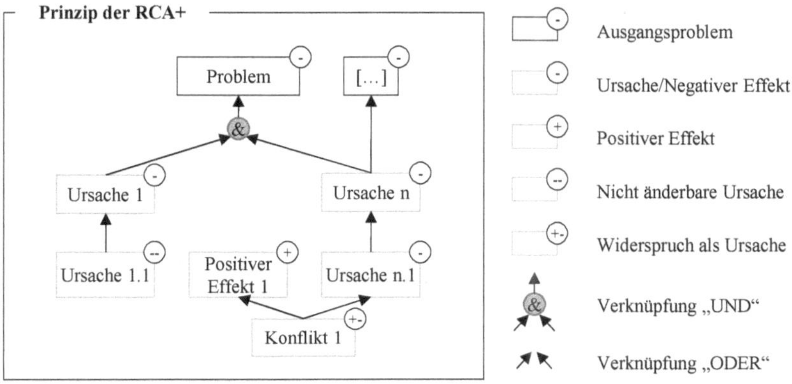

Abbildung 5.42: Modellierungsprinzip der RCA+[477,478]

Das Diagramm beinhaltet ein Ausgangsproblem sowie Ursachen bzw. negative oder positive Effekte. Des Weiteren existieren nicht änderbare Ursachen bzw. Effekte und Konflikte. Das RCA+-Diagramm zeigt die kausalen Zusammenhänge, die zu einem vorliegenden Problem beitragen. Dabei können Ursachen wiederum Ursachen zugeordnet werden, sodass eine Kausalkette entsteht. Es können außerdem mehrere Ursachen für einen schädlichen Effekt identifiziert werden. Ist dies der Fall, wird dies mit einer „UND“- oder einer „ODER“-Verknüpfung verdeutlicht. Eine „UND“-Verknüpfung bedeutet, dass zwei Ursachen nicht unabhängig voneinander einen schädlichen Effekt erzeugen können, während das Gegenteil bei einer „ODER“-Verknüpfung vorliegt. Jede Ursache kann darüber hinaus auch einen positiven Effekt verursachen. Für jeden negativen Effekt wird jedoch die Frage „Was verursacht, dass dieser Effekt auftritt?“ gestellt und so weitere Ursachen ermittelt. Für jede neu ermittelte Ursache ist zu überprüfen, ob sie die einzige Bedingung für negative Effekte ist. Dieses Vorgehen wird so lange durchgeführt, bis eine nicht änderbare Ursache oder ein Konflikt identifiziert wird. Haben diese keine tieferliegenden Widersprüche, kann das Ausgangsproblem durch Beseitigung dieser Ursachen gelöst werden.[479] Ein einfaches Werkzeug zur Beseitigung von Problemen ist die Widerspruchsmatrix nach TRIZ, weshalb sich im Rahmen der vorliegenden Methodik an dieser orientiert wird.[480] Nach ALTSHULLER sind technische Widersprüche durch 39 Widerspruchsmerkmale gekennzeichnet. Die resultierenden Widerspruchsmuster lassen sich dabei durch 40 innovative Grundprinzipien gezielt auflösen. Diese werden mittels der Widerspruchsmatrix zu Widerspruchslösungen verknüpft, mit denen sich zahlreiche Probleme lösen lassen.[481] Abbildung 5.43 zeigt einen Auszug einer für die vorliegende Methodik erstellten Abwandlung der Widerspruchsmatrix, bei der über die Ausführungen von ALTSHULLER hinaus rund 600 Empfehlungen, unter anderem auch aus den Bereichen Design for Manufacturing und Konstruktionslehre,

[477] i. A. a. Wigger (Effizienzsteigerung im Produktentwicklungsprozess), 2017, S. 94.
[478] i. A. a. Koltze et al. (Systematische Innovation), 2017, S. 145.
[479] Vgl. Koltze et al. (Systematische Innovation), 2017, S. 143f.
[480] Vgl. Gadd (TRIZ für Ingenieure), 2016, S. 468.
[481] Vgl. Klein (TRIZ/TIPS), 2014, S. 38.

zusammengetragen und mit einer eigenen Kodierung versehen wurden. Anwendende der Methodik können im Rahmen der RCA+ identifizierte Widersprüche in eine Konfliktkategorie einordnen und entsprechende Handlungsempfehlungen einsehen.

Konfliktkategorie	Handlungsempfehlungen (IDs)
Masse/Gewicht von Objekten	01-02-00, 01-03-00, 03-01-00, 13-01-00, 13-03-00, 14-03-00, 17-01-00, 17-02-00, 22-01-00, 25-01-00, 26-01-00, 26-02-00, 28-01-00, 31-02-00, 36-02-00, 37-01-00, 46-03-00, 61-05-00, 62-01-00, 79-01-00, 80-02-00, 82-01-00, 82-04-00, 88-01-00
Bewegen von Komponenten	03-01-00, 10-01-00, 10-03-00, 10-04-00, 12-01-00, 16-02-00, 16-04-00, 16-05-00, 16-07-00, 16-08-00, 21-01-00, 24-01-00,25-01-00, 28-02-00, 30-03-00, 30-04-00, 34-01-00, 34-02-00, 36-03-00, 38-01-00, 39-04-00, 51-01-00, 51-02-00, 51-03-00, 59-01-00, 59-01-00, […]
Schwankungen in Produktionsmenge	05-01-00, 05-02-00, 17-03-00, 55-01-00, 59-01-00, 61-02-00, 63-01-00, 66-03-00, 89-01-00
Länge/Fläche/ Volumen	01-02-00, 01-03-00, 04-01-00, 04-02-00, 04-03-00, 04-04-00,10-03-03, 11-01-00, 17-02-00, 22-01-00, 39-01-00, 39-02-00, 39-03-00, 39-04-00, 40-01-00, 52-01-00, 57-01-00, 57-02-00, 57-03-00, 58-01-00, 60-01-00, 61-05-00, 61-06-00, 75-02-00, 75-04-00, 80-02-00, 81-02-00, 82-04-00, 90-01-00, 92-06-00
Geschwindigkeit & -änderung	01-03-00, 05-01-00, 05-02-00, 06-01-00, 09-02-00, 10-03-00, 12-01-00, 13-03-00, 15-02-01, 16-01-00, 16-02-00, 16-04-00, 16-05-00, 16-07-00, 16-08-00, 17-03-00, 22-01-00, 25-01-00, 25-02-00, 30-03-00, 30-04-00, 31-02-00, 34-01-00, 35-03-00, 36-01-00, 36-03-00, 39-03-00, […]
Objektzahl [illegible]	05-01-00, 05-02-00, 07-01-00, 16-03-00, 22-01-00, 22-02-00, 25-02-00, 30-04-00, 35-01-00, 43-03-00,46-01-00, [illegible] 78-01-00, 80-02-00, 80-07-00, 81-02-00,86-01-00

Abbildung 5.43: Konfliktkategorien mit entsprechenden Handlungsempfehlungen (Auszug)

Die gezeigten Handlungsempfehlungen sind mit Zahlencodes (IDs) versehen, die wiederum aus einer Datenbank ausgelesen werden können, siehe Abbildung 5.44. Unter Zuhilfenahme dieser erweiterten Widerspruchsmatrix sind die für ein Ausgangsproblem verantwortlichen Konflikte sukzessive im Rahmen der Methodik zu eliminieren, bis das Ausgangsproblem bewältigt werden kann.

ID	Handlungsempfehlung
01-01-00	Abtrennung - Die abzusichernde Komponente physisch abtrennen
02-01-00	Angepasster Prozess - Nutzung von Druckguss, Niederdruckguss, Feinguss
03-01-00	Äquipotenzial - Durch Anpassung der Umgebung kein Anheben notw., z.B. federgetriebene Objektbereitstellung
04-01-00	Asymmetrie - Asymmetrische Objekte noch asymmetrischer machen, z.B. verschiedene Skalen an Lineal
05-01-00	Automatisierung - Automatisierte Teileförderung
06-01-00	Beschleunigte Oxidation - Angereicherte Luft durch reinen Sauerstoff ersetzen
07-01-00	Kostengünstige, kurzlebige Objekte/Kostengünstige Materialien - Teures Objekt durch viele Günstige ersetzen
08-01-00	[illegible]

Abbildung 5.44: Auszug der Handlungsempfehlungen je ID

Zur Neugestaltung einer Technologie sind im Anschluss an die Konfliktlösung mit Hilfe der Handlungsempfehlungen neue Konzepte zu generieren. Dazu werden die Handlungsempfehlungen gesammelt und unter Zuhilfenahme des methodischen Konstruierens nach VDI 2221 in ein innovatives Technologiekonzept überführt. Das neue Technologiekonzept wird dabei während der Konstruktionsphasen Planen, Konzipieren, Entwerfen und Ausarbeiten erstellt, siehe Abbildung 5.45. Zur Erzielung der festgelegten Ergebnisse Anforderungsliste, Lösungsprinzip, Entwurf und Zeichnungen sowie Stücklisten müssen zunächst im ersten Schritt Anforderungen, im zweiten Schritt Funktionen und Geometrien, im dritten Schritt Teile, Baugruppen und

Verbindungen sowie im vierten und letzten Schritt Fertigungs- und Montageangaben festgelegt werden.[482]

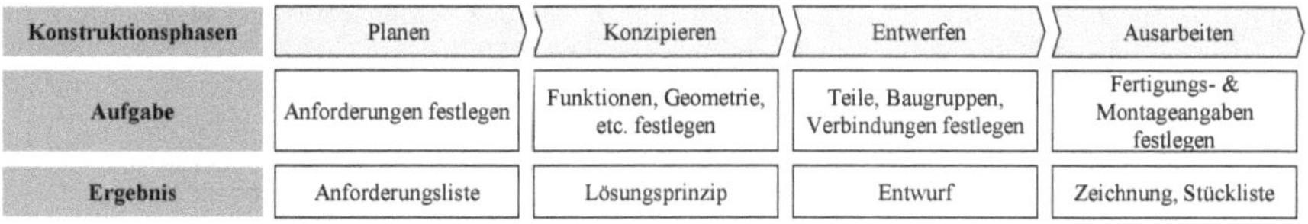

Abbildung 5.45: Methodisches Konstruieren nach VDI 2221

Das Vorgehen innerhalb von Phase 7 besteht zusammenfassend aus fünf Schritten, siehe auch Abbildung 5.46: Zunächst wird das Ausgangsproblem, resultierend aus der Anforderung des Technologiesteckbriefes, formuliert. Anschließend erfolgt eine Ursachenanalyse für das Ausgangsproblem mit Hilfe der RCA+. Darauf folgt die Auflösung identifizierter Ursachen und Konflikte per Handlungsempfehlungen aus der erweiterten Widerspruchsmatrix. Schließlich wird eine innovative Technologie per methodischem Konstruieren neugestaltet und abschließend, analog zu den Phasen 5 und 6, im Rahmen eines Dokumentationsblattes festgehalten.

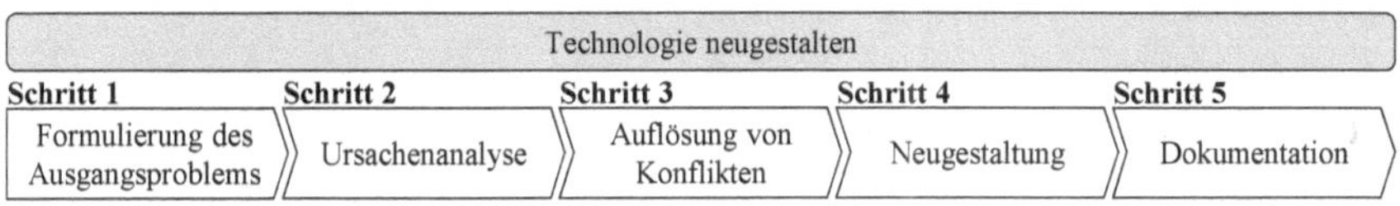

Abbildung 5.46: Schrittfolge bei der Technologieneugestaltung

Abbildung 5.47 zeigt das Dokumentationsblatt zur Protokollierung der entwickelten Idee. Es besteht aus einer kurzen Beschreibung des neuen Technologiekonzeptes sowie einer Liste der verwendeten Handlungsempfehlungen. Es ist außerdem möglich, das entwickelte Konzept grafisch darzustellen. Nach Ausfüllen der Vorbewertung, Beschreibung siehe Kapitel 5.3.1, wird das Dokumentationsblatt gemeinsam mit den Dokumentationsblättern der Phasen 5 und 6 in das Bewertungsmodul übernommen.

[482] Vgl. Conrad (Grundlagen der Konstruktionslehre), 2013, S. 91ff.

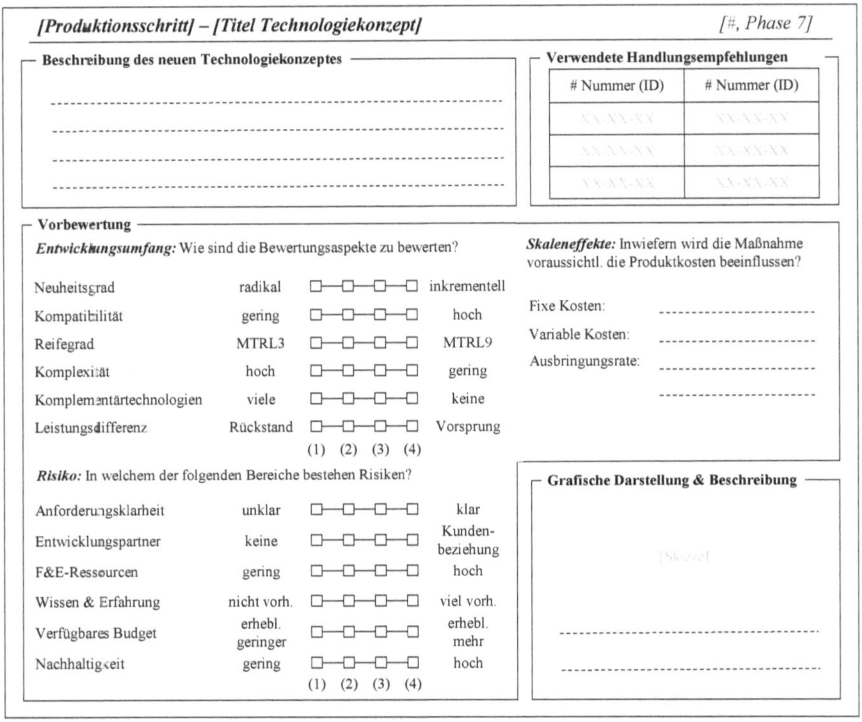

Abbildung 5.47: Dokumentationsblatt für einen Lösungsansatz zur Technologieneugestaltung

5.3.4 Zusammenfassung des Gestaltungsmoduls

Inhalt des Gestaltungsmoduls ist die Entwicklung technischer Änderungsmaßnahmen zur Erreichung der zuvor identifizierten Kostensenkungspotenziale im modellierten Produktionssystem. Dazu ist die Optimierung bestehender Fertigungstechnologien, die Adaptation von Fertigungstechnologien anderer Branchen sowie die Neugestaltung von Fertigungstechnologien möglich. Anwendende der Methodik orientieren sich dabei an einem übergeordneten Framework für das Gestaltungsmodul. Ziel ist die Ableitung mindestens einer technischen Maßnahme zur Kostensenkung je identifiziertem Handlungsfeld. Die generierten Maßnahmen werden im Rahmen von Dokumentationsblättern festgehalten und innerhalb des Bewertungsmoduls hinsichtlich der Erzielung positiver Skaleneffekte eingeordnet.

5.4 Detaillierung des Bewertungsmoduls

Detailing the evaluation module

Das Bewertungsmodul stellt die Beantwortung der dritten Teilforschungsfrage in den Vordergrund und hat die Priorisierung der im Gestaltungsmodul ermittelten technischen Änderungsmaßnahmen hinsichtlich ihrer Auswirkungen auf die beschleunigte Erzielung zunehmender Skaleneffekte zum Ziel. Dazu erfolgt zunächst die Bewertung der Maßnahmen hinsichtlich festgelegter Kriterien (Phase 8 der Methodik, Kapitel 5.4.1). Anschließend werden die bewerteten

Maßnahmen priorisiert und ein strategischer Handlungsplan für Anwendende der Methodik abgeleitet (Phase 9 der Methodik, Kapitel 5.4.2). Abbildung 5.48 zeigt die Phasen des Bewertungsmoduls zur Beantwortung der dritten Teilforschungsfrage.

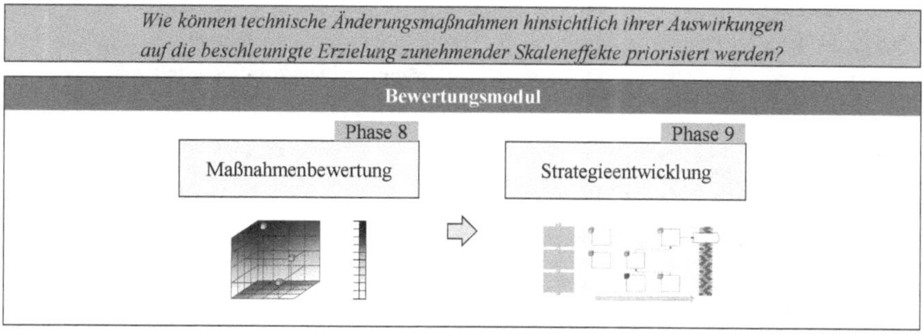

Abbildung 5.48: Zugrundeliegende Teilforschungsfrage für das Bewertungsmodul

5.4.1 Phase 8: Maßnahmenbewertung und -priorisierung

Ziel der Phase zur Maßnahmenbewertung und -priorisierung ist die quantitative Bewertung und Einordnung der im Gestaltungsmodul generierten Lösungsansätze je Produktionsschritt. Beginnend mit der Sichtung der im Gestaltungsmodul erstellten Dokumentationsblätter werden die ausgearbeiteten Lösungsansätze anschließend hinsichtlich ihrer Auswirkungen auf die beschleunigte Erzielung zunehmender Skaleneffekte, der zu erwartenden Entwicklungsumfänge und des Risikos bewertet, siehe Abbildung 5.49. Die Bewertung wird dabei unter Zuhilfenahme eines paarweisen Vergleichs und der Nutzwertanalyse durchgeführt. Phase 8 endet mit der Darstellung der bewerteten Maßnahmen innerhalb einer dreidimensionalen Skala.

Maßnahmenbewertung und -priorisierung		
Modul: Bewertungsmodul		**Phase**: 8
Zielsetzung: Quantitative Maßnahmenbewertung und Priorisierung		
Eingangsgrößen	**Vorgehen**	**Ausgangsgrößen**
• Zu betrachtender Produktionsschritt • Ansatz zur Parameteroptimierung • Adaptierbare Technologie • Innovative Technologie	• Analyse der kurz- bis mittelfristig zu erwartenden Skaleneffekte • Bestimmung des Implementierungsaufwands • Bewertung der Unsicherheit bezüglich einer erfolgreichen Umsetzung	• Quantitative Bewertung der Lösungsansätze • Priorisierung der Lösungsansätze
Hilfsmittel: Paarweiser Vergleich, Nutzwertanalyse		**Kernergebnis**: Bewertete Maßnahmen

Abbildung 5.49: Maßnahmenbewertung und -priorisierung (Phase 8)

Der erste Schritt der Phase besteht aus der Analyse der kurz- bis mittelfristig zu erwartenden Skaleneffekte je Maßnahme. Mit Verweis auf die Ausführungen innerhalb des Kapitels 2.3

werden zunehmende Skaleneffekte durch zahlreiche Aspekte beeinflusst. Im Rahmen der vorliegenden Methodik wird sich im Sinne des formalen Kriteriums der Handhabbarkeit für Anwendende auf den Teilaspekt der Stückzahldegression innerhalb der Herstellkostensenkung durch Skaleneffekte nach EHRLENSPIEL fokussiert.[483] Die Bewertung einzelner Maßnahmen M erfolgt also nachfolgend entsprechend ihrer Auswirkungen auf die Herstellkosten. Diese werden durch eine Funktion zur Berechnung der Durchschnittsstückkosten $\bar{k}$ entsprechend Formel (90) abgebildet.

$$\bar{k}(x) = \frac{K_{fix,i}}{x} * \left(1 + \left\lfloor \frac{x}{D_i} \right\rfloor\right) + \Delta k_i, \qquad x \in \mathbb{N}^+, \qquad \forall i \in \{M, M_1, \dots, M_n\} \tag{90}$$

$$\bar{k} = Durchschnittsstückkosten$$

$$K_{fix} = Stückzahlunabhängige\ Kosten$$

$$x = Produzierte\ Stückzahl$$

$$D = Ausbringungsrate$$

$$\Delta k = Stückzahlabhängige\ Kosten$$

$$M = technische\ Änderungsmaßnahmen$$

Dabei stellt K_{fix} die stückzahlunabhängigen Kosten dar, die sich aus den in Kapitel 5.1.4 definierten Abschreibungs-, Lohn-, Energie-, Gebäude- und Instandhaltungskosten zusammensetzen, siehe Formel (91). Der Parameter x stellt die produzierte Stückzahl dar und wird durch das Verhältnis von Anlagenkapazität zu benötigten Komponenten je BZ-System errechnet, siehe Formel (92). Die Parameter dieser Formel wurden umfassend in Kapitel 5.1 erläutert. Die stückzahlabhängigen Kosten werden aus der Differenz der Ausschussrate der neuen Maßnahme und der Ausschussrate der Referenztechnologie, multipliziert mit einem Ausschusskostensatz, bestimmt, siehe Formel (93).

$$K_{fix,i} = K_{Abschreibungen,i} + K_{Lohn,i} + K_{Hilfslöhne,i} + K_{Energie,i} + K_{Gebäude,i} + K_{Instandhaltung,i} \tag{91}$$

$$x = \frac{D_i * t^{Jahr}_{Betriebsstunden}}{n^{Sys}_{KOM}} \tag{92}$$

$$\Delta k = (PPM_i - PPM_{Referenz}) * K_{Ausschuss} \tag{93}$$

$$\forall i \in \{M, M_1, \dots, M_n\}$$

$$PPM_{Referenz} = Ausschussrate\ der\ aktuellen\ Technologie$$

$$K_{Ausschuss} = Kostensatz\ je\ Ausschusseinheit$$

Die stückzahlabhängigen Kosten beinhalten in diesem Bewertungsszenario ausschließlich Materialeinsparungen durch verringerten Ausschuss, da die Materialkosten für alle Maßnahmen bei einem einheitlichen Produkt grundsätzlich als dieselben angenommen werden. Sie sind somit beim Vergleich unterschiedlicher Maßnahmen vernachlässigbar. Die Berechnung der

[483] Vgl. Ehrlenspiel et al. (Kostengünstig Entwickeln und Konstruieren), 2014, S. 178.

Durchschnittsstückkosten $\bar{k}(x)$ erfolgt für jede abgeleitete Maßnahme M aus dem Gestaltungsmodul. Abbildung 5.50 zeigt eine Vorgehensweise zur Unterstützung von Anwendenden bei der Bestimmung der für die Formeln (90) - (93) erforderlichen Kennwerte. Zur Abschätzung der zu erwartenden Skaleneffekte je konzeptionierter Maßnahme ist, falls möglich, eine Aufteilung derer in Teilaspekte hilfreich. Diese werden im Anschluss an die Datenermittlung wiederum für die gesamte Maßnahme summiert. Je Teilaspekt sind $K_{fix}, \Delta k$ und x durch Recherche entsprechender Grundwerte zu identifizieren. Für K_{fix} müssen Investition, Abschreibungsdauer, voraussichtlicher Energieverbrauch sowie Personal-, Flächen- und Wartungsbedarf ermittelt werden. Dazu können mögliche Zulieferer aus dem Bereich Maschinen- und Anlagenbau befragt oder historische Vergleichsdaten herangezogen werden. Für die Ermittlung von Δk und x sind zu erwartende Prozesszeiten bzw. -geschwindigkeiten sowie zukünftige Ausschussraten abzuschätzen. Die Kosten je Ausschuss können aus der bestehenden Produktion entnommen werden. Nach Dokumentation der gesammelten Informationen erfolgt die Berechnung gemäß den oben angegebenen Formeln.

Maßnahme M_n für Produktionsschritt i				
unterteile in...				
Teilaspekt 1		[...]	Teilaspekt m	
unterteile in...				
$K_{fix,1}$	Δk_1 & x_1	[...]	$K_{fix,m}$	Δk_m & x_m
recherchiere...	*recherchiere...*		*recherchiere...*	*recherchiere...*
Investition	Prozesszeit	[...]	Investition	Prozesszeit
Abschreibung	Prozessgeschwindigkeit	[...]	Abschreibung	Prozessgeschwindigkeit
Energieverbrauch	Ausschuss	[...]	Energieverbrauch	Ausschuss
Personalbedarf	Kosten für Ausschuss	[...]	Personalbedarf	Kosten für Ausschuss
Flächenbedarf		[...]	Flächenbedarf	
Wartungsbedarf		[...]	Wartungsbedarf	

Abbildung 5.50: Hilfestellung bei der Ermittlung der erforderlichen Kostenwerte

Um die Auswertung der formulierten unstetigen Berechnungsfunktion in Formel (90) zu erleichtern, wird diese durch Regression in eine stetige Funktion überführt. Dies erfolgt entsprechend des Vorgehens nach BRONNER (siehe auch Kapitel 2.3.4.1) über eine doppelt-logarithmische Darstellung und anschließende Bestimmung einzelner Regressionsgeraden, hier als Anlauf-, Ablauf- und Langzeitkurve bezeichnet.[484] Abbildung 5.51 zeigt dieses Vorgehen für die zuvor definierte Durchschnittsstückkostenfunktion. Nach Parametrisierung der Durchschnittsstückkostenfunktion wird diese in doppelt logarithmierter Form über Formel (94) dargestellt, wobei $\bar{\kappa}$ die Durchschnittsstückkosten in Abhängigkeit der Stückzahl x, α die Steigung und β den Ordinatenabschnitt beschreiben.

$$\overline{\kappa^{log}}(x) = \alpha_i x^{log} + \beta_i, \qquad \alpha, \beta \in \mathbb{R}, \qquad x^{log} > 1, \qquad \forall i \in \{M_0, M_1, \ldots, M_n\} \tag{94}$$

$$\overline{\kappa^{log}} = Durchschnittsstückkosten\ logarithmiert$$

$$x = Stückzahl$$

[484] Vgl. Bronner (Angebots- und Projektkalkulation), 2008, S. 33f.

$$\alpha = Steigung\ Regressionsgerade$$

$$\beta = Ordinatenabschnitt$$

Anschließend erfolgt die Bestimmung der Regressionsgeraden per Definition der Anlauf, Ablauf- und Langzeitkurve. Die Zahlenwerte wurden beispielhaft gewählt.

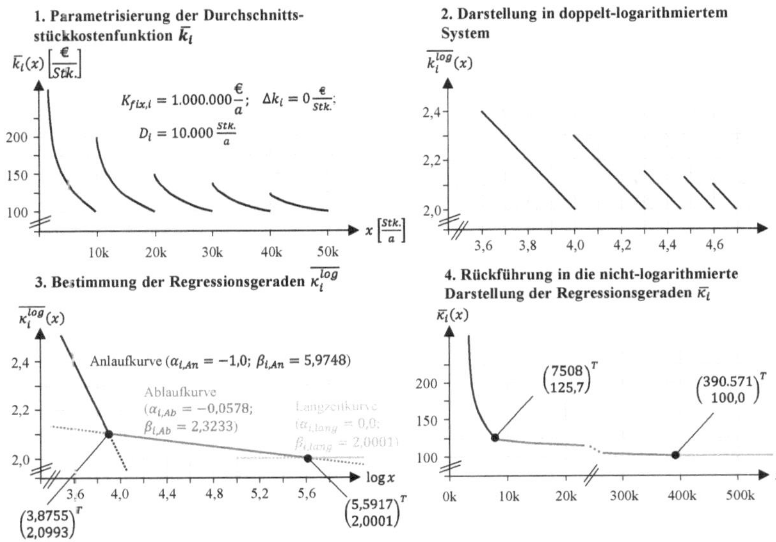

Abbildung 5.51: Aufstellung der Anlauf-, Ablauf- und Langzeitkurven für die Durchschnittsstückkosten im Sinne der Bewertung einzelner Maßnahmen

Die Anlaufkurve beschreibt dabei die Kostendegression innerhalb der Leistungsfähigkeit der betrachteten Produktionstechnologie. Die Ablaufkurve verkörpert die lineare Degression bei Überschreitung der Leistungsfähigkeit und somit bei Vervielfältigung der Produktionstechnologie. Die Langzeitkurve stellt einen langfristig konstanten Kostenwert $\overline{k_\infty} > 0$ dar, an den sich die Kostenfunktion für $x \to \infty$ annähert. Mit Rückführung in die nicht-logarithmierte Darstellung der Regressionsgeraden ist eine stetig fallende Durchschnittsstückkostenfunktion erkennbar. Mit Hilfe des formulierten Vorgehens können die Kosten unterschiedlicher Maßnahmen miteinander verglichen und die günstigste Alternative je Stückzahlszenario identifiziert werden. Eine Entscheidung für die jeweils günstigste Alternative stellt die Beschleunigung der Nutzung von Skaleneffekten dar. Über unterschiedliche Stückzahlszenarien kann so auch eine kostenoptimale Kombination mehrerer Maßnahmen identifiziert werden, siehe Abbildung 5.52. Die Darstellung zeigt, dass Maßnahme 1 gegenüber der Referenztechnologie keine Kostenersparnis verursacht. Maßnahme 2 ist ab einer Stückzahl A kostengünstiger als die Referenztechnologie. Ab einer Stückzahl B ist zwar auch Maßnahme 3 günstiger als die Referenz, jedoch noch teurer als Maßnahme 1 und somit an dieser Stelle uninteressant. Erst ab Stückzahl C ist Maßnahme 3 günstiger als Maßnahme 2, sodass ab dieser Ausbringungsmenge eine Umsetzung von Maßnahme 3 wirtschaftlich ist. Mit der Berechnung der

Durchschnittsstückkostenfunktionen kann somit durch Anwendende für ein vorliegendes Stückzahlszenario diejenige Maßnahme ausgewählt werden, die die höchsten Kostendegressionen und damit den größten Einfluss auf die beschleunigte Nutzung zunehmender Skaleneffekte aufweist.

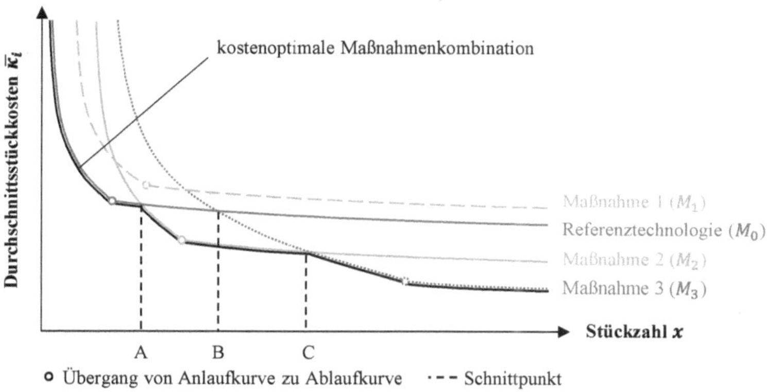

Abbildung 5.52: Darstellung der kostenoptimalen Maßnahmen je Produktionsmenge im Sinne der beschleunigten Nutzung von Skaleneffekten

Für die quantitative Bewertung innerhalb der Phase 8 des Bewertungsmoduls wird die Kostenersparnis gegenüber der Referenztechnologie bewertet. Hierzu erfolgt die Berechnung der prozentualen Kostenersparnis δ_{iM} durch Formel (95).

$$\delta_{iM} = 1 - \frac{\overline{\kappa_i(x)}}{\overline{\kappa_0(x)}}, \qquad \forall i \in \{M_0, M_1, \ldots, M_n\} \tag{95}$$

$$\delta = Prozentuale\ Kostenersparnis$$

$$\overline{\kappa\,(x)} = Durchschnittsstückkosten\ in\ Form\ von\ Anlauf-, Ablauf-\ und\ Langzeitkurve$$

Der Bewertungsfaktor X_i stellt einen normierten und damit mit anderen Bewertungsfaktoren vergleichbaren Zahlenwert dar. Er repräsentiert den Einfluss einer Maßnahme auf die Skaleneffekte im betrachteten Produktionssystem. Die Bestimmung des Faktors erfolgt nach Formel (96). δ_{min} verkörpert dabei die untere, δ_{max} die obere Grenze der normierten Skala. Dabei ist zu empfehlen, die untere Grenze auf null zu setzen, während die obere Grenze von Anwendenden definierbar ist.

$$X_i = \begin{cases} 0, & \text{falls } \delta_{iM} < \delta_{min} \\ 1, & \text{falls } \delta_{iM} > \delta_{max} \\ \dfrac{\delta_{iM}}{\delta_{max} - \delta_{min}}, & \text{sonst} \end{cases}, \qquad \forall i \in \{M_0, M_1, \ldots, M_n\} \tag{96}$$

$$X = Bewertungsfaktor\ Skaleneffekte$$

$$\delta = Prozentuale\ Kostenersparnis\ inkl. Minimal-\ und\ Maximalwert$$

$$M = Abgeleitete\ Technologieveränderungsmaßnahme$$

Der zweite Schritt der Phase 8 besteht aus der Bewertung des Entwicklungsumfanges je Maßnahme. Dieser setzt sich in Anlehnung an die Ausführungen von SCHOLZ aus den Faktoren Neuheitsgrad, Kompatibilität, Reifegrad, Komplexität, Komplementärtechnologien und Leistungsdifferenz zusammen, siehe Abbildung 5.53. Der Neuheitsgrad einer potenziellen Maßnahme verkörpert die von Anwendenden wahrgenommene Ähnlichkeit zu einer am Markt existenten Technologie. Die Kompatibilität drückt die Anschlussfähigkeit an bestehende Technologien des Unternehmens aus, während der Reifegrad ein Maß für die Reife eines technologischen Systems ist. Die Komplexität wird unter anderem durch die Anzahl der Elemente eines Systems bestimmt. Das Vorhandensein von ergänzenden Technologien zur Leistungserbringung ist durch den Aspekt der Komplementärtechnologien repräsentiert, während die Leistungsdifferenz den aktuellen Entwicklungsvorsprung oder -rückstand gegenüber dem angestrebten Leistungsniveau verkörpert.[485]

Bewertungsaspekt	Kurzbeschreibung
Neuheitsgrad	Wahrgenommene Ähnlichkeit zu einer am Markt existenten Technologie
Kompatibilität	Anschlussfähigkeit an bestehende Technologien des Unternehmens
Reifegrad	Entwicklungsstufe einer Technologie vom Forschungsstadium bis zur Anwendung in realer Umgebung
Komplexität	Anzahl der Elemente des Systems sowie Anzahl und Verschiedenartigkeit der zwischen diesen Elementen bestehenden Beziehungen
Komplementärtechnologien	Vorhandensein von ergänzenden Technologien für die Leistungserbringung
Leistungsdifferenz	Entwicklungsvorsprung oder -rückstand gegenüber angestrebtem Leistungsniveau

Abbildung 5.53: Bewertungsaspekte des Faktors Entwicklungsumfang

Die möglichen Ausprägungen der Bewertungsaspekte für den Entwicklungsumfang sind Abbildung 5.54 zu entnehmen. Da in Anlehnung an SCHOLZ die Durchführung eines paarweisen Vergleichs in Kombination mit einer Nutzwertanalyse empfehlenswert ist, werden die Ausprägungen mit Zahlenwerten zwischen eins und vier versehen.

[485] Vgl. Scholz (Methodik zur potenzial- und risikobasierten Technologiebewertung), 2021, S. 147.

Bewertungsaspekt	Ausprägung			
Neuheitsgrad	radikal	eher radikal	eher inkrementell	inkrementell
Kompatibilität	gering	eher gering	eher hoch	hoch
Reifegrad	MTRL3	MTRL5	MTRL7	MTRL9
Komplexität	hoch	eher hoch	eher gering	gering
Komplementärtechnologien	keine	wenige	einige	viele
Leistungsdifferenz	Rückstand	eher Rückstand	eher Vorsprung	Vorsprung
Zugehöriger Zahlenwert:	(1)	(2)	(3)	(4)

Abbildung 5.54: Ausprägungen der Bewertungsaspekte für den Entwicklungsumfang[486]

Die Ausprägungen sind durch Anwendende für den Aspekt Neuheitsgrad zwischen „radikal“ und „inkrementell“, für Kompatibilität zwischen „gering“ und „hoch“ und für den Reifegrad zwischen „Manufacturing Technology Readiness Level (MTRL) 3“ und „MTRL 9“ zu wählen. Die MTRL sind auf das Modell der Technology Readiness Level (TRL) zurückzuführen und gelten als ein Zusammenschluss von Merkmalen, die auf Grundlage von Fähigkeitsnachweisen zunehmende Stufen der technischen Reife beschreiben.[487] Die MTRL ordnen Anwendungen im Bereich der Produktionstechnik ein. Im Rahmen dieser zehnstufigen Bewertung können verbleibende Forschungs-, Entwicklungs- und Konstruktionsbedarfe einer Fertigungstechnologie bis zur Serienreife bestimmt werden.[488] Die MTRL mit einer zugehörigen Beschreibung und einem vom Autor dieser Arbeit angenommenen Zeitraum zur Umsetzung der Technologie sind dem Anhang A.12 zu entnehmen. Die Komplexität einer Maßnahme ist zwischen „hoch“ und „gering“ zu bewerten. Komplementärtechnologien beinhalten Ausprägungen zwischen „keine“ und „viele“. Die Bewertung der Leistungsdifferenz ist zwischen „Rückstand“ und „Vorsprung“ vorzunehmen.

Zur Ermittlung des Nutzwertes Y_i für den Entwicklungsumfang ist zunächst der paarweise Vergleich durchzuführen. Die genannten Bewertungsaspekte werden dabei gegeneinander in ein Verhältnis gesetzt und somit gewichtet. Abbildung 5.55 zeigt die grundlegende Vorgehensweise innerhalb des paarweisen Vergleichs. Ein einzelner Bewertungsfaktor ist durch die Ziffer „0“ gegenüber dem zu vergleichenden Bewertungsfaktor als weniger wichtig eingestuft. Die Ziffer „1“ legt gleiche Wichtigkeit fest, während die Ziffer „2“ den einzelnen Bewertungsfaktor als wichtiger einstuft. Die Zeilensummen ergeben die Gesamtbewertung eines einzelnen Faktors. Dieser wird per Normierung in einen relativen Zahlenwert, hier als Gewichtung bezeichnet, überführt.[489]

---

[486] Vgl. Scholz (Methodik zur potenzial- und risikobasierten Technologiebewertung), 2021, S. 81.
[487] Vgl. Persons et al. (Technology Readiness Assessment Guide), 2016, S. 15f.
[488] Vgl. Peters (A Readiness Level Model for New Manufacturing Technologies), 2015, S. 647ff.
[489] Vgl. Sonntag et al. (Paarweiser Vergleich), 2015, S. 2.

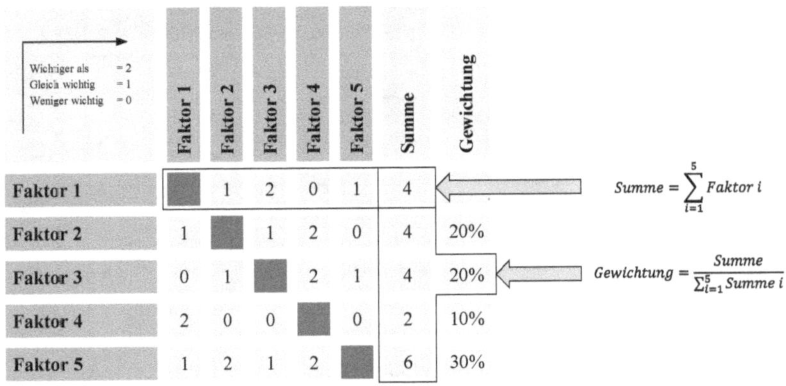

Abbildung 5.55: Vorgehensweise innerhalb des paarweisen Vergleichs

Die Nutzwertanalyse bestimmt den finalen Bewertungsfaktor Y_i. Anwendende legen dazu die Ausprägung des jeweiligen Bewertungsaspektes fest und multiplizieren den jeweils ausgewiesenen Zahlenwert mit der Gewichtung aus dem paarweisen Vergleich. Nach Abschluss dieses Vorgehens für jeden Bewertungsaspekt wird ein normierter Bewertungsfaktor Y_i für alle $i \in \{M_0, M_1, \dots, M_n\}$ gebildet.

Im dritten Schritt der Phase 8 wird das Risiko bezüglich einer erfolgreichen Umsetzung der ermittelten Maßnahmen bewertet. In Anlehnung an SCHOLZ besteht das Risiko aus den Bewertungsaspekten Anforderungsklarheit, Entwicklungspartner, F&E-Ressourcen, Wissen & Erfahrung, Verfügbares Budget und Nachhaltigkeit.[490] Abbildung 5.56 zeigt die Bewertungsaspekte mit Kurzbeschreibung und möglichen Ausprägungsstufen.

[490] Vgl. Scholz (Methodik zur potenzial- und risikobasierten Technologiebewertung), 2021, S. 275ff.

Bewertungsaspekt	Kurzbeschreibung
Anforderungsklarheit	Klarheit und Beständigkeit der Anforderungen an das Entwicklungsvorhaben
Entwicklungspartner	Verfügbarkeit geeigneter Entwicklungspartner
F&E-Ressourcen	Verfügbarkeit geeigneter F&E-Ressourcen für die Umsetzung der Maßnahme
Wissen & Erfahrung	Vorhandene Erfahrung oder zugängliches Wissen in Bezug auf die Technologie
Verfügbares Budget	Verfügbare finanzielle Mittel des Unternehmens
Nachhaltigkeit	Umweltverträglichkeit der Technologie während der Erstellung und Nutzung

Bewertungsaspekt	Ausprägung			
Anforderungsklarheit	unklar	eher unklar	eher klar	klar
Entwicklungspartner	keine	loser Austausch	Kooperation	Kundenbeziehung
F&E-Ressourcen	gering	eher gering	eher hoch	hoch
Wissen & Erfahrung	nicht vorhanden	wenig vorhanden	ausreichend vorhanden	viel vorhanden
Verfügbares Budget	erheblich geringer	geringer	mehr	erheblich mehr
Nachhaltigkeit	gering	eher gering	eher hoch	hoch
Zugehöriger Zahlenwert:	(1)	(2)	(3)	(4)

Abbildung 5.56: Bewertungsaspekte und Ausprägungen des Faktors Risiko

Die Anforderungsklarheit bezieht sich auf die Klarheit und die Beständigkeit der Anforderungen an das Entwicklungsvorhaben und ist innerhalb der Nutzwertanalyse zwischen den Ausprägungen „unklar“ und „klar“ einzustufen. Der Aspekt der Entwicklungspartner hält die Verfügbarkeit geeigneter Entwicklungspartner für die entsprechende Maßnahme fest. Die Ausprägungen sind von „keine“ bis „Kundenbeziehung“ definiert. Die Verfügbarkeit geeigneter Ressourcen für die Umsetzung der Maßnahme ist durch den Aspekt der F&E-Ressourcen verkörpert. Dieser ist zwischen „gering“ und „hoch“ ausgeprägt. Der Aspekt Wissen & Erfahrung beinhaltet den Umfang des vorhandenen oder zugänglichen Wissens in Bezug auf die entwickelte Maßnahme und bewegt sich zwischen „nicht vorhanden“ und „viel vorhanden“. Die verfügbaren finanziellen Mittel des produzierenden Unternehmens werden über den Aspekt des verfügbaren Budgets abgebildet, wobei sich die Ausprägungen auf die zu Beginn der Phase 8 angenommene Investition beziehen. Die Ausprägungen sind zwischen „erheblich geringer“ und „erheblich mehr“ zu wählen. Der Bewertungsaspekt der Nachhaltigkeit beinhaltet die Umweltverträglichkeit der abgeleiteten Maßnahme und wird über die Ausprägungen „gering“ bis „hoch“ ausgedrückt. Aus Durchführung des paarweisen Vergleichs sowie der Nutzwertanalyse resultiert der Bewertungsfaktor Z_i für das voraussichtliche Risiko bei der Umsetzung der jeweiligen Maßnahme.

Im Sinne einer übersichtlichen Darstellung werden die drei Bewertungsfaktoren X_i, Y_i, Z_i zu einem Gesamtwert W_i verrechnet. Die Bewertungsfaktoren werden dazu wiederum mit aus einem paarweisen Vergleich resultierenden Gewichtungsfaktoren w_X, w_Y, w_Z beaufschlagt und der Gesamtwert durch Formel (97) berechnet.

$$W_i = \frac{w_X * X_i + w_Y * Y_i + w_Z * Z_i}{w_X + w_Y + w_Z}, \qquad \forall i \in \{M_0, M_1, \dots, M_n\} \tag{97}$$

$$W = Gesamtwert\ je\ Maßnahme$$

$$w = Gewichtung\ je\ Bewertungsfaktor$$

Der ermittelte Wert W_i ist anschließend in einen dreidimensionalen Portfoliowürfel einzutragen, siehe Abbildung 5.57. Jede der drei Achsen des Würfels bildet einen Bewertungsfaktor ab. Die X-Achse zeigt die Bewertung hinsichtlich zu erwartender Skaleneffekte, die Y-Achse zeigt die Bewertung des Entwicklungsumfanges und die Z-Achse die Bewertung des Risikos. Der Portfoliowürfel beinhaltet darüber hinaus eine farbliche Kodierung, die die Gesamtbewertung widerspiegelt. Der maximal erreichbare Gesamtwert liegt bei $W_i = 1$, welcher die Position (1,1,1) im Portfoliowürfel verkörpert. Dieser besitzt die stärkste Schattierung oben links in Abbildung 5.57. Die schwächste Schattierung und damit die geringste Gesamtbewertung ist an der Position (0,0,0) im Würfel zu erkennen. Beispielhaft sind außerdem drei Maßnahmen abgebildet, die aufgrund der Darstellung im Portfoliowürfel leicht gegenübergestellt werden können.

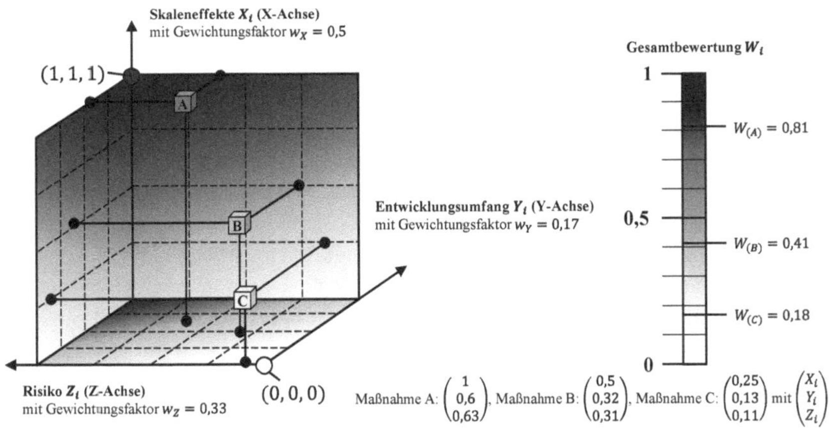

Abbildung 5.57: Gesamtbewertung und Priorisierung unterschiedlicher Maßnahmen

Aus dem gezeigten Beispiel geht hervor, dass Maßnahme A aufgrund eines hohen Einflusses auf die Erzielung von Skaleneffekten bei gleichzeitig mittlerem Entwicklungsumfang und mittlerem Risiko zu priorisieren ist. Die Gewichtungsfaktoren wurden auf $w_X = 0,5$, $w_Y = 0,17$ und $w_Z = 0,33$ festgelegt. Maßnahme B ist durch einen mittleren Einfluss auf Skaleneffekte sowie einem eher niedrigen Kennwert für den Entwicklungsumfang sowie hohem Risiko geprägt. Maßnahme C besitzt niedrigen Einfluss auf die Erzielung von Skaleneffekten und erfordert hohen Entwicklungsumfang. Das Risiko für eine erfolgreiche Umsetzung der Maßnahme ist hoch.

Phase 8 der Methodik ist mit Eintragung der ermittelten Maßnahmen in den Portfoliowürfel abgeschlossen. Es folgt die Ableitung von Handlungsempfehlungen mittels eines Handlungsplanes in Phase 9.

5.4.2 Phase 9: Strategieentwicklung

Ziel der Phase zur Strategieentwicklung ist die Ableitung eines Handlungsplanes aus den Erkenntnissen der vorangegangenen Phasen und Module. Dazu werden die priorisierten Maßnahmen aus Phase 8 für sämtliche Produktionsschritte und Komponenten zusammengefasst und übersichtlich aufbereitet. Es folgt die Entwicklung einer Handlungsstrategie für Anwendende unter Zuhilfenahme des Technologie-Roadmappings. Ergebnis von Phase 9 ist eine Strategie zur Umsetzung der ermittelten Maßnahmen zur Erreichung des Kostenziels aus Phase 3.

Strategieentwicklung			
Modul	Bewertungsmodul	**Phase**	9
Zielsetzung	Ableitung eines Handlungsplanes		
Eingangsgrößen	**Vorgehen**	**Ausgangsgrößen**	
• Einordnung und Priorisierung technischer Maßnahmen	• Einordnung der Maßnahmen hinsichtlich Prozessschritt und Zeitrahmen • Erstellung einer Handlungsstrategie	• Strategie zur Umsetzung technischer Lösungsansätze zur Erreichung des festgelegten Kostenziels	
Hilfsmittel	Technologie-Roadmap	**Kernergebnis**	Handlungsstrategie

Abbildung 5.58: Strategieentwicklung (Phase 9)

Die Strategieentwicklung besteht aus der Erstellung einer individuellen Technologie-Roadmap (TRM). Nach SCHUH ET AL. dienen Technologie-Roadmaps der Entwicklung von Technologiestrategien für produzierende Unternehmen, sie eignen sich beispielsweise zur Produkt- oder Kapazitätsplanung.[491] Sie werden nach PHAAL ET AL. außerdem genutzt, um Prognosen für die Entwicklung bestimmter Branchen oder Technologien aufzustellen.[492] Dieses Hilfsmittel wird deshalb in der vorliegenden Phase dazu verwendet, Anwendenden der Methodik eine strukturierte Umsetzung von Innovationen zu ermöglichen. Abbildung 5.59 zeigt die für Phase 9 gewählte TRM-Struktur, basierend auf dem Konzept einer Mehrschichtendarstellung.[493] Diese Struktur ist für den vorliegenden Anwendungsfall sinnvoll, da sie die Maßnahmen zur Erreichung eines bestimmten Ziels zu gegebener Zeit gut abbilden kann.

Die beispielhafte TRM zeigt je analysiertem Produktionsschritt eine Handlungsstrategie zur Erreichung des im Analysemodul identifizierten Zielkostenwertes. Dazu sind die im Rahmen

---

[491] Vgl. Schuh et al. (Technologiemanagement), 2011, S. 207ff.
[492] Vgl. Phaal et al. (Technology Roadmapping), 2001, S. 3.
[493] Vgl. Phaal et al. (Technology Roadmapping), 2001, S. 8.

des Gestaltungsmoduls ermittelten Maßnahmen aufgeführt, die potenziell Kosteneinsparungen mit sich bringen. Diese wurden im Rahmen des Bewertungsmoduls priorisiert, sodass Anwendende der Methodik entsprechend einer definierten Reihenfolge zur Erreichung des Zielkostenwertes im Zieljahr handeln können. Die Priorisierung der betrachteten Produktionsschritte ist in vertikaler Richtung abzulesen, während die zeitliche Umsetzungsreihenfolge horizontal zu entnehmen ist. Die Pfeilrichtungen von Maßnahme A zu Maßnahme B zu Maßnahme C sind als Handlungsstrategie zur Erreichung des Zielkostenwertes zu verstehen. Phase 9 ist mit der Erstellung einer individualisierten TRM abgeschlossen.

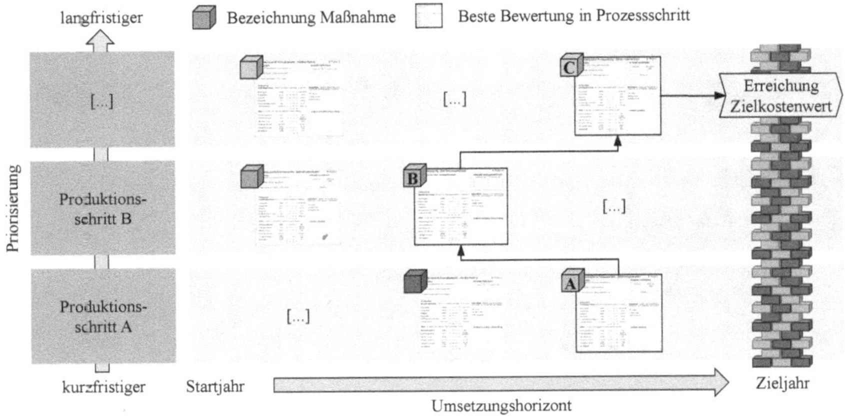

Abbildung 5.59: Handlungsstrategie unter Zuhilfenahme des Technologie-Roadmappings

5.4.3 Zusammenfassung des Bewertungsmoduls

Inhalt des Bewertungsmoduls ist der Vergleich und die Priorisierung der im Gestaltungsmodul ermittelten Maßnahmen zur Erreichung des Zielkostenwertes aus dem Analysemodul. Zunächst werden die Maßnahmen hinsichtlich der drei Kriterien Erzielung zunehmender Skaleneffekte, zu erwartender Entwicklungsumfang und Risiko quantitativ bewertet. Anschließend erfolgt die Priorisierung und zeitliche Einordnung derselben im Rahmen einer Technologie-Roadmap, sodass Unternehmen einem Handlungsplan folgen können. Mit Abschluss der Technologie-Roadmap ist die Methodik zur Nutzung von Skaleneffekten vollständig durchlaufen.

5.5 Zusammenfassung der Methodik

Summary of the methodology

Auf Grundlage der in Kapitel 2 erläuterten Herausforderungen aus der Praxis und dem Handlungsbedarf aus der Theorie in Kapitel 3 wurde in Kapitel 5 eine Methodik zur Nutzung von Skaleneffekten in der Produktion am Beispiel von PEM-Brennstoffzellensystemen entwickelt. Diese besteht aus vier Modulen mit jeweils einer bis drei Phasen. Im ersten Modul, dem Initiierungsmodul, wird ein techno-ökonomisches Modell zur Berechnung des individuell vorliegenden Produktionssystems erzeugt. Für eine Anwendung der Methodik wurden die zugrundeliegenden Berechnungsformeln für das Prozess-, Betriebs- und Kostenmodell aufgestellt und erläutert. Im Rahmen des anschließenden Analysemoduls wurden Hauptkostenbestandteile identifiziert und mittels einer Sensitivitätsanalyse die technischen Parameter abgeleitet, die den größten Einfluss auf die Kostenstruktur von BZ-Systemen haben. Eine Lernkurvenanalyse trägt außerdem zur Abschätzung eines Zielkostenwertes bei, sodass alle notwendigen Informationen zur Durchführung der zugrundeliegenden Gap-Analyse vorliegen. Das Gestaltungsmodul unterstützt Anwendende der Methodik bei der Konzeptionierung technischer Maßnahmen im Sinne er Erreichung des Kostenzielwertes. Dazu werden in den einzelnen Phasen bestehende Technologien optimiert, aus anderen Branchen adaptiert oder mittels eines strukturierten Kreativitätsprozesses gänzlich neugestaltet. Abschließend erfolgt die quantitative Bewertung und Einordnung der abgeleiteten Maßnahmen innerhalb des Bewertungsmoduls. Hierbei steht der Einfluss auf Skaleneffekte in der Produktion, die Entwicklungsaufwände sowie das Risiko im Vordergrund. Die Methodik endet mit der Erstellung einer Technologie-Roadmap, die es Unternehmen erleichtern soll, entsprechend eines definierten Handlungsplanes zu agieren.

Die entwickelte Methodik unterstützt Anwendende dabei, die aktuellen Kosten eines unternehmensintern hergestellten Produktes zu ermitteln und Maßnahmen entsprechend der Nutzung von Skaleneffekten abzuleiten sowie zu priorisieren. Nach Durchführung der Methodik kann entsprechend eines definierten Handlungsplanes vorgegangen werden. Das nachfolgende Kapitel 6 erläutert die Anwendung der Methodik in der Praxis.

6 Validierung und kritische Reflexion der Methodik

Validation and critical reflection of the methodology

Im Sinne des zugrundeliegenden Forschungsansatzes aus Kapitel 1.3 erfolgt in diesem Kapitel die Validierung der Methodik anhand eines Praxisbeispiels. Dazu wird die Methodik in Kapitel 6.1 angewendet und anhand der Wertschöpfungskette von BZ-Systemen Maßnahmen zur Nutzung von Skaleneffekten abgeleitet. Entsprechend ihrer Abfolge werden dazu das Initiierungsmodul, das Analysemodul, das Gestaltungsmodul und das Bewertungsmodul durchlaufen. Die Validierung der Methodik endet mit einer kritischen Reflexion der Ergebnisse in Kapitel 6.2.

6.1 Anwendung der Methodik

Methodology application

Zur Anwendung der Methodik werden vier Module anhand von neun Phasen durchlaufen. Das Forschungsprojekt Fuel Cell Performance Production (FCPP, Förderkennzeichen 03EN5013A) am PEM der RWTH Aachen dient dabei als zugrundeliegender Anwendungsfall, wobei Informationen über den Umfang des Forschungsprojektes hinaus auf den Erfahrungen der Partnerunternehmen und des Autors während seiner Tätigkeit als wissenschaftlicher Mitarbeiter des Lehrstuhls PEM der RWTH Aachen basieren. Das Konsortium des Forschungsprojektes FCPP besteht aus sieben Konsortialpartnern[494], welche ihre Kernkompetenzen über die gesamte Wertschöpfungskette von BZ-Systemen vereinen. Zu diesen Kompetenzen gehören der Maschinen- und Anlagenbau, die Herstellung von MEAs und BPP sowie die BZ-Stack- und BZ-Systemmontage. Auch die Prüftechnik für BZ-Systeme und BZ-Komponenten wird innerhalb des Konsortiums abgedeckt. Das Ziel des Forschungsprojektes ist die Herstellung eines wettbewerbsfähigen BZ-Stacks mit Hilfe von großserientauglicher und kostengünstiger Produktionstechnik. Die Förderung erfolgte durch das Bundesministerium für Wirtschaft und Klimaschutz (BMWK) und wurde durch den Projektträger Jülich (PtJ) begleitet. Die entwickelte Methodik wird genutzt, um entsprechende technische Maßnahmen innerhalb der Produktionstechnik abzuleiten. Da der BZ-Stack die meisten wertschöpfenden Tätigkeiten und die Technologien mit höchstem Komplexitätsgrad beinhaltet, kann bei der Validierung auf die theoretische Betrachtung der noch ausbleibenden Prozessschritte hin zum BZ-System zurückgegriffen werden. Um die Geheimhaltung sensibler Informationen zu wahren, werden Zusammenhänge teilweise verkürzt oder leicht abgeändert dargestellt.

6.1.1 Anwendung des Initiierungsmoduls

Das Initiierungsmodul beinhaltet die erste Phase der Methodik, innerhalb derer die techno-ökonomische Modellierung des betrachteten Produktionssystems vorgenommen wird. Dazu gehört die Erstellung des Prozessmodells, des Betriebsmodells und des Kostenmodells. Für das Prozessmodell wurde im Rahmen des Forschungsprojektes das zu betrachtende Produkt sowie die

[494] Das Konsortium des Forschungsprojektes FCPP besteht neben dem PEM der RWTH Aachen aus dem TME der RWTH Aachen, dem Zentrum für Brennstoffzellentechnik GmbH (ZBT), der FEV Europe GmbH (FEV), der Laufenberg GmbH (Laufenberg), der Olbrich GmbH (Olbrich) und der Wärmetauscher Sachsen GmbH (WätaS).

Prozesskette festgelegt und die Berechnungsgrundlage mit Hilfe von Microsoft Excel ausgeführt. Die definierten Produktparameter zeigt Abbildung 6.1.

Leistung	130 kW	**Höhe BPP**	100 µm
Leistungsdichte	1,2 W/cm²	**Höhe Memran**	20 µm
Platinbeladung	0,35 mg_{Pt}/cm^2	**Höhe GDL**	250 µm
Höhe	460 mm	**Höhe Korrosionsschutz**	5 µm
Breite	250 mm	**Anzahl Stacks je System**	1
Länge	500 mm	**Lebensdauer**	20.000 h

Abbildung 6.1: Produktparameter für das BZ-System des Anwendungsfalles

Es folgte die Festlegung der zugrundeliegenden Prozesskette. Abbildung 6.2 zeigt die gewählten Fertigungsoperationen für das modellierte Produktionssystem. Für diesen Anwendungsfall wurde die gesamte Wertschöpfungskette von BZ-Systemen bestehend aus Herstellung von BPP, MEA, BZ-Stack und BZ-System definiert.

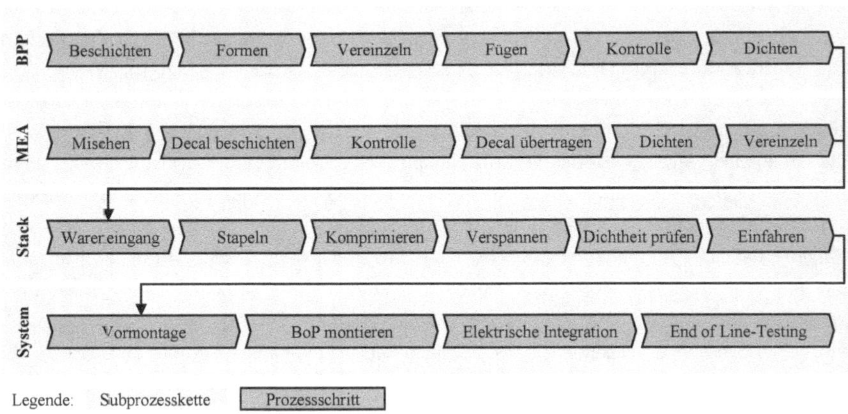

Abbildung 6.2: Für den Anwendungsfall gewählte Fertigungsoperationen

Das Betriebsmodell beinhaltet die Bestimmung des Brutto-Produktionsvolumens, der Definition von Arbeits- und Betriebszeiten sowie der Ermittlung der Fertigungslinienanzahl. Abbildung 6.3 zeigt die zugrundeliegenden Eingangsgrößen.

Fehlerhafte Teile pro 1 Mio.	1 Teil	**Schichten pro Betriebstag**	1 Schicht
Arbeitstage pro Jahr	250 Tage	**Arbeitsstunden pro Tag**	8 h
Urlaubstage Facharbeiter	33 Tage	**Krankenquote**	10%
Urlaubstage Hilfsarbeiter	30 Tage	**Betriebsstunden je Schicht**	6 h

Abbildung 6.3: Für den Anwendungsfall gewählte Betriebsparameter

Mit der Erstellung des Kostenmodells endet das Initiierungsmodul. Auf Grundlage der definierten Kostenstruktur ist die Darstellung der absoluten Kostenwerte von Richtpreis, Herstellkosten, Materialkosten und Fertigungskosten möglich. Abbildung 6.4 zeigt die modellierte Entwicklung dieser Kosten über Produktionsvolumen von 500 bis 750.000 BZ-Systemen der festgelegten Konfiguration pro Jahr.

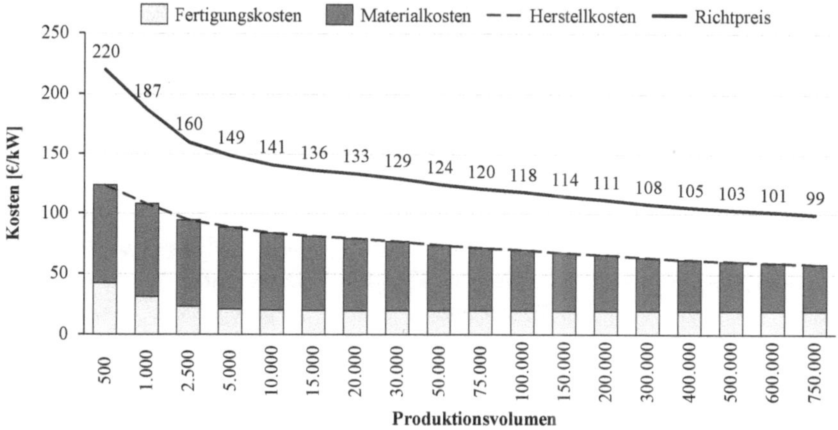

Abbildung 6.4: Techno-ökonomische Modellierung der BZ-Systemkosten je Produktionsvolumen für den gewählten Anwendungsfall

Die ermittelten Kostenwerte des definierten BZ-Systems basieren auf der techno-ökonomischen Modellierung des Produktes und des Produktionssystems. Dies erfolgte unter Zuhilfenahme des Process Based Cost Modeling (PBCM). Das Initiierungsmodul ist an dieser Stelle abgeschlossen. Die Ergebnisse dieses Moduls wurden als Eingangsgrößen für das Analysemodul genutzt.

6.1.2 Anwendung des Analysemoduls

Innerhalb des Analysemoduls wurden die Hauptkostentreiber des modellierten Produktionssystems identifiziert. Dazu wurden zunächst Hauptkostenbestandteile ermittelt, ein Kostenzielwert definiert und Parameter mit dem größten Einfluss auf die Produktkosten ermittelt.

Zur Ermittlung der Hauptkostenbestandteile werden die BZ-Systemkostenarten zunächst auf Subkomponentenebene dargestellt, um eine Eingrenzung des Betrachtungsbereiches zu ermöglichen (siehe Abbildung 6.5).

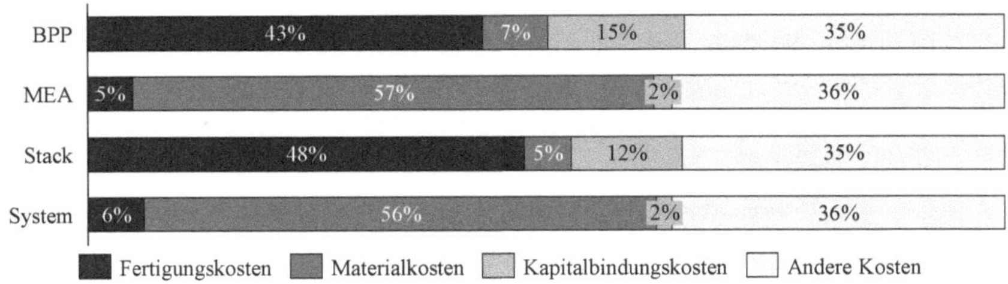

Abbildung 6.5: Kostenartenanteile der BZ-Komponenten entsprechend des Anwendungsfalles

Da im vorliegenden Anwendungsfall die gesamte Wertschöpfungskette von BZ-Systemen betrachtet werden sollte, wurde der Betrachtungsbereich jedoch nicht eingeschränkt. Der nächste Schritt innerhalb der Hauptkostenbestandteilermittlung beinhaltet die Anordnung der zugrundeliegenden Produktionsschritte entsprechend ihres Kostenanteils und die initiale Festlegung einer Kostengrenze. Abbildung 6.6 zeigt die Anordnung der Produktionsschritte nach ihren Kosten in Euro pro kW Brennstoffzellenleistung für den Anwendungsfall des Forschungsprojektes. Das zugrundeliegende Produktionsvolumen beträgt entsprechend des aktuellen Standes der Industrie (siehe auch Kapitel 2.2.2) 10.000 BZ-Systeme pro Jahr.

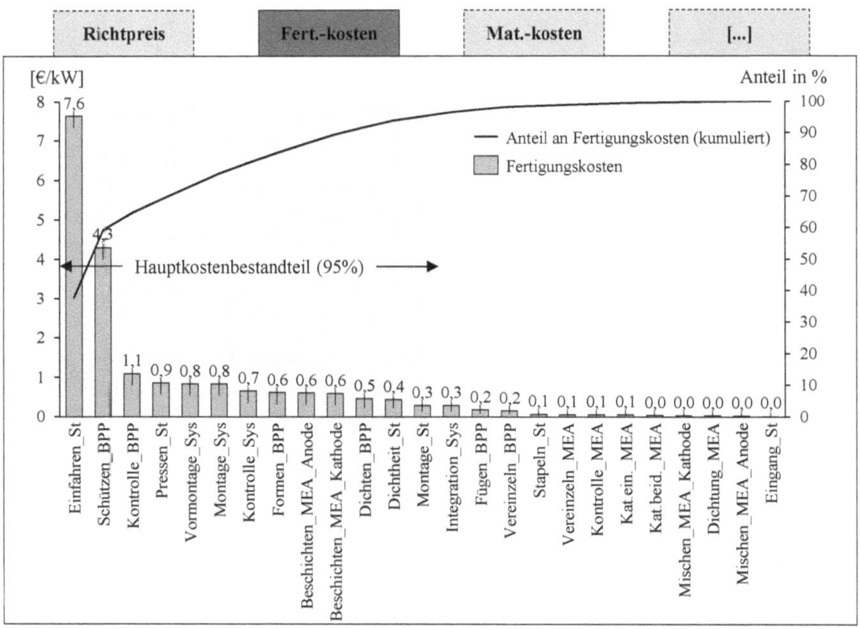

Abbildung 6.6: Hauptkostenbestandteilanalyse für die Fertigungskosten des Anwendungsfalles

Die Kostengrenze, hier auch als Hauptkostenbestandteil bezeichnet, wurde aufgrund des vielfältigen Kompetenzprofils der Konsortialpartner auf 95% festgesetzt. Da die Schritte innerhalb des Hauptkostenbestandteils Teil der anschließenden Sensitivitätsanalyse sind, konnte somit die Wertschöpfungskette möglichst umfassend betrachtet werden. Auf der Abbildung ist erkennbar, dass das Einfahren des BZ-Stacks sowie das Beschichten der BPP einen erheblichen Einfluss auf die Fertigungskosten haben.

Zur Ermittlung des Kostenzielwertes folgt auf die Hauptkostenbestandteilanalyse die Lernkurvenanalyse. Auf Grundlage der berechneten Kostenwerte, einer festgelegten Lernrate, prognostizierter Produktionsvolumen und eines Betrachtungszeitraumes wurde entsprechend der zugrundeliegenden Gap-Analyse eine Entwicklungsgrenze für die Fertigungskosten festgesetzt. Abbildung 6.7 zeigt die Entwicklung der Fertigungskosten der BZ-Systeme für einen Zeitraum von 10 Jahren bei einer Ausbringungsmenge von 10.000 BZ-Systemen pro Jahr, einem Wachstumsfaktor von 1,1 pro Jahr und einer Lernrate von 18%, die im Rahmen des Konsortiums auf Grundlage von Erfahrungen und Literaturwerten festgelegt worden ist. Nach Ablauf des Betrachtungszeitraumes muss entsprechend der Lernkurvenanalyse ein Zielkostenwert von 14,33 €/kW erreicht werden, der eine zu schließende Lücke von 5,14 €/kW ergibt.

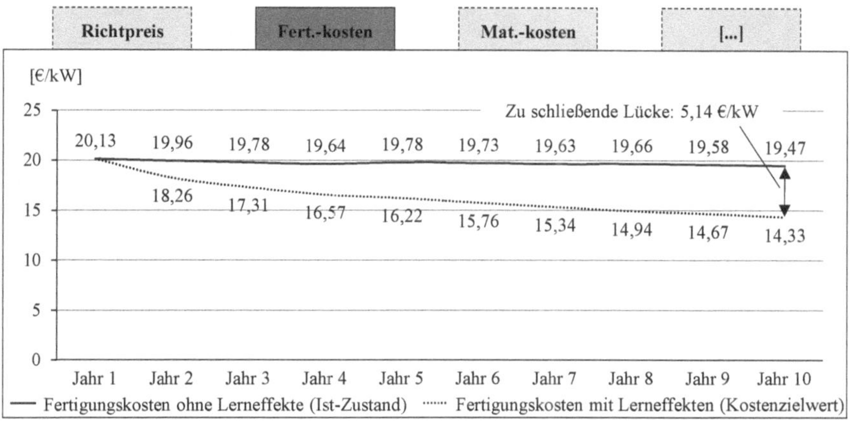

Abbildung 6.7: Lernkurvenanalyse für die Fertigungskosten des Anwendungsfalles

Entsprechend der vierten Phase des Analysemoduls werden die größten Stellhebel zur Schließung der identifizierten Lücke mittels Sensitivitätsanalyse bestimmt. Abbildung 6.8 zeigt die Ergebnisse derselben für den Anwendungsfall FCPP. Die Sensitivitätsintervalle wurden nach mehrfacher Iteration auf 35% und 10% festgelegt. Die Iterationen waren notwendig, um den Zielkostenwert vor dem Hintergrund der effizienten Durchführung mit den geringstmöglichen Veränderungen zu erreichen. Die Sensitivitätsanalyse ergab, dass zur Erreichung des Zielkostenwertes zehn Produktionsparameter verändert werden müssten. Auffallend ist eine starke Erhöhung des Richtpreises, verursacht durch eine Verringerung der maximalen Bandbreite der BPP (b_Band_BPP_max). Wird diese Breite um 35% verringert, sinkt die Anzahl der nebeneinander in Richtung der Bandbreite anzuordnenden BPP ganzzahlig. Dies sorgt für einen drastischen Preisanstieg, da die modellierte Anlagenkapazität dadurch erheblich sinkt. Sofern es die Rahmenbedingungen gewährleisten sollte an dieser Stelle auf eine Verringerung der nebeneinander herstellbaren BPP verzichtet werden.

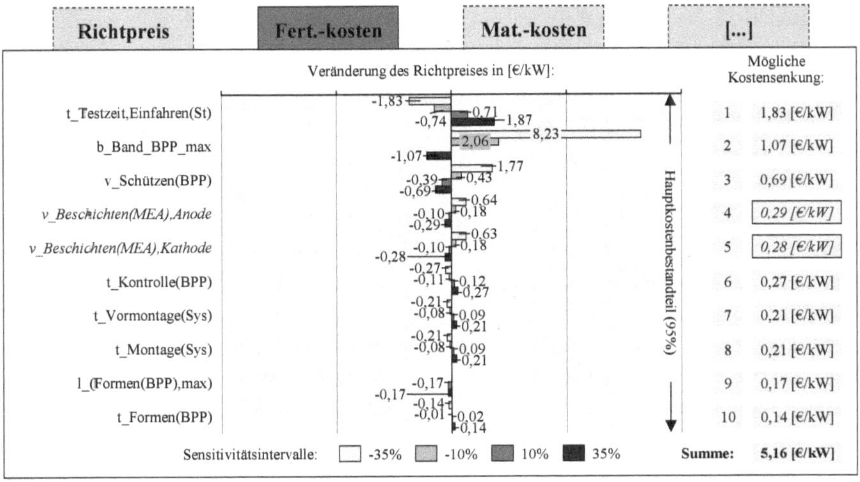

Abbildung 6.8: Sensitivitätsanalyse für die Fertigungskosten des Anwendungsfalles

Da am PEM der RWTH Aachen bereits Anlagentechnik zur Herstellung von MEAs zur Verfügung steht, wurde sich innerhalb des Forschungsprojektes darauf geeinigt, die Parameter vier und fünf hinsichtlich einer besseren Nutzung von Skaleneffekten zu verändern. Dementsprechend wurde eine praktische Umsetzung ermittelter Maßnahmen zur Erhöhung der Beschichtungsgeschwindigkeit von MEAs (v_Beschichten(MEA), Anode und Kathode) angestrebt. Im weiteren Verlauf dieses Kapitels wird sich somit bei der Validierung der entwickelten Methodik insbesondere auf die Veränderung der Beschichtungsgeschwindigkeit bezogen.

Mit der Auflistung der zu verändernden Produktionsparameter zur Erreichung des Zielkostenwertes endet das Analysemodul der entwickelten Methodik. Es folgt die Ausgestaltung technischer Maßnahmen im Gestaltungsmodul auf Grundlage der erzielten Kernergebnisse.

6.1.3 Anwendung des Gestaltungsmoduls

Das Gestaltungsmodul dient der Ableitung technischer Änderungsmaßnahmen zur Auflösung der ermittelten Hauptkostentreiber. Im Rahmen der vorliegenden Anwendung wurden an dieser Stelle Maßnahmen zur Optimierung, zur Adaptation und zur Neugestaltung der Technologien zur Durchführung der Fertigungsschritte „Einfahren_Stack“, „Schützen_BPP“ und „Beschichten_MEA“ entwickelt. Die Veränderung der maximalen Bandbreite des BPP-Rohmaterials wurde nicht betrachtet, da sie für den Nachweis der entwickelten Methodik von untergeordneter Relevanz ist.

Ausgehend von den Ergebnissen des Analysemoduls wurde zunächst ein Technologiesteckbrief für die jeweiligen Produktionsschritte erstellt. Abbildung 6.9 zeigt dies beispielhaft für den Produktionsschritt „Beschichten_MEA“.

Technologiesteckbrief

Produktionsschritt: Beschichten_MEA

Technologievisualisierung

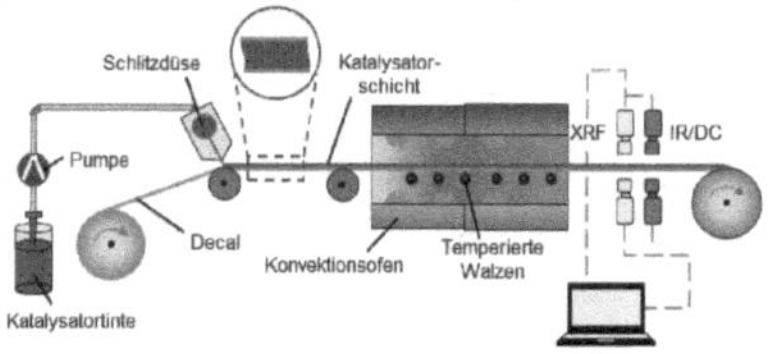

Technologieparameter		Modelliert?
Max. Bandbreite	500 mm	Ja
Ofenlänge	4 m	Ja
Bandgeschwindigkeit	1 m/min	Ja
Trocknungszeit	4 min	Ja
Kontrollierte Fläche	12 m²/min	Ja

Technologiebeschreibung	
Ziel	Beschichten der Polymermembran mit platinhaltigem Katalysatormaterial
Vorgehen	• Aufbringen der flüssigen Katalysatortinte auf Decal-Folie (z.B. PTFE) per Schlitzdüse, • Trocknung der Tinte und Verdampfung der enthaltenen Lösungsmittel in Konvektionsofen • Qualitätssicherung durch Kamerasystem (Röntgenfluoreszenz – XRF; Infrarot-/Gleichstromtest – IR/DC)
Ergebnis	Katalysatorbeschichtete Polymermembran (CCM), verarbeitbar zur MEA

Qualitätsmerkmale		Qualitätseinflüsse	
Schichthomogenität	Partikelgröße	Viskosität Katalysatortinte	Auftragswerkzeug
Schichtdicke	Restfeuchte n. Trocknung	Trocknungstemperatur	

Anforderungen aus Analysemodul
Erhöhung der Bandgeschwindigkeit um 35%

Abbildung 6.9: Technologiesteckbrief inklusive Anforderungen an den Produktionsschritt Beschichten, resultierend aus dem Analysemodul

Über die grundlegenden Technologieinformationen hinaus stellt der Technologiesteckbrief die Anforderung „Erhöhung der Bandgeschwindigkeit um 35%" an die zu entwickelnden technischen Änderungsmaßnahmen. Es folgt die Beschreibung der Vorgehensweise zur Identifikation der Änderungsmaßnahmen.

Da die Grenzen der vorliegenden Technologie zur Beschichtung der MEA aufgrund hoher Fehlleistungen und einer hohen Prozessdurchlaufzeit noch nicht erreicht sind, wurde mit der Technologieoptimierung begonnen. Nach Auswahl des Zielkriteriums und Einordnung der Technologie in ihre Lebenszyklusphase wurde unter Zuhilfenahme des Optimierungskataloges der Kontinuierliche Verbesserungsprozess (KVP) als Hilfsmittel zur Bestimmung der Optimierungsmaßnahme identifiziert, siehe Abbildung 6.10.

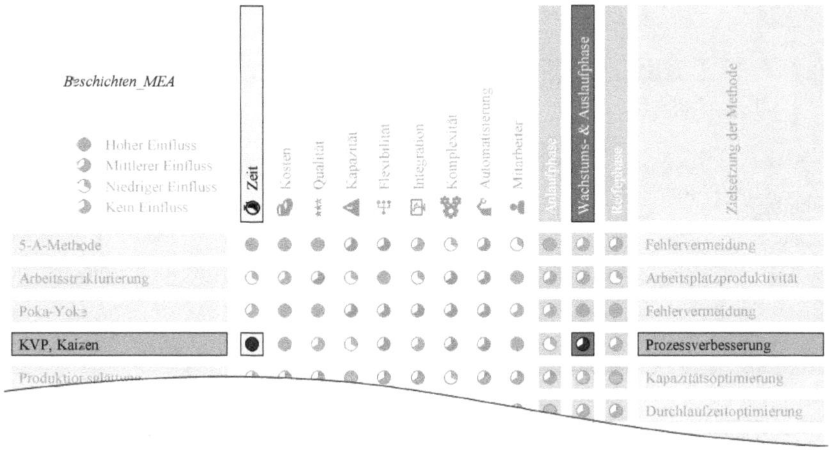

Abbildung 6.10: Auswahl der Methode zur Ermittlung der Technologieoptimierungsmaßnahme mit Hilfe des Optimierungskataloges

Die Anwendung des KVP zur Erhöhung der Bandgeschwindigkeit des betrachteten Prozessschrittes führte zur Optimierungsmaßnahme „Ofen verlängern“, die auf dem entsprechenden Dokumentationsblatt festgehalten wurde, siehe Abbildung 6.11. Bei einer Erhöhung der Bandgeschwindigkeit muss die mindestens erforderliche Trocknungszeit eingehalten werden. Dementsprechend ist eine Verlängerung des Konvektionsofens notwendig. Die Vorbewertung hinsichtlich der Skaleneffekte, des Entwicklungsumfanges und des Risikos wurde gemeinsam mit Expert:innen des Maschinen- und Anlagenbauers innerhalb des Forschungskonsortiums festgelegt.

[Beschichten_MEA, Bandgeschwindigkeit] – [Ofen verlängern] *[1, Phase 5]*

Dokumentation

1. Anforderung an Prozessparameteränderung
   Erhöhung der aktuellen Bandgeschwindigkeit um min. 35%
2. Verwendete Optimierungsmethode
   Kontinuierlicher Verbesserungsprozess (KVP)
3. Beschreibung der Optimierungsmaßnahme
   Verlängerung des bestehenden Konvektionsofens zur
   Gewährleistung einer Erhöhung der Bandgeschwindigkeit

Verwendete Auswahlkriterien

Zielkriterium	Lebenszyklusphase
Zeit	Anlaufphase
Subkriterium	
Bearbeitungszeit	

Vorbewertung

Entwicklungsumfang: Wie sind die Bewertungsaspekte zu bewerten?

		(1)	(2)	(3)	(4)	
Neuheitsgrad	radikal	□	□	□	■	inkrementell
Kompatibilität	gering	□	□	□	■	hoch
Reifegrad	MTRL3	□	□	□	■	MTRL9
Komplexität	hoch	□	□	□	■	gering
Komplementärtechnologien	viele	□	□	■	□	keine
Leistungsdifferenz	Rückstand	□	■	□	□	Vorsprung

Risiko: In welchem der folgenden Bereiche bestehen Risiken?

		(1)	(2)	(3)	(4)	
Anforderungsklarheit	unklar	□	□	□	■	klar
Entwicklungspartner	keine	□	■	□	□	Kundenbeziehung
F&E-Ressourcen	gering	□	□	□	■	hoch
Wissen & Erfahrung	nicht vorh.	□	■	□	□	viel vorh.
Verfügbares Budget	erhebl. geringer	□	□	□	■	erhebl. mehr
Nachhaltigkeit	gering	■	□	□	□	hoch

Skaleneffekte: Inwiefern wird die Maßnahme voraussichtl. die Produktkosten beeinflussen?

Fixe Kosten:	Basispreis + 150.000 €
Variable Kosten:	ca. 35% erhöht
Ausbringungsrate:	ca. 35% erhöht

Grafische Darstellung

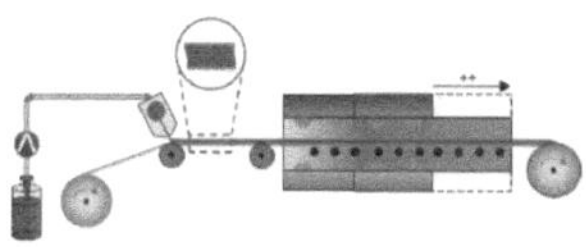

Abbildung 6.11: Dokumentationsblatt Technologieoptimierung „Beschichten_MEA“

Die anschließende Technologieadaptation wurde unter Zuhilfenahme der NACE-Klassen und der im Rahmen der Methodik erstellten Technologiedatenbank durchgeführt. Abbildung 6.12 zeigt die verwendeten NACE-Klassen mit zugehörigen Wirtschaftszweigen sowie der Charakteristika und Best Practices aus der Technologiedatenbank.

Fertigungsverfahren Beschichten	Wirtschaftszweige (NACE-Klassen)
Beschichten aus flüssigem Zustand	**15.12**, 18.11, 17.23, 30.52, **23.44**, 13.42, 13.43, **25.61**, 26.21, 27.51, 29.21, 29.11, 27.21, 32.41

Klasse	Wirtschaftszweig	Charakteristika	Best Practice
15.12	Lederverarbeitung	Beschichten, Trocknen, [...]	Sprühbeschichtung Rolle-zu-Rolle
23.44	Herstellung Keramik	Oberflächenbehandlung, [...]	Kontinuierliche Sprühsysteme
25.61	Oberflächenveredelung	Eloxieren, Färben, [...]	PVD-Verfahren

Abbildung 6.12: Für den Anwendungsfall verwendete Best Practices, resultierend aus der Technologiedatenbank

Die Durchführung der methodischen Technologieadaptation in Phase 5 hat ergeben, dass die Sprühbeschichtung als alternative Beschichtungstechnologie zur Erhöhung der

Bandgeschwindigkeit in Frage kommt. Abbildung 6.13 zeigt die Dokumentation der Maßnahme inklusive Vorbewertung. Die Vorbewertung wurde gemeinsam mit dem Hersteller von CCMs vorgenommen.

[Beschichten_MEA, Bandgeschwindigkeit] – [Sprühbeschichtung] *[1, Phase 6]*

Dokumentation

1. Welche Charakteristika sind zu adressieren?
   Beschichtung, Drucken, Förderbänder, Lackierung
2. Welche Quellen wurden herangezogen?
   Lederherstellung, Keramikbeschichtung, Werkzeugbau
3. Welche Anpassungen sind zu tätigen?
   Wechsel von Schlitzdüsenbeschichtung auf Sprühbeschichtung

Verwendete NACE-Klassen

# Nummer (ID)	# Nummer (ID)
15.12	23.44
25.61	

Vorbewertung

Entwicklungsumfang: Wie sind die Bewertungsaspekte zu bewerten?

		(1)	(2)	(3)	(4)	
Neuheitsgrad	radikal	□	□	■	□	inkrementell
Kompatibilität	gering	■	□	□	□	hoch
Reifegrad	MTRL3	□	■	□	□	MTRL9
Komplexität	hoch	□	□	■	□	gering
Komplementärtechnologien	viele	□	□	□	■	keine
Leistungsdifferenz	Rückstand	□	□	■	□	Vorsprung

Risiko: In welchem der folgenden Bereiche bestehen Risiken?

		(1)	(2)	(3)	(4)	
Anforderungsklarheit	unklar	□	□	□	■	klar
Entwicklungspartner	keine	□	■	□	□	Kunden-beziehung
F&E-Ressourcen	gering	□	□	■	□	hoch
Wissen & Erfahrung	nicht vorh.	■	□	□	□	viel vorh.
Verfügbares Budget	erhebl. geringer	□	■	□	□	erhebl. mehr
Nachhaltigkeit	gering	□	■	□	□	hoch

Skaleneffekte: Inwiefern wird die Maßnahme voraussichtl. die Produktkosten beeinflussen?

Fixe Kosten:	800.000 € Investition
Variable Kosten:	nicht signifikant
Ausbringungsrate:	ca. 35% erhöht

Grafische Darstellung & Beschreibung

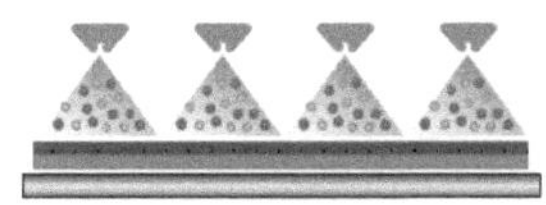

Aufsprühen des Katalysators per Düsentechnik

Abbildung 6.13: Dokumentationsblatt Technologieadaptation "Beschichten_MEA"

Zur Technologieneugestaltung wurde im Rahmen von FCPP Phase 7 durchlaufen. Die Formulierung des Ausgangsproblems zusammen mit der Ursachenanalyse wurde unter Zuhilfenahme der RCA+-Methode durchgeführt. Abbildung 6.14 zeigt das Ergebnis dieses Vorgehens im Rahmen eines RCA+-Diagramms. Der Methode folgend sind im anschließenden Schritt alle Widersprüche mit Hilfe von TRIZ zu lösen, bis das Ausgangsproblem beseitigt ist.[495]

[495] Vgl. Koltze et al. (Systematische Innovation), 2017, S. 145.

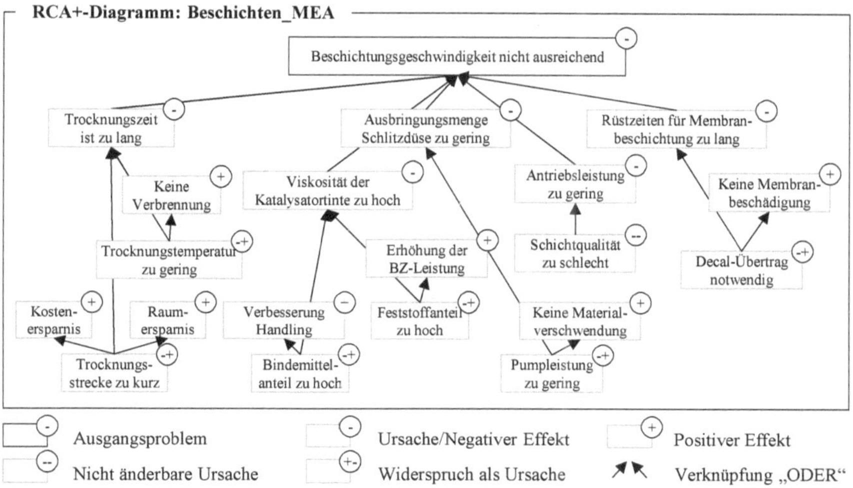

Abbildung 6.14: RCA+-Diagramm für das Beschichten der MEA

Entsprechend der entwickelten Methodik wurden die identifizierten Widersprüche mit Hilfe der Widerspruchsmatrix nach ALTSHULLER gelöst. Abbildung 6.15 zeigt das Ergebnis des Technologieneugestaltungsprozesses, welches im Rahmen von Workshops in Zusammenarbeit mit dem gesamten Forschungskonsortium abgeleitet wurde. Neben der Beschreibung des neuen Technologiekonzeptes sind die verwendeten Handlungsempfehlungen aus der Widerspruchsmatrix dokumentiert. Eine Vorbewertung hat ebenfalls im Rahmen eines Workshops mit dem gesamten Forschungskonsortium stattgefunden.

[Beschichten_MEA, Bandgeschwindigkeit] – [Endlosband-Beschichtung] *[3, Phase 7]*

Beschreibung des neuen Technologiekonzeptes

Kombination von Decal-Übertrag und Direktbeschichtung in Verbindung mit Infrarot- anstatt Konvektionstrocknung per Endlosband
Höhere Bandgeschwindigkeiten zu erwarten

Verwendete Handlungsempfehlungen

# Nummer (ID)	# Nummer (ID)
12-01-00	18-03-00
16-04-00	30-03-00
34-02-00	

Vorbewertung

Entwicklungsumfang: Wie sind die Bewertungsaspekte zu bewerten?

		(1)	(2)	(3)	(4)	
Neuheitsgrad	radikal	□	□	■	□	inkrementell
Kompatibilität	gering	□	■	□	□	hoch
Reifegrad	MTRL3	□	■	□	□	MTRL9
Komplexität	hoch	□	■	□	□	gering
Komplementärtechnologien	viele	□	□	■	□	keine
Leistungsdifferenz	Rückstand	□	□	□	■	Vorsprung

Risiko: In welchem der folgenden Bereiche bestehen Risiken?

		(1)	(2)	(3)	(4)	
Anforderungsklarheit	unklar	■	□	□	□	klar
Entwicklungspartner	keine	□	□	□	■	Kunden-beziehung
F&E-Ressourcen	gering	□	□	■	□	hoch
Wissen & Erfahrung	nicht vorh.	□	■	□	□	viel vorh.
Verfügbares Budget	erhebl. geringer	□	□	■	□	erhebl. mehr
Nachhaltigkeit	gering	□	□	■	□	hoch

Skaleneffekte: Inwiefern wird die Maßnahme voraussichtl. die Produktkosten beeinflussen?

Fixe Kosten: 450.000 € Investition
Variable Kosten: Wegfall des Decal-Mat.
Ausbringungsrate: Weniger Rüstzeit
höhere Bandgeschw.

Grafische Darstellung & Beschreibung

Endlosband wird beschichtet und Katalysator getrocknet, Heißpressen

Abbildung 6.15: Dokumentationsblatt Technologieneugestaltung "Beschichten_MEA"

Das vorgestellte Vorgehen zur Ableitung technischer Änderungsmaßnahmen wurde im Rahmen der Anwendung der Methodik ebenfalls für die Prozesse „Einfahren" und „Schützen_BPP" vorgenommen. Gemeinsam mit diesen Ergebnissen folgt die Durchführung des Bewertungsmoduls.

6.1.4 Anwendung des Bewertungsmoduls

Im Rahmen des Bewertungsmoduls erfolgt die Priorisierung der ermittelten technischen Änderungsmaßnahmen hinsichtlich ihrer Auswirkungen auf die Erzielung zunehmender Skaleneffekte. Dabei sind drei Bewertungsfaktoren entsprechend der Dimensionen „Skaleneffekte" (X-Wert), „Entwicklungsumfang" (Y-Wert) und „Risiko" (Z-Wert) zu bestimmen und schließlich in einen Gesamtwert (W-Wert) umzurechnen. Es folgt die Bestimmung der einzelnen Werte für den Prozessschritt „Beschichten_MEA" und einer abschließenden Gesamtbewertung aller entwickelten Maßnahmen inklusive Priorisierung.

Auf Grundlage der Vorbewertung auf den Dokumentationsblättern konnte das Bewertungsmodul aufwandsarm durchgeführt werden. Abbildung 6.16 zeigt die errechneten Durchschnittsstückkostenfunktionen je Maßnahme und für die bestehende Referenztechnologie. Die Informationen zur Berechnung der Kurven basieren auf Angaben des Maschinenbauunternehmens und des MEA-Herstellers. Die Referenztechnologie basiert auf einer Beschichtungsanlage der

Firma Bürkle am PEM der RWTH Aachen, für die Kostenwerte aus dem Angebot entnommen wurden. Die Bewertung macht deutlich, dass Maßnahme 3 den höchsten X-Wert erzielt, gefolgt von Maßnahme 1 und Maßnahme 2. Ab einer Stückzahl von ca. 7.500 BZ-Stacks pro Jahr nähern sich die Kostenfunktionen einem Grenzwert an, was auf die maximale Produktionskapazität der zugrundeliegenden Anlagenkonzepte zurückzuführen ist.

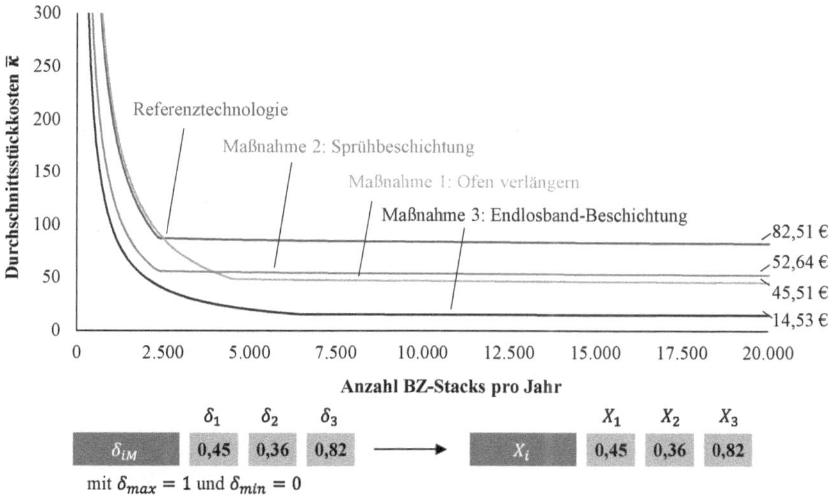

Abbildung 6.16: Darstellung der kostenoptimalen Maßnahmen je Produktionsmenge für „Beschichten_MEA" mit Hinblick auf die beschleunigte Nutzung von Skaleneffekten

Zur Bewertung des Entwicklungsumfanges und des Risikos je Maßnahme wurde jeweils ein paarweiser Vergleich und eine Nutzwertanalyse gemeinsam mit den Konsortialpartnern durchgeführt. Abbildung 6.17 zeigt die aus dem paarweisen Vergleich resultierenden Gewichtungen der Bewertungsaspekte für den Entwicklungsumfang.

Entwicklungsumfang	Neuheitsgrad	Kompatibilität	Reifegrad	Komplexität	Komplementär-technologien	Leistungsdifferenz	Summe	Gewichtung
Neuheitsgrad		0	2	2	2	1	7	23%
Kompatibilität	2		2	1	0	0	5	17%
Reifegrad	0	0		2	2	0	4	13%
Komplexität	0	1	0		1	0	2	7%
Komplementärtechnologien	0	2	0	1		0	3	10%
Leistungsdifferenz	1	2	2	2	2		9	30%

Abbildung 6.17: Gewichtung der Bewertungsaspekte für den Entwicklungsumfang

Abbildung 6.18 zeigt das Ergebnis der Nutzwertanalyse für den Bewertungsfaktor Entwicklungsumfang. Aus der Darstellung geht hervor, dass zur Umsetzung von Maßnahme 1 der geringste Entwicklungsaufwand notwendig ist, während Maßnahme 2 die höchsten Aufwände erfordert.

Ausprägungen zwischen 1 und 4		**Maßnahme 1**		**Maßnahme 2**		**Maßnahme 3**	
Entwicklungsumfang	Gewichtung	Ausprägung	Wert	Ausprägung	Wert	Ausprägung	Wert
Neuheitsgrad	23%	4	0,93	3	0,70	3	0,70
Kompatibilität	17%	4	0,67	1	0,17	2	0,33
Reifegrad	13%	4	0,53	2	0,27	2	0,27
Komplexität	7%	4	0,27	3	0,20	2	0,13
Komplementärtechnologien	10%	3	0,30	4	0,40	3	0,30
Leistungsdifferenz	30%	2	0,60	3	0,90	4	1,20
	Summe		3,30		2,63		2,93
	Y_i		**0,77**		**0,54**		**0,64**

Abbildung 6.18: Bewertung des Entwicklungsumfangs

Die Ergebnisse des paarweisen Vergleichs für den Bewertungsfaktor Risiko gehen aus Abbildung 6.19 hervor. Während das verfügbare Budget den größten Einfluss auf die spätere Bewertung hat, bergen die verfügbaren F&E-Ressourcen das niedrigste Risikopotenzial.

Risiko	Anforderungsklarheit	Entwicklungspartner	F&E-Ressourcen	Wissen & Erfahrung	Verfügbares Budget	Nachhaltigkeit	Summe	Gewichtung
Anforderungsklarheit		1	2	1	0	2	6	20%
Entwicklungspartner	1		1	2	1	1	6	20%
F&E-Ressourcen	0	1		0	0	0	1	3%
Wissen & Erfahrung	1	0	2		0	0	3	10%
Verfügbares Budget	2	1	2	2		2	9	30%
Nachhaltigkeit	0	1	2	2	0		5	17%

Abbildung 6.19: Gewichtung der Bewertungsaspekte für das Risiko

Das Risiko für die drei beispielhaft ausgewählten Maßnahmen zeigt Abbildung 6.20. Maßnahme 1 birgt laut Auswertung das geringste Risiko, während Maßnahme 2 das höchste Risiko besitzt.

Ausprägungen zwischen 1 und 4 Risiko	Gewichtung	**Maßnahme 1**		**Maßnahme 2**		**Maßnahme 3**	
		Ausprägung	**Wert**	**Ausprägung**	**Wert**	**Ausprägung**	**Wert**
Anforderungsklarheit	20%	4	0,80	4	0,80	1	0,20
Entwicklungspartner	20%	2	0,40	2	0,40	4	0,80
F&E-Ressourcen	3%	4	0,13	3	0,10	3	0,10
Wissen & Erfahrung	10%	2	0,20	1	0,10	2	0,20
Verfügbares Budget	30%	4	1,20	2	0,60	3	0,90
Nachhaltigkeit	17%	1	0,17	2	0,33	3	0,50
	Summe		2,90		2,33		2,70
	Z_i		**0,63**		**0,44**		**0,57**

Abbildung 6.20: Bewertung des Risikos

Das beschriebene Vorgehen wurde ebenfalls für die innerhalb der Sensitivitätsanalyse betrachteten Produktionsschritte Schützen_BPP und Einfahren_Stack durchgeführt. Abbildung 6.21 zeigt eine Zusammenfassung der erarbeiteten Änderungsmaßnahmen je Produktionsschritt.

Bezeichnung		Produktionsschritt	Beschreibung
Maßnahme 1	M_1	Beschichten_MEA	Verlängerung des Ofens
Maßnahme 2	M_2	Beschichten_MEA	Direkte Sprühbeschichtung
Maßnahme 3	M_3	Beschichten_MEA	Endlosband-Beschichtung
Maßnahme 4	M_4	Schützen_BPP	Erhöhung Kathodenleistung
Maßnahme 5	M_5	Schützen_BPP	Erhöhung Evakuierungsgeschwindigkeit
Maßnahme 6	M_6	Schützen_BPP	Alternative Sputter-Technologie
Maßnahme 7	M_7	Einfahren_Stack	Vorinitialisierung der Reaktionsmedien
Maßnahme 8	M_8	Einfahren_Stack	Modellierung der Konditionierung
Maßnahme 9	M_9	Einfahren_Stack	Erhöhung Anlagenkapazität durch Parallelisierung

Abbildung 6.21: Übersicht der ermittelten Maßnahmen durch Anwendung der Methodik

Das Bewertungsmodul ist mit der Durchführung der Gesamtbewertung abgeschlossen. Die gewichteten Bewertungsfaktoren X, Y und Z werden abschließend zu einem Gesamtwert verrechnet. Der Bewertungsfaktor Skaleneffekte wurde dabei aufgrund der Konzentration auf die beschleunigte Nutzung zunehmender Skaleneffekte am höchsten gewichtet, während das Risiko die niedrigste Gewichtung vorwies. Abbildung 6.22 zeigt das Gesamtergebnis der bewerteten Maßnahmen.

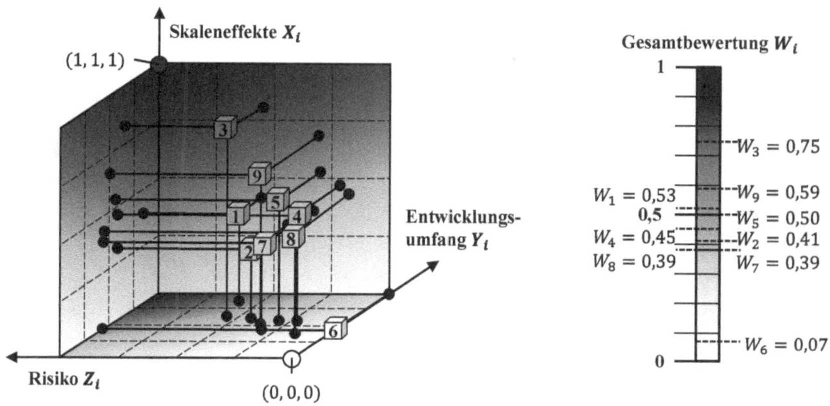

	Gewichtung w	M_1	M_2	M_3	M_4	M_5	M_6	M_7	M_8	M_9
X_i	$w_X = 66\%$	**0,45**	**0,36**	**0,82**	**0,48**	**0,55**	**0,00**	**0,39**	**0,41**	**0,69**
Y_i	$w_Y = 17\%$	**0,77**	**0,54**	**0,64**	**0,51**	**0,53**	**0,42**	**0,46**	**0,49**	**0,5**
Z_i	$w_Z = 17\%$	**0,63**	**0,44**	**0,57**	**0,24**	**0,27**	**0,00**	**0,30**	**0,21**	**0,30**
Gesamtbewertung W_i		0,53	0,41	0,75	0,45	0,50	0,07	0,39	0,39	0,59
	Rang	(3)	(6)	(1)	(5)	(4)	(9)	(7)	(8)	(2)

Abbildung 6.22: Gesamtbewertung aller Maßnahmen durch Anwendung der Methodik

Aus der Gesamtbewertung resultiert die Technologie-Roadmap. Die Auswertung des Bewertungsmoduls zeigt, dass innerhalb der MEA-Beschichtung zunächst Maßnahme 3, innerhalb des BPP-Schützens Maßnahme 5 und innerhalb des Stack-Einfahrens Maßnahme 9 zuerst vom Konsortium umgesetzt werden sollte. In einem geschätzten Zeitraum von fünf Jahren wäre somit eine errechnete Kostensenkung von 3,09 €/kW möglich. Das ausstehende Kostenpotenzial von 2,05 €/kW kann unter anderem (siehe Abbildung 6.8) durch die Ausarbeitung von Maßnahmen zur Breitenerhöhung des BPP-Bandes, zu Prüfmethoden und zu Montageprozessen gehoben werden. Aufgrund der begrenzten Kapazität des Forschungsprojektes FCPP wurde die Methodik jedoch an dieser Stelle abgeschlossen.

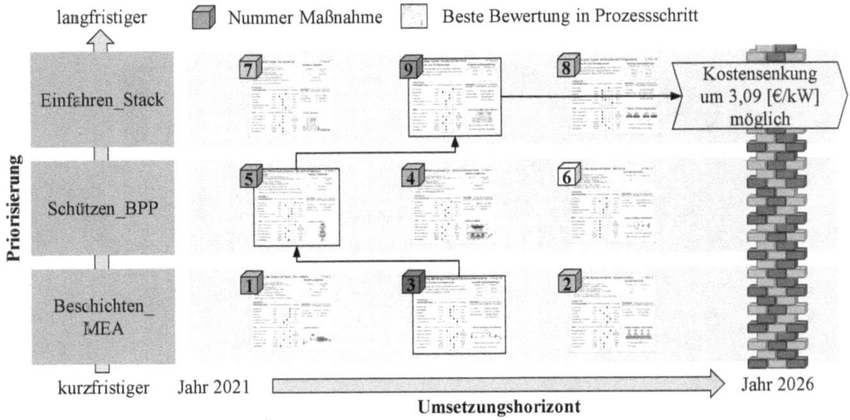

Abbildung 6.23: Technologie-Roadmap für den Anwendungsfall

6.2 Kritische Reflexion

Critical reflection

Das Anwendungsbeispiel aus Kapitel 6.1 belegt die Durchführbarkeit der entwickelten Methodik zur Nutzung von Skaleneffekten in der Produktion am Beispiel von PEM-Brennstoffzellensystemen. Nachfolgend wird zunächst die Erfüllung der inhaltlichen und anschließend der formalen Anforderungen aus Kapitel 3.1 kritisch reflektiert.

Die Definition eines realen Produktdesigns sowie eines dem Stand der Technik entsprechenden Produktionsszenarios innerhalb des Industrie- und Forschungskonsortiums ermöglichte eine umfassende und nachvollziehbare techno-ökonomische Modellierung. Es konnten dabei die Kosten von BZ-Systemen in €/kW je Ausbringungsmenge pro Jahr aufgezeigt werden. Außerdem war die Unterteilung der Kostenarten in Richtpreis, Herstellkosten, Fertigungskosten und Materialkosten möglich. Die festgelegte Kostenstruktur und eine Offenlegung sämtlicher grundlegender Berechnungsformeln sowie Eingangsgrößen erlaubte eine Reproduktion des Kostenmodells und ermöglicht außerdem die Ergänzung weiterer Daten durch nachfolgende Forschungsarbeiten. An dieser Stelle ist eine Erweiterung der Datenbasis durch weitere Forschungsarbeiten möglich, da die bestehenden Anlagen- und Preisinformationen teilweise auf Schätzungen fiktiver Anlagenlösungen beruhen.

Die Quantifizierung möglicher Kostenersparnisse durch Skaleneffekte wurde mittels Lernkurvenanalyse erzielt. Im Rahmen der zugrundeliegenden Gap-Analyse wurde auf Grundlage empirischer und öffentlich verfügbarer Daten eine Lernrate prognostiziert und auf diese Weise zu erwartende Kostendegressionen für das individuell ausgelegte Produktionssystem vorausgesagt. Es konnte ein Sollwert für theoretisch mögliche Kostenersparnisse durch Skaleneffekte rechnerisch ermittelt werden. Die zum aktuellen Zeitpunkt verwendeten Daten zur Lernrate beziehen sich jedoch lediglich auf Veröffentlichungen vergleichbarer Industrien (z. B. Herstellung von Solid Oxide Fuel Cells, Photovoltaikanlagen und stationären BZ-Systemen zur Kraft-

Wärme-Kopplung) und den Erfahrungen des Forschungskonsortiums FCPP. Zukünftige Forschungsarbeiten könnten sich der Erhebung empirischer Daten aus der Produktion von PEM-BZ-Systemen für mobile Anwendungen widmen und somit eine präzisere Lernprognose vornehmen.

Mit dem Ziel der Identifikation von Hauptkostentreibern in der Produktion wurde eine Sensitivitätsanalyse durchgeführt. Der Betrachtungsbereich erstreckte sich über die gesamte Wertschöpfungskette von BZ-Systemen, wobei durch das Konsortium vor dem Hintergrund einer effizienten Durchführung mit geringstmöglichen Veränderungen ein Sensitivitätsintervall von bis zu 35% festgelegt wurde. Resultierende Kostenänderungen des Endproduktes wurden durch die systematische Variation von 53 Prozess- und Maschinenparametern errechnet und aufbereitet. Es konnten letztendlich zehn Parameter als Hauptkostentreiber ausgewiesen und Anforderungen zur Erreichung des definierten Zielkostenwertes formuliert werden.

Zur Erfüllung der definierten Anforderungen aus dem Bereich der Kostenanalyse wurde im Anschluss ein systematischer Kreativitätsprozess zur Ableitung technischer Änderungsmaßnahmen durchgeführt. Anhand eines vorgegebenen Frameworks zur Umsetzung des Gestaltungsmoduls wurden Technologien der individuellen Produktionsprozesse systematisch optimiert, adaptiert oder neugestaltet. Durch Erstellung des Optimierungskataloges, der Technologiedatenbank und der Widerspruchsmatrix als methodische Hilfsmittel konnte Anwendenden die Identifikation innovativer Lösungen für individuelle Anwendungsfälle erleichtert werden. Die erstellten Datenbanken wurden im Rahmen der vorliegenden Arbeit mit Blick auf die grundlegende Anwendbarkeit der entwickelten Methodik erzeugt, sodass kein Anspruch auf Vollständigkeit der verfügbaren Informationen besteht. Auf dieser Methodik aufbauende Forschungsarbeiten sollten dies berücksichtigen und gegebenenfalls Erweiterungen der Datenbasis vornehmen.

Abgeleitete technische Änderungsmaßnahmen wurden im Rahmen des Bewertungsmoduls priorisiert. Dies erfolgte unter Zuhilfenahme des paarweisen Vergleichs in Kombination mit einer Nutzwertanalyse für die Bewertungsfaktoren Skaleneffekte, Entwicklungsumfang und Risiko. Einzelne quantitative Werte wurden innerhalb einer dreidimensionalen Skala aufgetragen und in einen Gesamtwert überführt. Auf diese Weise konnte ein Ranking der einzelnen Maßnahmen erstellt und eine Handlungsstrategie mittels Technologie-Roadmap erarbeitet werden. Die Quantitative Analyse der einzelnen Maßnahmen führte zu einer abschließenden Handlungsempfehlung. Optimierungspotenzial besteht in der Transformation der qualitativen Bewertungsaspekte in quantitative Werte. Obwohl die Bewertungsaspekte sich untereinander stark unterscheiden, musste im Sinne der Handhabbarkeit eine einheitliche Skala mit Ausprägungen von eins bis vier gewählt werden. Dies sorgt für Ungenauigkeiten in den Einzelbewertungen. Weiterführende Forschungsarbeiten könnten sich einer Konkretisierung der Bewertungsskalen widmen und somit für aussagekräftigere Bewertungen sorgen.

Die formalen Anforderungen an die Methodik setzen sich aus der Allgemeingültigkeit, der Nachvollziehbarkeit und der Handhabbarkeit zusammen. Die Allgemeingültigkeit der Methodik ist insbesondere aufgrund der branchen- und produktunabhängigen Modellierung gegeben. Die Schritte des Analyse-, Gestaltungs-, und Bewertungsmoduls sind ebenfalls themenübergreifend ohne Anpassungen anwendbar. Die systematische Struktur und die detaillierte Beschreibung aller Zwischenschritte ermöglichen eine vollständige Nachvollziehbarkeit. Die Handhabbarkeit der Methodik zeichnet sich durch leichte Verständlichkeit für Anwendende und einem grundsätzlich hohen Verhältnis von Nutzen zu Aufwand aus. Aufgrund der bereits erwähnten Erweiterbarkeit der zugrundeliegenden Datenbanken ist diese jedoch zum gegebenen Zeitpunkt erschwert, da die Datengrundlage bei fortschreitender Anwendung erweitert werden muss. Die Verständlichkeit der entwickelten Methodik ist durch die Unterteilung des Vorgehens in neun Phasen und vier Module gegeben, die jeweils getrennt voneinander beschrieben werden. Das Nutzen-Aufwand-Verhältnis wird durch das erstellte Framework im Gestaltungsmodul reguliert. Bei ausschließlicher Durchführung der Technologieoptimierungsphase ist der Aufwand gering, während bei Durchführung der Technologieneugestaltungsphase der notwendige Umsetzungsaufwand erheblich ansteigt. Mit einer umfangreichen Erweiterung der bestehenden Datenbanken sowie einer Detaillierung der Ausprägungen der Bewertungsaspekte könnte die Genauigkeit der Ergebnisse der Methodik bei steigendem Aufwand erhöht werden. Eine weitere Senkung des aktuellen Aufwandes könnte auf Kosten der Genauigkeit der Ergebnisse durch eine Verkleinerung der möglichen Lösungsräume erzielt werden. Beispielsweise wäre eine Verringerung der verwendeten NACE-Codes mit dem Effekt einer höheren Übersichtlichkeit denkbar.

Da die inhaltlichen und formalen Anforderungen erfüllt werden konnten, ist die Validierung der Methodik in der Praxis abschließend als erfolgreich zu bezeichnen. Fertigungstechnologien konnten durch die Methodik hinsichtlich größerer Ausbringungsmengen auf konzeptioneller Basis verändert und daraus resultierende Kostensenkungen prognostiziert werden. Der wissenschaftliche Ansatz schafft dabei das Rahmenwerk zur methodischen Erzielung von beschleunigten Skaleneffekten in Produktionssystemen durch die Ableitung innovativer Prozesstechnologien. Es wurde somit bewiesen, dass die entwickelte Methodik Abhilfe zum Ausgleich der in Kapitel 2 und Kapitel 3 identifizierten Praxis- und Theoriedefizite schafft und somit ein ganzheitliches, valides Vorgehen zur beschleunigten Erzielung von Skaleneffekten schafft.

7 Zusammenfassung

Summary

Der Klimawandel und seine Folgen gehören zu den größten Herausforderungen dieses Jahrhunderts. Die Schaffung von emissionsfreien und energieeffizienten Möglichkeiten der Energiegewinnung, -speicherung und -nutzung ist dabei ein wesentlicher Schritt zur Klimaneutralität. Im Bereich der Mobilität gilt die Brennstoffzellentechnologie zur Dekarbonisierung von Nutzfahrzeugen, Schiffen, Zügen und großen PKW als vielversprechende Option. Die Nachfrage nach FCEV ist aktuell jedoch häufig aufgrund zu hoher Kosten des verbauten PEM-Brennstoffzellensystems gering. Wissenschaftliche Erkenntnisse zeigen jedoch, dass bei der Steigerung produzierter Stückzahlen erhebliche Kostensenkungen durch Skaleneffekte zu erwarten sind. Das sogenannte „Henne-Ei-Problem" hindert Unternehmen daran, ihre derzeit durch manuelle Vorgänge geprägten Fertigungstechnologien hinsichtlich größerer Stückzahlen zu verändern. Um auch bei zunächst geringer Nachfrage frühzeitig von Skaleneffekten zu profitieren, muss die Produktionstechnik durch Wissenschaft weiterentwickelt werden. Es ist somit notwendig, Fertigungstechnologien systematisch hinsichtlich der frühen Nutzung von Skaleneffekten zu verändern.

Die Untersuchung des Zusammenhangs zwischen der Herstellung von Brennstoffzellensystemen und ihren Kosten zeigt, dass Fertigungstechnologien zur Herstellung von BZ-Systemen aufgrund von geringen Reifegraden noch nicht für eine Fertigung größerer Stückzahlen ausgelegt sind. Außerdem ist die aktuelle, dem Stand der Technik entsprechende Kostenstruktur von BZ-Systemen nicht bekannt. Es wird deutlich, dass Kostensenkungen zukünftig maßgeblich durch die Erzielung von Skaleneffekten in der Produktion erreicht werden. In der Praxis besteht der Bedarf nach einer Unterstützung zur Veränderung aktueller Fertigungstechnologien hinsichtlich größerer Ausbringungsmengen, zur Berechnung der aktuellen BZ-Systemkosten sowie zur Identifikation von Hauptkostentreibern. Darüber hinaus müssen mögliche Kostendegressionen realistisch abgeschätzt und technische Änderungsmaßnahmen abgeleitet sowie priorisiert werden.

Wissenschaftliche Forschungsergebnisse und allgemein anerkannte Methoden aus den Bereichen Kostenmodellierung und Ableitung innovativer Prozesstechnologien zeigen, dass eine gesamtheitliche Betrachtung der Kosten von Produktionssystemen in Kombination mit der Ableitung technischer Änderungsmaßnahmen nicht existieren. Bestehende Kostenmodelle lassen keine Rückschlüsse auf notwendige Veränderungen zugrundeliegender Fertigungstechnologien zu, während Ansätze zur Ableitung innovativer Fertigungstechnologien nicht in Bezug zu ihren Auswirkungen auf die Herstellkosten gesetzt werden. Auf Basis der Handlungsbedarfe aus der Praxis und der Theorie ergibt sich die handlungsleitende Forschungsfrage der Arbeit: Wie können zunehmende Skaleneffekte in der Brennstoffzellensystemproduktion mittels technischer Änderungsmaßnahmen beschleunigt werden?

Unter Zuhilfenahme der Modelltheorie und der Systemtechnik wird zur Beantwortung der Forschungsfrage eine Methodik entwickelt. Beschreibungs-, Erklärungs- und Prognosemodelle dienen bei der vorliegenden Arbeit als Hilfsmittel zur Problemlösung. Zur Strukturierung des Problemlösungsprozesses werden die vier Grundgedanken der Systemtechnik „vom Groben ins

Detail", „Variantenbildung", „Phasengliederung" und „Problemlösungszyklus" verwendet. Die inhaltliche Logik des Lösungsansatzes orientiert sich an der Vorgehensweise der Potenzial- und Lückenanalyse. Sie ermöglicht die Identifizierung strategischer Probleme und zeigt Entwicklungspotenziale auf. Die Potenzial- und Lückenanalyse wird durch die Erstellung der vier Module Initiierungsmodul, Analysemodul, Gestaltungsmodul und Bewertungsmodul abgebildet. Eine definierte Ablaufstruktur legt die durch Anwendende zu durchlaufenden neun Phasen fest.

Das Initiierungsmodul dient der Ermittlung des Ist-Kostenwertes für ein spezifisches BZ-System und dessen zugrundeliegender Produktionstechnik. Dazu wird ein techno-ökonomisches Modell mit Eingangsgrößen versorgt, die für die Kostenberechnung des Endproduktes relevant sind. Dies geschieht unter Zuhilfenahme von Datenblättern, Angeboten und Ist-Daten der individuell vorliegenden Produktion. Durch Festlegung einer Kostenstruktur und Anwendung der Methode des Process Based Cost Modeling werden ein Prozess-, Betriebs- und Kostenmodell erzeugt. Es ist somit möglich, die Produktkosten in Abhängigkeit zugrundeliegender Produktionsparameter beispielsweise über die produzierte Stückzahl oder nach Produktionsschritten aufzutragen. Durch das Initiierungsmodul wird das Realproblem in ein Formalproblem überführt.

Das Analysemodul widmet sich der Analyse der Informationen aus dem Initiierungsmodul. Ziel des Moduls ist die Ermittlung einer Entwicklungsgrenze sowie der aktuell bestehenden Lücke aus Kostensicht. Dazu werden Hauptkostenbestandteile ermittelt, mögliche Zielkostenwerte unter Zuhilfenahme von Lernkurven festgelegt und Produktionsparameter mit dem größten Einfluss auf die Produktkosten durch eine Sensitivitätsanalyse identifiziert. Es resultieren Handlungsfelder und konkrete Anforderungen an zugrundeliegende Fertigungsparameter, die im nachfolgenden Modul erfüllt werden sollen. Gemäß der Systemtechnik ist an dieser Stelle das Modellexperiment abgeschlossen.

Innerhalb des Gestaltungsmoduls steht die Entwicklung technischer Änderungsmaßnahmen zur Erreichung der zuvor identifizierten Kostensenkungspotenziale im Vordergrund. Im Rahmen eines übergeordneten Frameworks können bestehende Fertigungstechnologien innerhalb ihrer Leistungsgrenzen optimiert, alternative Fertigungstechnologien aus anderen Branchen adaptiert und gänzlich neugestaltet werden. Die Methodik stellt dabei einen Optimierungskatalog sowie eine Technologiedatenbank zu Verfügung. Die Technologieneugestaltung geschieht unter Anwendung der RCA+-Methode sowie einer Widerspruchsmatrix nach TRIZ. Entwickelte technische Änderungsmaßnahmen werden auf Dokumentationsblättern festgehalten und durch Anwendende vorbewertet.

Das Bewertungsmodul beinhaltet die Priorisierung und Einordnung der im Gestaltungsmodul entwickelten Maßnahmen hinsichtlich der Nutzung von Skaleneffekten und ermöglicht deren Überführung in einen strategischen Handlungsplan. Dazu werden je Maßnahme Kosten, Entwicklungsumfang und Risiko mittels paarweisem Vergleich und Nutzwertanalyse bewertet und innerhalb eines normierten Bewertungsmaßstabes verglichen. Schließlich wird unter Zuhilfenahme des Technologie-Roadmappings eine Vorgehensweise zur Umsetzung der Maßnahmen abgeleitet und reflektiert, ob die zuvor definierten Kostensenkungspotenziale erreicht werden können. Durch die quantitative Bewertung und Priorisierung ist die Ergebnisaufbereitung und -formulierung innerhalb der Methodik abgeschlossen und das Formalproblem gelöst.

Zur Überführung der Problemlösung aus der Modellwelt in die Realwelt erfolgt die Validierung der Methodik anhand eines Anwendungsbeispiels. Dazu wurde die Entwicklung einer innovativen Fertigungstechnologie im Rahmen eines Forschungsprojektes am Lehrstuhl PEM der RWTH Aachen durch die entwickelte Methodik unterstützt. Das Konsortium des Forschungsprojektes bestand aus sechs Konsortialpartnern mit Kernkompetenzen in den Bereichen Maschinen- und Anlagenbau, Herstellung von MEA, BPP, BZ-Stack und BZ-System sowie Prüftechnik. Die Umsetzung der Methodik beinhaltete die Definition eines BZ-Systemdesigns und eines zugrundeliegenden Produktionssystems. Im Anschluss an die techno-ökonomische Modellierung erfolgte die Ableitung von neun technischen Änderungsmaßnahmen zur Erzielung von Skaleneffekten. Schließlich wurden die Maßnahmen innerhalb des Konsortiums bewertet und eine Handlungsstrategie abgeleitet. Die Umsetzung der bestbewerteten Maßnahme wurde innerhalb des Konsortiums angestoßen. Zusammen mit dem Nachweis der Erfüllung der inhaltlichen sowie formalen Anforderungen kann die Validierung als erfolgreich betrachtet werden.

Die Methodik leistet insgesamt einen Beitrag zur Erweiterung der wissenschaftlichen Erkenntnisse im Bereich der Entwicklung innovativer Fertigungstechnologien zur Erzielung von Skaleneffekten. Die Einordnung der Methodik in die bestehende Forschungslandschaft leistet ebenso wie die individuell anwendbare Kostenmodellierung in Kombination mit einem strukturierten Kreativitätsprozess einen wissenschaftlichen Mehrwert. Auf dieser Grundlage kann weiterer Forschungsbedarf identifiziert werden. Die Datenbasis für eine techno-ökonomische Modellierung kann durch tiefergehende Untersuchung sämtlicher Fertigungsalternativen und Einbezug weiterer Unternehmen gestärkt werden. Auch die bereitgestellte Technologiedatenbank sowie der Optimierungskatalog könnten durch weitere Arbeiten umfänglicher gestaltet werden. Eine automatisierte Ausführung der Methodik könnte vorgenommen werden. Weiterer Forschungsbedarf besteht darüber hinaus in der Weiterentwicklung der Bewertung einzelner Maßnahmen. So ist eine Bewertung mittels paarweisem Vergleich und Nutzwertanalyse stark von dem Fachwissen der Anwendenden abhängig. Eine Kombination der subjektiven Bewertung mit empirischen Daten aus umgesetzten Projekten könnte Abhilfe schaffen und darüber hinaus das bestehende Modell kontinuierlich verbessern.

8 Literaturverzeichnis

References

Alaswad, A; Baroutaji, A; Achour, H; Carton, J; Al Makky, A; Olabi, A. G. (Developments in Fuel Cell Technologies in the Transport Sector):
Developments in Fuel Cell Technologies in the Transport Sector (41), 2016

Alo, O. A; Otunniyi, I. O; Pienaar, H. (Manufacturing Methods for Metallic Bipolar Plates):
Manufacturing Methods for Metallic Bipolar Plates for Polymer Electrolyte Membrane Fuel Cell (34), 2019

Altshuller, G. (Hrsg.) (The Innovation Algorithm):
The Innovation Algorithm. TRIZ, systematic innovation and technical creativity. 1. ed., 2. print Aufl., Worcester, Mass.: Technical Innovation Center, 2000

Anju Seth (Sources of Value Creation in Acquisitions: An Empirical Investigation):
Sources of Value Creation in Acquisitions: An Empirical Investigation (11): John Wiley & Sons, Ltd, 1990

Aull, F. (Ableitung effizienter Implementierungsstrategien):
Modell zur Ableitung effizienter Implementierungsstrategien für Lean-Production-Methoden (Forschungsberichte IWB, Band 275). München: Herbert Utz Verlag, 2013

Bailey, R. (USFCC Leak Testing Requirements and Procedure):
USFCC Leak Testing Requirements and Procedure, 2005

Balasubramanian, S; Gupta, M. (Metrics for Goal Based Business Process Design):
Structural Metrics for Goal Based Business Process Design and Evaluation (11), 2005

Ballard Power Systems (Ballard Expanding MEA Production Capacity):
Ballard Expanding MEA Production Capacity 6x to Meet Expected Growth in Fuel Cell Electric Vehicle Demand. https://www.ballard.com/about-ballard/newsroom/news-releases/2020/09/28/ballard-expanding-mea-production-capacity-6x-to-meet-expected-growth-in-fuel-cell-electric-vehicle-demand#:~:text=The%20upgraded%20capacity%20for%20production,operation%20globally%20for%20commercial%20vehicles. Abruf 02.07.2022

Barbir, F. (Stack Design):
Stack Design: PEM Fuel Cells Elsevier, 2013, S. 159–215

Bar-On, I; Kirchain, R; Roth, R. (Technical Cost Analysis for PEM Fuel Cells):
Technical Cost Analysis for PEM Fuel Cells (109), 2002

Battelle (Manufacturing Cost Analysis of PEM Fuel Cell Systems):
Manufacturing Cost Analysis of PEM Fuel Cell Systems for 5- and 10-kW Backup Power Applications , 2016

Baumann, R. (Infoblatt Economies of Scale und Economies of Scope):
Infoblatt Economies of Scale und Economies of Scope. Erläuterungen zu den Kostenvorteilen und deren Folgen.

https://www2.klett.de/sixcms/list.php?article=Infoblatt+Economies+of+Scale+und+Economies+of+Scope&node=Wirtschaft&page=geo_infothek#:~:text=Infoblatt%20Economies%20of%20Scale%20und%20Economies%20of%20Scope&text=Economies%20of%20Scale%20entstehen%2C%20wenn,bestrebt%2C%20m%C3%B6glichst%20gro%C3%9Fe%20Produktionskapazit%C3%A4ten%20aufzubauen. Abruf 09.01.2022

BBC NewsChina Aims for Carbon Neutrality by 2060:
Climate change: China aims for 'carbon neutrality by 2060'. In: BBC News, 22.09.2020

Becker, T. (Prozesse in Produktion und Supply Chain optimieren):
Prozesse in Produktion und Supply Chain optimieren. Berlin, Heidelberg: Springer Berlin Heidelberg, 2008

Beitz, W; Grote, K.-H. (Hrsg.) (Dubbel Taschenbuch für den Maschinenbau):
Dubbel Taschenbuch für den Maschinenbau. Neunzehnte, völlig neubearbeitete Auflage Aufl., Berlin, Heidelberg, s.l.: Springer Berlin Heidelberg, 1997

Ben-Arieh, D. (Parametric Cost Estimation of Design Activities):
Parametric Cost Estimation of Design Activities , 2002

Bendzulla, A. (Entwicklung und Auslegung von HT-PEFC-Stacks):
Von der Komponente zum Stack: Entwicklung und Auslegung von HT-PEFC-Stacks der 5 kW-Klasse (Schriften des Forschungszentrums Jülich Reihe Energie & Umwelt, Bd. 69). Jülich: Forschungszentrum Jülich, 2010. Zugl.: Aachen, Univ., Diss., 2010

Benjamin, T; Borup, R; Garland, N; Gittleman, C. (Fuel Cell Technical Team Roadmap):
Fuel Cell Technical Team Roadmap, 2017

Berente, N; Vandenbosch, B; Aubert, B. (Information Flows and Business Process Integration):
Information Flows and Business Process Integration (15), 2009

Bernhart, W; Gabaldon, D; Zheng, R; Schmitt, P; Hotz, T; Braun, S; Kampker, A; Offermanns, C; Krämer, S. (Rising opportunities for battery equipment manufacturers):
Rising opportunities for battery equipment manufacturers. Boom in electric cars and LI-ion batteries shifts manufacturing equipment into overdrive, 2020

Bernhart, W; Riederle, S; Yoon, M. (Fuel Cells):
Fuel cells. A realistic alternative for zero emission? München: Roland Berger, 2014

Bezmalinović, D; Radošević, J; Barbir, F. (Initial Conditioning of PEMFC):
Initial Conditioning of Polymer Electrolyte Membrane Fuel Cell by Temperature and Potential Cycling (62), 2015

Bichler, K; Krohn, R; Philippi, P; Schneidereit, F. (Hrsg.) (Kompakt-Lexikon Logistik):
Kompakt-Lexikon Logistik, Wiesbaden: Springer Fachmedien Wiesbaden, 2017

Bierfelder, W. H. (Innovationsmanagement):
Innovationsmanagement: De Gruyter, 1994

Biermann, C. J. (Handbook of Pulping and Papermaking):
Handbook of Pulping and Papermaking. 2. ed. Aufl. San Diego, Calif.: Academic Press, 1996

Bloomberg (Hyundai Plans Investment to Boost Fuel-Cell Output):
Hyundai Plans $6.7 Billion Investment to Boost Fuel-Cell Output. https://www.industryweek.com/leadership/article/22026811/hyundai-plans-67-billion-investment-to-boost-fuel-cell-output. Abruf 24.05.2021

Bode, M. (Testen von Brennstoffzellen für den automobilen Einsatz):
Testen von Brennstoffzellen für den automobilen Einsatz. https://www.horiba-fuelcon.com/downloads/literatur-veroeffentlichungen/e962bda6fffa60c0c768724caa03ed55.html?tx_fuelcondownloads_fcdownloads%5Bdownloads%5D=80&tx_fuelcondownloads_fcdownloads%5Baction%5D=show&tx_fuelcondownloads_fcdownloads%5Bcontroller%5D=Downloads. Abruf 13.09.2021

Böhm, H; Zauner, A; Goers, S; Tichler, R; Kroon, P. (Innovative Large-Scale Energy Storage Technologies):
Innovative Large-Scale Energy Storage Technologies and Power-to-Gas Concepts after Optimization. Report on experience curves and economies of scale: European Union's horison 2020 research and innovation programme, 2018

Borgonovo, E. (Sensitivity Analysis):
Sensitivity Analysis. Cham: Springer International Publishing, 2017

Brady, M. P; Elhamid, M. A; Dadheech, G; Bradley, J; Toops, T. J; Meyer, H. M; Tortorelli, P. F. (FeCrV Stainless Steel Bipolar Plates for PEMFC):
Manufacturing and Performance Assessment of Stamped, Laser Welded, and Nitrided FeCrV Stainless Steel Bipolar Plates for Proton Exchange Membrane Fuel Cells (38), 2013

Brecher, C. (Integrative Produktionstechnik für Hochlohnländer):
Integrative Produktionstechnik für Hochlohnländer. Berlin, Heidelberg: Springer Berlin Heidelberg, 2011

Breyer, F. (Mikroökonomik):
Mikroökonomik. Berlin, Heidelberg: Springer Berlin Heidelberg, 2020

Brockhoff, K. (Forschung und Entwicklung):
Forschung und Entwicklung. Planung und Kontrolle: Oldenbourg Wissenschaftsverlag, 1999

Bronner, A. (Angebots- und Projektkalkulation):
Angebots- und Projektkalkulation. Leitfaden für Praktiker (VDI). 3. aktualisierte Aufl. Berlin, Heidelberg: Springer, 2008

Bruni, L. (Internal Economies of Scale with a Given Technique):
Internal Economies of Scale with a Given Technique (12), 1964

Büchi, F. N; Inaba, M; Schmidt., T. J. (Polymer Electrolyte Fuel Cell Durability):
Polymer Electrolyte Fuel Cell Durability. 1. Aufl. Aufl. s.l.: Springer-Verlag, 2009

Bullinger, H.-J. (Einführung in das Technologiemanagement):
Einführung in das Technologiemanagement. Modelle, Methoden, Praxisbeispiele (Technologiemanagement - Wettbewerbsfähige Technologieentwicklung und Arbeitsgestaltung). Wiesbaden: Vieweg+Teubner Verlag, 1994

Busch, J. (Technical Cost Modeling of Plastics Fabrication Processes):
Technical Cost Modeling of Plastics Fabrication Processes. Dissertation, 1987

Busch, J. (Cost Modeling as a Technical Management Tool):
Cost Modeling as a Technical Management Tool (37): Taylor & Francis, Ltd., 1994

Cabasso, I; Yuan, Y; Xu, X. (Gas Diffusion Electrodes based on Poly Carbon Blends):
Gas Diffusion Electrodes based on Poly (Vinylidene Fluoride) Carbon Blends , 1998

Camargo, M; Rabenasolo, B; Jolly, A.-M. (Parametric Cost Estimation in the Textile Supply Chain):
Application of the Parametric Cost Estimation in the Textile Supply Chain (Volume 3), 2003

Carrington, D.UN Global Climate Poll:
UN global climate poll: 'The people's voice is clear – they want action'. In: The Guardian, 27.01.2021

Celli, M. (Determinants of Economies of Scale in Large Businesses):
Determinants of Economies of Scale in Large Businesses—A Survey on UE Listed Firms (03), 2013

Chen, R; Kaye, I. (Modular, High-Volume Fuel Cell Leak-Test Suite and Process):
Modular, High-Volume Fuel Cell Leak-Test Suite and Process (Phase 1) ,

Coenenberg, A. G; Fischer, T. M; Günther, T. (Kostenrechnung und Kostenanalyse):
Kostenrechnung und Kostenanalyse. 9. überarbeitete Aufl. Stuttgart: Schäffer-Poeschel Verlag, 2016

Conrad, K.-J. (Grundlagen der Konstruktionslehre):
Grundlagen der Konstruktionslehre. Methoden und Beispiele für den Maschinenbau und die Gerontik. 6 Aufl. München: Carl Hanser Verlag GmbH & Co. KG, 2013

Cooper, R; Kaplan, R. S. (Measure Costs Right: Make the Right Decisions):
Measure Costs Right: Make the Right Decisions , 1988

Cummins (Cummins to Open New Fuel Cell Systems Production Facility in Germany):
Cummins to Open New Fuel Cell Systems Production Facility in Germany, Strengthening its Commitment to Hydrogen in Europe. https://www.cummins.com/news/releases/2020/11/12/cummins-open-new-fuel-cell-systems-production-facility-germany. Abruf 24.05.2021

Daenzer, W. F. (Hrsg.) (Systems Engineering):
Systems Engineering. Methodik und Praxis. 9. Aufl., erg. mit dem SE-Wissensbaum Aufl., Zürich: Verl. Industrielle Organisation, 1997

Darab, M; Barnett, A. O; Lindbergh, G; Thomassen, M. S; Sunde, S. (Influence of Catalyst Layer Thickness on PEM Fuel Cell Cathods):
The Influence of Catalyst Layer Thickness on the Performance and Degradation of PEM Fuel Cell Cathods with Constant Catalyst Loading , 2017

Davenport, T. H. (Process Innovation):
Process Innovation. Reengineering work through information technology. Boston Mass.: Harvard Business School Press, 1992

De Toni, A; Tonchia, S. (Manufacturing Flexibility: A Literature Review):
Manufacturing Flexibility: A Literature Review (36), 1998

Deppe, P. (Brennstoffzellen-Systemmontage Daimler):
Blick auf die Brennstoffzellen-Systemmontage am Daimler Standort Kirchheim Nabern. https://blog.mercedes-benz-passion.com/2018/03/blick-auf-die-brennstoffzellen-system-montage-am-daimler-standort-kirchheim-nabern/. Abruf 28.03.2020

Di Wu; Peng, C; Yin, C; Tang, H. (System Integration and Control of Proton Exchange Membrane Fuel Cells):
Review of System Integration and Control of Proton Exchange Membrane Fuel Cells (3), 2020

Dicks, A. L; Rand, D. A. J. (Fuel Cell Systems Explained):
Fuel Cell Systems Explained: Wiley, 2018

Dieter, G. E. (Materials Selection and Design):
Materials Selection and Design. ASM Handbook. 20 Aufl. Ohio: ASM International, 1997

Dolci, F; Thomas, D; Hilliard, S; Guerra, C. F; Hancke, R; Ito, H; Jegoux, M; Kreeft, G; Leaver, J; Newborough, M; Proost, J; Robinius, M; Weidner, E; Mansilla, C; Lucchese, P. (Incentives and Legal Barriers for Power-to-Hydrogen Pathways):
Incentives and legal barriers for power-to-hydrogen pathways: An international snapshot (44), 2019

Dombrowski, U; Mielke, T. (Ganzheitliche Produktionssysteme):
Ganzheitliche Produktionssysteme. Berlin, Heidelberg: Springer Berlin Heidelberg, 2015

Dombrowski, U; Palluck, M; Boog, H. (Erfahrungskurven in der Fabrikplanung):
Erfahrungskurven in der Fabrikplanung (103), 2008

Domschke, W; Scholl, A. (Grundlagen der Betriebswirtschaftslehre):
Grundlagen der Betriebswirtschaftslehre. Eine Einführung aus entscheidungsorientierter Sicht (Springer-Lehrbuch). Vierte, verbesserte und aktualisierte Auflage Aufl. Berlin: Springer, 2008

Döring, S. T. (Konfliktmanagement in der technischen Auftragsabwicklung im Werkzeugbau):
Konfliktmanagement in der technischen Auftragsabwicklung im Werkzeugbau (Edition Wissenschaft Apprimus, 2010,20). 1. Aufl. Aufl. Aachen: Apprimus-Verl., 2010. Zugl.: Aachen, Techn. Hochsch., Diss., 2010

Dur, E; Cora, Ö. N; Koç, M. (Effect of Manufacturing Process Sequence on Corrosion Resistance of BPP):
Effect of Manufacturing Process Sequence on the Corrosion Resistance Characteristics of Coated Metallic Bipolar Plates (246), 2014

Duverlie, P; Castelain, J. M. (Cost Estimation During Design Step):
Cost Estimation During Design Step: Parametric Method versus Case Based Reasoning Method (15), 1999

E4tech Ltd (The Fuel Cell Industry Review):
The Fuel Cell Industry Review , 2020

EG&G Technical Services, Inc. (Fuel Cell Handbook):
Fuel Cell Handbook. Seventh edition Aufl. Morgantown, WV: U.S. Department of Energy, Office of Fossil Energy, National Energy Technology Laboratory, 2016

Ehrlenspiel, K; Kiewert, A; Lindemann, U; Mörtl, M. (Kostengünstig Entwickeln und Konstruieren):
Kostengünstig Entwickeln und Konstruieren. Berlin, Heidelberg: Springer Vieweg, 2014

Eitzenberger, P; Haase, S; Moser, M; Höfler, T; Wittchen, L. (Verfahren zum Herstellen einer Energieversorgungseinheit):
Verfahren zum Herstellen einer Energieversorgungseinheit , 16.12.2015

Elring Klinger AG (Elring Klinger and Plastic Omnium Partner in Fuel Cell Technology):
Elring Klinger and Plastic Omnium Partner in Fuel Cell Technology to Accelerate the Development of Hydrogen Mobility. https://www.elringklinger.de/en/investor-relations/releases/press-releases/28-10-2020. Abruf 24.05.2021

EU Commission (The European Green Deal):
The European Green Deal , 2019

EU Commission (Europe's 2030 Climate Ambition):
Stepping up Europe's 2030 climate ambition. Investing in a climate-neutral future for the benefit of our people , 17.09.2020

Europäische Kommission (NACE Rev. 2):
NACE Rev. 2. Statistische Systematik der Wirtschaftszweige in der Europäischen Gemeinschaft (Eurostat Reihe Thema). Luxemburg: Amt für Amtl. Veröff. der Europ. Gemeinschaften, 2008

FCH2JU (Hydrogen Roadmap Europe):
Hydrogen roadmap Europe. A sustainable pathway for the European energy transition. Luxembourg: Publications Office of the European Union, 2019

FCHEA (Road Map to a US Hydrogen Economy):
Road Map to a US Hydrogen Economy. https://static1.squarespace.com/static/53ab1feee4b0bef0179a1563/t/5e7ca9d6c8fb3629d399fe0c/1585228263363/Road+Map+to+a+US+Hydrogen+Economy+Full+Report.pdf. Abruf 05.02.2021

Fedosenko-Becker, T. (Surface Modification of Bipolar Plates by Plasma Treatment):
Surface Modification of Bipolar Plates for Fuel Cells by Plasma Treatment, 2019

Field, F. R; Kirchain, R; Roth, R. (Process Cost Modeling):
Process Cost Modeling: Strategic Engineering and Economic Evaluation of Materials Technologies , 2007

Förster, R; Förster, A. (Einführung in die Fertigungstechnik):
Einführung in die Fertigungstechnik. Lehrbuch für Studenten ohne Vorpraktikum (Springer-Lehrbuch). Berlin: Springer Vieweg, 2018

Frank, G. (Brennstoffzellentechnik bei Daimler):
Brennstoffzellentechnik bei Daimler, 2018

Friedrich, T. (Planung fertigungstechnologischer Innovation im Produktionsnetzwerk):
Planung fertigungstechnologischer Innovation im Produktionsnetzwerk (Edition Wissenschaft Apprimus, 2014,17). 1. Aufl. Aufl. Aachen: Apprimus-Verl., 2014. Zugl.: Aachen, Techn. Hochsch., Diss., 2013

Frölich, K. (Decal-Prozess zur Herstellung katalysatorbeschichteter Membranen):
Der Decal-Prozess zur Herstellung katalysatorbeschichteter Membranen für PEM-Brennstoffzellen: KIT Scientific Publishing, 2015

FuelCellsWorks (Toyota to Increase Production Capacity for Fuel Cell Vehicles):
Toyota Motor Corp. to Increase Production Capacity for Fuel Cell Vehicles Tenfold. https://fuelcellsworks.com/news/toyota-motor-corp-increase-production-capacity-for-fuel-cell-vehicles-tenfold/#:~:text=Toyota%20Motor%20Corp.%20to%20Increase%20Production%20Capacity%20for%20Fuel%20Cell%20Vehicles%20Tenfold,-By%20FuelCellsWorksNovember&text=As%20part%20of%20its%20roll,times%20the%20current%20production%20capacity. Abruf 24.05.2021

Gadatsch, A. (Grundkurs Geschäftsprozess-Management):
Grundkurs Geschäftsprozess-Management. Wiesbaden: Springer Fachmedien Wiesbaden, 2017

Gadd, K. (TRIZ für Ingenieure):
TRIZ für Ingenieure. Theorie und Praxis des erfinderischen Problemlösens. Weinheim: Wiley-VCH Verlag GmbH & Co. KGaA, 2016

Gaus, F. (Methodik zur Überprüfung der Logik eines Geschäftsmodells im Werkzeugbau):
Methodik zur Überprüfung der Logik eines Geschäftsmodells im Werkzeugbau (Edition Wissenschaft Apprimus, 2010,18). 1. Aufl. Aufl. Aachen: Apprimus-Verl., 2010. Zugl.: Aachen, Techn. Hochsch., Diss., 2010

Goulet, M.-A; Khorasany, R. M; Torres, C. de; Lauritzen, M; Kjeang, E; Wang, G. G; Rajapakse, N. (Mechanical Properties of Catalyst Coated Membranes for Fuel Cells):
Mechanical Properties of Catalyst Coated Membranes for Fuel Cells (234), 2013

Greitemann, J. (Methodik für die systematische Identifikation von Produktionstechnologien):
Methodik für die systematische Identifikation von Produktionstechnologien, 2016

Gríful-Miquela, C. (Activity-Based Costing Methodology):
Activity-Based Costing Methodology for Third-Party Logistics Companies (7), 2001

Gschirr, M; Baur, G; Rauch, E. (Montagesystemplanung für die schlanke Produktion):
Montagesystemplanung für die schlanke Produktion (104), 2009

Haberfellner, R; Weck, O. de; Fricke, E; Vössner, S. (Systems Engineering):
Systems Engineering. Cham: Springer International Publishing, 2019

Haberl, S. (INN-BALANCE Deliverable 1.4):
INN-BALANCE Deliverable 1.4. Public results of the architecture and system level optimization, 2018

Harnisch, M. (Das Erfahrungskurvenkonzept):
Das Erfahrungskurvenkonzept. München: GRIN, 2008

Hartel, M; Lotter, B. (Planung und Bewertung von Montagesystemen):
Planung und Bewertung von Montagesystemen. In: Lotter, B; Wiendahl, H.-P. (Hrsg.): Montage in der industriellen Produktion Berlin, Heidelberg: Springer, 2006, S. 407–432

Haunreiter, A. (Unsicherheitsmanagement in der Entwicklung von Batteriesystemen):
Unsicherheitsmanagement von Produktanforderungen in der Entwicklung von Hochvolt-Batteriesystemen. Dissertation, 2021

Hayes, R. H; Wheelwright, S. C. (Link Manufacturing Process and Product Life Cycles):
Link Manufacturing Process and Product Life Cycles Harvard Business Publishing, 1979

Heimes, H. H. (Methodik zur Auswahl von Fertigungsressourcen in der Batterieproduktion):
Methodik zur Auswahl von Fertigungsressourcen in der Batterieproduktion (Edition Wissenschaft - Apprimus, Bd. 2014,41). 1. Aufl. Aufl. Aachen: Apprimus-Verl., 2014

Hill, G; Hartwell, R; Meharg, P; Boonstra, F. (Vorrichtung für den Zusammenbau eines gebandeten Brennstoffzellenstapels):
Vorrichtung für den Zusammenbau eines gebandeten Brennstoffzellenstapels , 18.03.2009

Hollstein, P; Lasi, H; Kemper, H.-G. (A Survey on Changeability of Machine Tools):
A Survey on Changeability of Machine Tools. In: ElMaraghy, H. A. (Hrsg.): Enabling Manufacturing Competitiveness and Economic Sustainability Berlin, Heidelberg: Springer Berlin Heidelberg, 2012, S. 92–98

Horatzek, S. (Toolbox Prozessmanagement):
Toolbox Prozessmanagement. Vorgehensmodell und praktische Methoden für Industrie und Dienstleistung. München: Hanser, 2019

Hydrogen Council (Hydrogen Scaling Up):
Hydrogen Scaling Up. A sustainable pathway for the global energy transition. Brussels, Belgium: Hydrogen Council, 2017

Hydrogen Council (Path to Hydrogen Competitiveness):
Path to hydrogen competitiveness. A cost perspective. https://hydrogencouncil.com/wp-content/uploads/2020/01/Path-to-Hydrogen-Competitiveness_Full-Study-1.pdf. Abruf 19.10.2020

Hyundai (Hyundai Motor Advances Hydrogen Strategy):
Charged Up: Hyundai Motor Advances Hydrogen Strategy with Export of Fuel Cell Systems to Europe. https://www.hyundai.com/worldwide/en/company/newsroom/charged-up-hyundai-motor-advances-hydrogen-strategy-with-export-of-fuel-cell-systems-to-europe-0000016522. Abruf 24.05.2021

Ievtushenko, O; Hodge, G. L. (Review of Cost Estimation Techniques):
Review of Cost Estimation Techniques and Their Strategic Importance in the New Product Development Process of Textile Products (16), 2012

International Energy Agency (Technology Roadmap Hydrogen and Fuel Cells):
Technology Roadmap Hydrogen and Fuel Cells, 2015

Iverson, E. J; Pierpont, D. M; Yandrasits, M. A; Hamrock, S. J; Abradovich, S. J; Peterson, D. G. (Fuel Cell Subassemblies Incorporating Subgasketed Thrifted Membranes):
Fuel Cell Subassemblies Incorporating Subgasketed Thrifted Membranes , 2011

Jalani, N. H; Datta, R. (Effect of Component Parameters on the Sorption Behavior of Nafion®):

The Effect of Equivalent Weight, Temperature, Cationic Forms, Sorbates, and Nanoinorganic Additives on the Sorption Behavior of Nafion® (264), 2005

James, B. D; Huya-Kouadio, J. M; Houchins, C; DeSantis, D. A. (Mass Production Cost Estimation of Direct H2 PEM Fuel Cell Systems):
Mass Production Cost Estimation of Direct H2 PEM Fuel Cell Systems for Transportation Applications: 2017 Update: Unpublished, 2018

Jeavons, E. C. (A Cost-Based Decision Framework for Advanced Manufacturing Research):
A Cost-Based Decision Framework for Advanced Manufacturing Research. Dissertation. Sheffield, 2018

Jenke, K. (Lösung technischer Qualitätsprobleme in der Produktion):
Konzept zur Lösung technischer Qualitätsprobleme in der Produktion durch Anwendung der Theorie des erfinderischen Problemlösens (TRIZ) (Produktionstechnische Berichte aus dem FBK, 2007,1). Als Ms. gedr Aufl. Kaiserslautern: Techn. Univ, 2007. Zugl.: Kaiserslautern, Techn. Univ., Diss., 2006

Joe Biden for President (Plan for Climate Change and Environmental Justice):
Plan for Climate Change and Environmental Justice | Joe Biden. https://joebiden.com/climate-plan/. Abruf 27.01.2021

Johnson, M. D; Kirchain, R. (Process-Based Cost-Modeling Approach):
Developing and Assessing Commonality Metrics for Product Families: A Process-Based Cost-Modeling Approach (57), 2010

Jönsson, M. (Cost-Conscious Manufacturing):
Cost-Conscious Manufacturing. Models and methods for analyzing present and future performance from a cost perspective. Lund: Division of Production and Materials Engineering, Lund University, 2012

Jörissen, L. (Development of PEM Fuel Cell Stack Reference Test Procedures for Industry):
Development of PEM Fuel Cell Stack Reference Test Procedures for Industry. Project Final Report, 30.10.2015

Kampker, A; Ayvaz, P; Schön, C; Karstedt, J; Förstmann, R; Welker, F. (Challenges towards Large-Scale Fuel Cell Production):
Challenges towards large-scale fuel cell production: Results of an expert assessment study (45), 2020

Kampker, A; Ayvaz, P; Schön, C; Reims, P. (Produktion von Brennstoffzellenkomponenten):
Produktion von Brennstoffzellenkomponenten: VDMA, 2020

Kampker, A; Ayvaz, P; Schön, C; Reims, P. (Produktion von Brennstoffzellensystemen):
Produktion von Brennstoffzellensystemen: VDMA, 2020

Kaz, T. (Herstellung und Charakterisierung von Membran-Elektroden-Einheiten):
Herstellung und Charakterisierung von Membran-Elektroden-Einheiten für Niedertemperatur Brennstoffzellen: Universität Stuttgart, 2008

Kirchain, R; Field, F. R. (Process-Based Cost Modeling):
Process-Based Cost Modeling: Understanding the Economics of Technical Decisions , 2000

Kirchgeorg, M. (Erfahrungskurve):
Erfahrungskurve. Definition: Was ist "Erfahrungskurve"? https://wirtschaftslexikon.gabler.de/definition/erfahrungskurve-35660/version-259138. Abruf 02.08.2021

Kleen, G; Padgett, E. (Durability-Adjusted Fuel Cell System Cost):
DOE Hydrogen Program Record 21001: Durability-Adjusted Fuel Cell System Cost , 2021

Klein, B. (TRIZ/TIPS):
TRIZ/TIPS. Methodik des erfinderischen Problemlösens (Studium). 3. Aufl. Aufl. Berlin: De Gruyter Oldenbourg, 2014

Klell, M; Eichlseder, H; Trattner, A. (Wasserstoff in der Fahrzeugtechnik):
Wasserstoff in der Fahrzeugtechnik. Wiesbaden: Springer Fachmedien Wiesbaden, 2018

Klocke, F; Bergweiler, G; Bleck, W; Bobzin, K; Brecher, C. (Hybride Produktionssysteme):
Hybride Produktionssysteme. In: Brecher, C. (Hrsg.): Integrative Produktionstechnik für Hochlohnländer Berlin, Heidelberg: Springer Berlin Heidelberg, 2011, S. 465–745

Klocke, F; Roderburg, A; Zeppenfeld, C. (Design Methodology for Hybrid Production Processes):
Design Methodology for Hybrid Production Processes (9), 2011

Koch, S. (Methodik zur Steigerung der Wandlungsfähigkeit von Fabriken):
Methodik zur Steigerung der Wandlungsfähigkeit von Fabriken im Maschinen- und Anlagenbau (Edition Wissenschaft Apprimus, 2011,17). 1., Aufl. Aufl. Aachen: Apprimus-Verl., 2011. Zugl.: Aachen, Techn. Hochsch., Diss., 2011

Kolbe, A. (Vorrichtung zum Verspannen von Einzelzellen):
Vorrichtung zum Verspannen von Einzelzellen , 22.02.2018

Koltze, K; Souchkov, V. (Systematische Innovation):
Systematische Innovation. TRIZ-Anwendung in der Produkt- und Prozessentwicklung (Praxisreihe Qualitätswissen). 2. überarbeitete Aufl. München: Hanser, 2017

Kondoh, S; Umeda, Y; Togawa, H. (Development of Redesign Method of Production System based on QFD):
Development of Redesign Method of Production System based on QFD (1), 2007

Konold, P; Muminovic, A; Wehrheim, M. (Assembly of Fuel Cells and Stacks with Robots):
Assembly of Fuel Cells and Stacks with Robots. In: Gottscheber, A; Enderle, S; Obdrzalek, D. (Hrsg.): Research and Education in Robotics — EUROBOT 2008 (Reihe: Communications in Computer and Information Science). Berlin, Heidelberg: Springer Berlin Heidelberg, 2009, S. 168–179

Kornmeier, M. (Wissenschaftstheorie und wissenschaftliches Arbeiten):
Wissenschaftstheorie und wissenschaftliches Arbeiten. Eine Einführung für Wirtschaftswissenschaftler (BA kompakt). Heidelberg: Physica-Verl., 2007

Kreikebaum, H; Gilbert, D. U; Behnam, M. (Strategisches Management):
Strategisches Management. 8. überarbeitete Auflage Aufl. Stuttgart: Kohlhammer Verlag, 2018

Kubicek, H. (Heuristische Bezugsrahmen):
Heuristische Bezugsrahmen und heuristisch angelegte Forschungsdesign als Elemente einer Konstruktionsstrategie empirischer Forschung (Arbeitspapier / Institut für Unternehmungsführung im Fachbereich Wirtschaftswissenschaft der Freien Universität Berlin, Nr. 16). Berlin: Inst. für Unternehmungsführung im Fachbereich Wirtschaftswiss. d. Freien Univ, 1976

Kurzweil, P. (Brennstoffzellentechnik):
Brennstoffzellentechnik. Wiesbaden: Springer Fachmedien Wiesbaden, 2016

Lange-Stalinski, T. (Methodik zur Gestaltung und Bewertung mobiler Produktionssysteme):
Methodik zur Gestaltung und Bewertung mobiler Produktionssysteme (Berichte aus der Produktionstechnik, 2003,6). 1. Aufl. Aufl. Aachen: Shaker, 2003. Zugl.: Aachen, Techn. Hochschule, Diss., 2003

las Heras, A. de; Vivas, F. J; Segura, F; Andújar, J. M. (Techniques to Manufacture the PEFCs Core):
From the Cell to the Stack. A Chronological Walk through the Techniques to Manufacture the PEFCs Core (96), 2018

Laufenberg, L. (Situative Umsetzung des Simultaneous Engineering):
Methodik zur integrierten Projektgestaltung für die situative Umsetzung des Simultaneous Engineering (Berichte aus der Produktionstechnik, 96,9). Als Ms. gedr Aufl. Aachen: Shaker, 1996. Zugl.: Aachen, Techn. Hochsch., Diss., 1995

Le Wang, P; Zhang, L. H; Jiang, J. P. (Assembly Clamping Pressure of PEM Fuel Cells):
Experimental Study of Assembly Clamping Pressure on Performance of PEM Fuel Cells (44-47), 2010

Lee, S.-J; Hsu, C.-D; Huang, C.-H. (Analyses of the Fuel Cell Stack Assembly Pressure):
Analyses of the Fuel Cell Stack Assembly Pressure (145), 2005

Leng, Y; Ming, P; Yang, D; Zhang, C. (Stainless Steel Bipolar Plates for Proton Exchange Membrane Fuel Cells):
Stainless Steel Bipolar Plates for Proton Exchange Membrane Fuel Cells: Materials, Flow Channel Design and Forming Processes (451), 2020

Ley, T; Jurisch, M; Wolf, P; Krcmar, H. (Kriterien zur Leistungsbeurteilung von Prozessen: Ein State-of-the-Art):
Kriterien zur Leistungsbeurteilung von Prozessen: Ein State-of-the-Art, 2012

Liang, X; Pan, G; Xu, L; Wang, J. (A Modified Decal Method for Preparing the MEA):
A Modified Decal Method for Preparing the Membrane Electrode Assembly of Proton Exchange Membrane Fuel Cells (139), 2015

Lillrank, P. (The Quality of Standard, Routine and Nonroutine Processes):
The Quality of Standard, Routine and Nonroutine Processes (24), 2003

Lim, C; Allen, R. G; Scott, K. (Effect of Dispersion Methods on a Direct Methanol Fuel Cell):
Effect of Dispersion Methods of an Unsupported Pt-Ru Black Anode Catalyst on the Power Performance of a Direct Methanol Fuel Cell (161), 2006

Löhn, H. (Leistungsvergleich von Polymerelektrolytmembran-Brennstoffzellen):
Leistungsvergleich von Nieder- und Hochtemperatur-Polymerelektrolytmembran-Brennstoffzellen. Experimentelle Untersuchung, Modellierung und numerische Simulation , 2010

Lukic, D; Milosevic, M; Antic, A; Borojevic, S; Ficko, M. (Multi-Criteria Selection of Manufacturing Processes):
Multi-Criteria Selection of Manufacturing Processes in the Conceptual Process Planning (12), 2017

MacCharles, A; Pocard, N; Lin, C; Wong, A; Xu, A; DeWoskin, K; Berdichevskiy, A. (Hydrogen and Fuel Cell Solutions for Transportation):
Hydrogen and Fuel Cell Solutions for Transportation. Fueling the Future of Mobility. 1 Aufl. Beijing: Deloitte China, 2020

Machado, M. M; Sousa, M. C. S. de; Hewings, G. (Economies of Scale in Electric Power Production):
Economies of Scale and Technological Progress in Electric Power Production: The Case of Brazilian Utilities (59), 2016

Mandolini, M; Campi, F; Favi, C; Germani, M; Raffaeli, R. (Analytical Cost Estimation of Mechanical Components):
A Framework for Analytical Cost Estimation of Mechanical Components Based on Manufacturing Knowledge Representation (107), 2020

Marcinkoski, J; James, B. D; Kalinoski, J. A; Podolski, W; Benjamin, T; Kopasz, J. (Manufacturing Process Assumptions in FCS Cost Analyses):
Manufacturing Process Assumptions used in Fuel Cell System Cost Analyses (196), 2011

Mathias, M. F; Roth, J; Fleming, J; Lehnert, W. (Diffusion Media Materials and Characterisation):
Diffusion Media Materials and Characterisation. Chichester, UK: John Wiley & Sons, Ltd, 2010

Mattox, D. M. (Handbook of Physical Vapor Deposition Processing):
Handbook of Physical Vapor Deposition (PVD) Processing. 2nd ed. Aufl. Oxford, UK: William Andrew, 2010

Mayyas, A; Mann, M. (Emerging Manufacturing Technologies for Fuel Cells and Electrolyzers):
Emerging Manufacturing Technologies for Fuel Cells and Electrolyzers (33), 2019

Mehmood, A; Ha, H. Y. (Efficient Decal Transfer Method):
An Efficient Decal Transfer Method using a Roll-Press to Fabricate Membrane Electrode Assemblies for Direct Methanol Fuel Cells (37), 2012

Mehmood, A; Ha, H. Y. (Parametric Investigation of aDecal Technique to Fabricate MEAs):
Parametric Investigation of a High-Yield Decal Technique to Fabricate Membrane Electrode Assemblies for Direct Methanol Fuel Cells (38), 2013

Mehta, V; Cooper, J. S. (Review and Analysis of PEM Fuel Cell Design and Manufacturing):
Review and Analysis of PEM Fuel Cell Design and Manufacturing (114), 2003

Mertens, T. (Ansätze zur Automatisierung der Stackproduktion für Brennstoffzellen):
Ansätze zur Automatisierung der Stackproduktion für Brennstoffzellen. Randbedingungen und Ansätze zur Vorbereitung einer skalierbaren Stackproduktion im Förderprojekt Autostack Industrie, 26.02.2018

Ministry of Economy, Trade and Industry (Strategic Road Map for Hydrogen and Fuel Cells):
The Strategic Road Map for Hydrogen and Fuel Cells. Industry-academia-government action plan to realize "Hydrogen Society" , 2019

Ministry of Trade, Industry and Energy (Hydrogen Economy Roadmap of Korea):
Hydrogen Economy Roadmap of Korea , 2019

Mohammadtabar, N; Bakhshi-Jooybari, M; Hosseinipour, S. J; Gorji, A. H. (Hydroforming Process for Fabrication of Fuel Cell Bipolar Plates):
Feasibility Study of a Double-Step Hydroforming Process for Fabrication of Fuel Cell Bipolar Plates with Slotted Interdigitated Serpentine Flow Field (85), 2016

Mohsseni, A. (Gestaltung von lebenszyklusrobusten Produktarchitekturen):
Gestaltung von lebenszyklusrobusten Produktarchitekturen am Beispiel des Lithium-Ionen-Batteriesystems. Dissertation, 2021

Montes, J. O; Olleros, F. X. (Microfactories and the New Economies of Scale and Scope):
Microfactories and the New Economies of Scale and Scope (31), 2020

Müller, D. (Betriebswirtschaftslehre für Ingenieure):
Betriebswirtschaftslehre für Ingenieure. 3rd ed. 2020 Aufl., 2020

Nadeau, M.-C; Kar, A; Roth, R; Kirchain, R. (A Dynamic Process-Based Cost Modeling Approach):
A Dynamic Process-Based Cost Modeling Approach to Understand Learning Effects in Manufacturing (128), 2010

Napporn, T. W; Karpenko-Jereb, L; Pichler, B; Hacker, V. (Polymer Electrolyte Fuel Cells):
Polymer Electrolyte Fuel Cells: Fuel Cells and Hydrogen Elsevier, 2018, S. 63–89

Niazi, A; Dai, J. S; Balabani, S; Seneviratne, L. (Product Cost Estimation: Technique Classification and Methodology):
Product Cost Estimation: Technique Classification and Methodology Review (128), 2006

Nickenig, K. (Grundkurs Kosten- und Leistungsrechnung):
Grundkurs Kosten- und Leistungsrechnung. Wiesbaden: Springer Fachmedien Wiesbaden, 2018

Nöst, M; Doppler, C; Klell, M; Trattner, A. (Thermal Management of PEM Fuel Cells in Electric Vehicles):
Thermal Management of PEM Fuel Cells in Electric Vehicles. In: Watzenig, D; Brandstätter, B. (Hrsg.): Comprehensive Energy Management - Safe Adaptation, Predictive Control

and Thermal Management (Reihe: SpringerBriefs in Applied Sciences and Technology). Cham: Springer International Publishing, 2018, S. 93–112

NOW GmbH (Factsheet: Hydrogen and Fuel Cell Technology in China):
Factsheet: Hydrogen and Fuel Cell Technology in China. https://www.now-gmbh.de/wp-content/uploads/2020/09/Factsheet-China-FC-EN.pdf. Abruf 05.02.2021

Nüßle, R; Sonntag, C. (Anordnung zur elektrischen Kontaktierung einer BZ):
Anordnung zur elektrischen Kontaktierung zumindest einer Brennstoffzelle, Verfahren zu deren Herstellung und Brennstoffzellenanordnung , 26.06.2015

Olabi, A. G; Wilberforce, T; Abdelkareem, M. A. (Fuel Cell Application in the Automotive Industry):
Fuel cell application in the automotive industry and future perspective (214), 2021

Padgett, E; Kleen, G. (Early Market Transportation Fuel Cell Cost):
Early Market Transportation Fuel Cell Cost, 2020

Panzar, J. C; Willig, R. D. (Economies of Scale in Multi-Output Production):
Economies of Scale in Multi-Output Production (91): Oxford University Press (OUP), 1977

Papinniemi, J. (Model of Process Innovation for Reengineering of Business and Manufacturing):
Creating a Model of Process Innovation for Reengineering of Business and Manufacturing (60-61), 1999

Park, S.-J. (Carbon Fibers):
Carbon Fibers. Singapore: Springer Singapore, 2018

Patzak, G. (Systemtechnik - Planung komplexer innovativer Systeme):
Systemtechnik - Planung komplexer innovativer Systeme. Grundlagen, Methoden, Techniken. Berlin, Heidelberg: Springer Berlin Heidelberg, 1982

Persons, T. M; Sullivan, M. J. (Technology Readiness Assessment Guide):
Technology Readiness Assessment Guide. Best Practices for Evaluating the Readiness of Technology for Use in Acquisition Programs and Projects, 2016

Peters, S. (A Readiness Level Model for New Manufacturing Technologies):
A Readiness Level Model for New Manufacturing Technologies (9), 2015

Phaal, R; Farrukh, C; Probert, D. (Technology Roadmapping):
Technology Roadmapping: Linking Technology Resources to Business Objectives Cambridge, 2001

Philpott, M. L; Schrader, R. S; Subbarao, G; Hiller, E. A. (Integrated Real-Time Feature Based Costing):
Integrated Real-Time Feature Based Costing , 2016

Plug Power (Plug Power Reports Record 2019):
Plug Power Reports Record 2019, Setting Stage for a Strong 2020. https://s21.q4cdn.com/824959975/files/doc_financials/2019/q4/Plug-Power-Q4-YE-2019-letter-F.pdf. Abruf 24.05.2021

Pollet, B. G; Kocha, S. S; Staffell, I. (Current status of automotive fuel cells for sustainable transport):
Current status of automotive fuel cells for sustainable transport (16), 2019

Porstmann; Wannemacher; Richter (Mass Manufacturing Machine for the Assembly of PEMFC Stacks):
Overcoming the Challenges for a Mass Manufacturing Machine for the Assembly of PEMFC Stacks (7), 2019

PR Newswire (Ballard's China Stack Joint Venture Production Facility):
Ceremonial Opening of Ballard's China Stack Joint Venture Production Facility. https://markets.businessinsider.com/news/stocks/ceremonial-opening-of-ballard-s-china-stack-joint-venture-production-facility-1002343490. Abruf 24.05.2021

Pu, H. (Polymers for PEM Fuel Cells):
Polymers for PEM Fuel Cells (Wiley series on polymer engineering and technology). Hoboken, New Jersey: Wiley, 2015

Puffer, R. H.High Volume Manufacture of Proton Exchange Membrane Fuel Cell Stacks:
Automation Challenges and Opportunities for High Volume Manufacture of Proton Exchange Membrane Fuel Cell Stacks: Automation Science and Engineering (CASE), 2010 IEEE Conference on: *Date, 21-24 Aug. 2010.* 2010 IEEE International Conference on Automation Science and Engineering (CASE 2010), 21.08.2010 - 24.08.2010. Piscataway, N.J.: IEEE2010

Pukelsheim, F. (Sitzzuteilungsmethoden):
Sitzzuteilungsmethoden. Ein Kompaktkurs über Stimmenverrechnungsverfahren in Verhältniswahlsystemen (Springer Spektrum). Berlin, Heidelberg: Springer, 2016

Reeves, M; Stalk, G; Scognamiglio Pasini, F. L. (The Experience Curve):
The Experience Curve. BCG Classics Revisited, 2013

Robinson, E. (The Structure Of Competitive Industry):
The Structure Of Competitive Industry, 1931 The Economies of Large Scale Buying

Romero-Silva, R; Marsillac, E; Shaaban, S; Hurtado-Hernández, M. (Serial Production Line Performance Under Random Variation):
Serial Production Line Performance Under Random Variation: Dealing with the 'Law of Variability' (50), 2019

Roventa, P. (Portfolio-Analyse und strategisches Management):
Portfolio-Analyse und strategisches Management. Ein Konzept zur strateg. Chancen- u. Risikohandhabung (Planungs- und organisationswissenschaftliche Schriften, 30). München: Kirsch, 1979. Zugl.: München, Univ., Diss., 1979

Rubin, E. S; Azevedo, I. M; Jaramillo, P; Yeh, S. (A Aeview of Learning Rates for Electricity Supply Technologies):
A Aeview of Learning Rates for Electricity Supply Technologies (86), 2015

Saad, K. N; Roussel, P. A; Tiby, C. (Management der F&E-Strategie):
Management der F&E-Strategie. Wiesbaden: Gabler, 1991

Saha, M. S; Paul, D. K; Peppley, B. A; Karan, K. (Fabrication of Catalyst-Coated Membrane):
Fabrication of Catalyst-Coated Membrane by Modified Decal Transfer Technique (12), 2010

Scheepers, F. (Quantitative Analyse der Trocknungsverläufe von Katalysatordispersionen):
Quantitative Analyse der Trocknungsverläufe von Katalysatordispersionen: RWTH Aachen University, 2019

Schmitt, R; Pfeifer, T. (Qualitätsmanagement):
Qualitätsmanagement. Strategien, Methoden, Techniken. 5., überarbeitete Auflage Aufl. München, Wien: Hanser, 2015

Scholz, P. (Methodik zur potenzial- und risikobasierten Technologiebewertung):
Methodik zur potenzial- und risikobasierten Technologiebewertung. Dissertation, 2021

Schön, C. (Skalierbare Technologieketten für die Großserienproduktion von Brennstoffzellen):
Gestaltung und Bewertung von skalierbaren Technologieketten für die Großserienproduktion von Brennstoffzellen. Dissertation, 2022

Schuh, G; Klappert, S. (Technologiemanagement):
Technologiemanagement (VDI-Buch, / Günther Schuh ... (Hrsg.) ; 2). 2., vollst. neu bearb. und erw. Aufl. Aufl. Berlin: Springer, 2011

Schumpeter, J. A; Siemon, C. (Konjunkturzyklen):
Konjunkturzyklen. Eine theoretische, historische und statistische Analyse des kapitalistischen Prozesses. Neuausg Aufl. Göttingen: Vandenhoeck & Ruprecht, 2008

Schuster, M. (Bauhöhe Zellkontaktierungseinheit):
Zellkontaktierungseinheit kommt mit 5 Millimetern Bauhöhe aus. https://www.smart-test-solutions.de/de/blog-details-de/zellkontaktierungseinheit-kommt-mit-5-millimetern-bauhoehe-aus.html. Abruf 06.03.2020

Schwarz, C; Stein, S; Holinski, N; Hoffmann, S. (Der datenbankgestützte Fremdvergleich bei Produktionseinheiten):
Der datenbankgestützte Fremdvergleich bei Produktionseinheiten , 2016

Scott, K. (Mass Transfer in Flow Fields):
Mass Transfer in Flow Fields. In: Vielstich, W; Lamm, A; Gasteiger, H. A; Yokokawa, H. (Hrsg.): Handbook of Fuel Cells Chichester, UK: John Wiley & Sons, Ltd, 2010, S. 2767

Shahgaldi, S; Alaefour, I; Li, X. (Impact of Manufacturing Processes on PEMFC Performance):
Impact of Manufacturing Processes on Proton Exchange Membrane Fuel Cell Performance (225), 2018

Shaigan, N; Yuan, X.-Z; Girard, F; Fatih, K; Robertson, M. (Standardized testing framework for quality control of fuel cell bipolar plates):
Standardized testing framework for quality control of fuel cell bipolar plates (482), 2021

Shen, Z; Lu, L; Sun, J; Yang, F; Tang, Y; Xie, Y. (Wear Patterns of Cutting Tools during the Manufacturing of Carbon Fiber):
Wear Patterns and Wear Mechanisms of Cutting Tools used during the Manufacturing of Chopped Carbon Fiber (97), 2015

Silberston, A. (Economies of Scale in Theory and Practice):
Economies of Scale in Theory and Practice , 1972

Slama, S. (Effizienzsteigerung in der Montage):
Effizienzsteigerung in der Montage durch marktorientierte Montagestrukturen und erweiterter Mitarbeiterkompetenz (Fertigungstechnik - Erlangen, 148). Bamberg: Meisenbach, 2004

Sonntag; Alexander (Paarweiser Vergleich):
Paarweiser Vergleich. https://www.inf.uni-hamburg.de/de/inst/ab/itmc/research/completed/promidis/instrumente/paarweiser-vergleich. Abruf 04.10.2021

Souchkov, V. (Root Conflict Analysis):
Root Conflict Analysis (RCA+): Structured Problems and Contradictions Mapping , 2005

Squadrito, G. (Preparation of MEA):
Preparation of MEA: Fuel Cells and Hydrogen Elsevier, 2018, S. 117–138

Stachowiak, H. (Allgemeine Modelltheorie):
Allgemeine Modelltheorie. Wien, New York: Springer-Verlag, 1973

Störmer, O; Stowasser, S. (Industrial Engineering):
Industrial Engineering. Standardmethoden zur Produktivitätssteigerung. [Place of publication not identified]: CARL HANSER Verlag GMBH &, 2016

Sutharssan, T; Montalvao, D; Chen, Y. K; Wang, W.-C; Pisac, C; Elemara, H. (Prognostics and Health Monitoring of PEMFC):
A Review on Prognostics and Health Monitoring of Proton Exchange Membrane Fuel Cell (75), 2017

Szczepaniak, M; Trojanowska, J. (Methodology of Manufacturing Process Analysis):
Methodology of Manufacturing Process Analysis (19), 2019

Taghiabadi, M. M; Zhiani, M; Silva, V. (Effect of MEA Activation Method on Performance of PEMFC):
Effect of MEA Activation Method on the Long-Term Performance of PEM Fuel Cell (242), 2019

Tajitsu, N; Shiraki, M.Toyota Plans to Expand Production:
Toyota Plans to Expand Production, Shrink Cost of Hydrogen Fuel Cell Vehicles. In: Reuters, 2018

Taleb, A; Maine, E; Kjeang, E. (Technical-Economic Cost Modeling as a Technology Management Tool):
Technical-Economic Cost Modeling as a Technology Management Tool (25), 2014

Tanner, A. N. (Emergence of the Fuel Cell Industry in European Regions):
Regional Branching Reconsidered: Emergence of the Fuel Cell Industry in European Regions (90), 2014

The Guardian (Japan will Become Carbon Neutral by 2050):
Japan will become carbon neutral by 2050, PM pledges. https://www.theguardian.com/world/2020/oct/26/japan-will-become-carbon-neutral-by-2050-pm-pledges. Abruf 27.01.2021

Thommen, J.-P; Achleitner, A.-K; Gilbert, D. U; Hachmeister, D; Jarchow, S; Kaiser, G. (Allgemeine Betriebswirtschaftslehre):
Allgemeine Betriebswirtschaftslehre. Umfassende Einführung aus managementorientierter

Sicht (Springer Lehrbuch). 9., vollständig überarbeitete Auflage Aufl. Wiesbaden: Springer Gabler, 2020

Thompson, P. (Unit Cost and Cumulative Quantity):
The Relationship between Unit Cost and Cumulative Quantity and the Evidence for Organizational Learning-by-Doing (26), 2012

Thompson, S. T; James, B. D; Huya-Kouadio, J. M; Houchins, C; DeSantis, D. A; Ahluwalia, R; Wilson, A. R; Kleen, G; Papageorgopoulos, D. (Direct Hydrogen Fuel Cell Electric Vehicle Cost Analysis):
Direct hydrogen fuel cell electric vehicle cost analysis: System and high-volume manufacturing description, validation, and outlook (399), 2018

Tian, R. (Chromium Nitride coated Stainless Steel as Bipolar Plate):
Chromium Nitride/Cr coated 316L Stainless Steel as Bipolar Plate for Proton Exchange Membrane Fuel Cell (196), 2011

Töpler, J; Lehmann, J. (Wasserstoff und Brennstoffzelle):
Wasserstoff und Brennstoffzelle. Berlin, Heidelberg: Springer Berlin Heidelberg, 2017

Toupin, M; Malek, K; Mokrini, A. (High Throughput Process for Proton Exchange Membranes Manufacturing):
Techno-Economics of a New High Throughput Process for Proton Exchange Membranes Manufacturing , 2016

Tsoubone, h; Horikawa, M. (A Comparison between Machine Flexibility and Routing Flexibility):
A Comparison between Machine Flexibility and Routing Flexibility Kluwer Academic Publishers, 1999

Tsuchiya, H. (Mass Production Cost of PEM Fuel Cell by Learning Curve):
Mass Production Cost of PEM Fuel Cell by Learning Curve (29), 2004

Tuan, N; Karpukhin, K. E; Terenchenko, A. S; Kolbasov, A. F. (Vehicles with Alternative Energy Sources):
World trends in the development of vehicles with alternative energy sources , 2018

Turan, C; Cora, Ö. N; Koç, M. (Effects of Process Sequence on the Contact Resistance of Bipolar Plates):
Investigation of the Effects of Process Sequence on the Contact Resistance Characteristics of Coated Metallic Bipolar Plates for Polymer Electrolyte Membrane Fuel Cells (243), 2013

Uchida, M; Fukuoka, Y; Sugawara, Y; Ohara, H; Ohta, A. (Improved Preparation Process of Very-Low-Platinum-Loading Electrodes):
Improved Preparation Process of Very-Low-Platinum-Loading Electrodes for Polymer Electrolyte Fuel Cells , 1998

Ulrich, P; Hill, W. (Wissenschaftstheoretische Grundlagen der Betriebswirtschaftslehre):
Wissenschaftstheoretische Grundlagen der Betriebswirtschaftslehre. In: Ulrich, P; Hill, W. (Hrsg.): Wirtschaftswissenschaftliches Studium (Bd. 7), 1976, S. 304–309

Utterback, J. M; Abernathy, W. J. (A Dynamic Model of Process and Product Innovation):
A Dynamic Model of Process and Product Innovation (3), 1975

Vahs, D; Brem, A. (Innovationsmanagement):
Innovationsmanagement. Von der Idee zur erfolgreichen Vermarktung. 5., überarbeitete Auflage Aufl. Stuttgart: Schäffer-Poeschel Verlag, 2015

VDI (VDI 2225 Blatt 1):
VDI 2225 Blatt 1. *Konstruktionsmethodik Technisch-wirtschaftliches Konstruieren Vereinfachte Kostenermittlung.* Berlin: Beuth Verlag GmbH

VDI (VDI 2234):
VDI 2234. *Wirtschaftliche Grundlagen für den Konstrukteur.* Berlin: Beuth Verlag GmbH

Veziridis, Z. (Volumetriq Deliverable Report):
Volumetriq Deliverable Report. Stack Component Test Scope and Procedures, 30.11.2016

VTech (Leak Detection Methods):
Leak Detection Methods: A Comparative Study of Technologies and Techniques Short version, 2004

Wang, J; Wang, H; Fan, Y. (Techno-Economic Challenges of Fuel Cell Commercialization):
Techno-Economic Challenges of Fuel Cell Commercialization (4), 2018

Wang, M; Park, J. H; Kabir, S; Neyerlin, K. C; Kariuki, N. N; Lv, H; Stamenkovic, V. R; Myers, D. J; Ulsh, M; Mauger, S. A. (Impact of Catalyst Ink Dispersing Methodology on Fuel Cell Performance):
Impact of Catalyst Ink Dispersing Methodology on Fuel Cell Performance Using in-Situ X-ray Scattering (2), 2019

Wang, S; Shang, Y; Wang, Y; Wang, J. (Fabrication and Electrochemical Performance of MEA):
Fabrication and Electrochemical Performance of Poly (2,5-benzimidazole) (ABPBI)-based MEA by Catalyst Coated Membrane (CCM) Method for High-Temperature Polymer Electrolyte Fuel Cells (38), 2013

Weber, J. Prof. Dr. Dr. h.c. (Definition: Einzelmaterial):
Definition: Einzelmaterial. https://wirtschaftslexikon.gabler.de/definition/einzelmaterial-35436/version-258917. Abruf 06.12.2020

Weber, J. Prof. Dr. Dr. h.c. (Definition: Fertigungseinzelkosten):
Definition: Fertigungseinzelkosten. https://wirtschaftslexikon.gabler.de/definition/fertigungseinzelkosten-33571/version-257093. Abruf 06.12.2020

Weber, J. Prof. Dr. Dr. h.c. (Definition: Fertigungsgemeinkosten):
Definition: Fertigungsgemeinkosten. https://wirtschaftslexikon.gabler.de/definition/fertigungsgemeinkosten-36134/version-259599. Abruf 06.12.2020

Weber, J. Prof. Dr. Dr. h.c. (Definition: Fertigungskosten):
Definition: Fertigungskosten. https://wirtschaftslexikon.gabler.de/definition/fertigungskosten-33784/version-257303. Abruf 06.12.2020

Weber, J. Prof. Dr. Dr. h.c. (Definition: Herstellkosten):
Definition: Herstellkosten. https://wirtschaftslexikon.gabler.de/definition/herstellkosten-33066/version-256594. Abruf 06.12.2020

Weber, J. Prof. Dr. Dr. h.c. (Definition: Materialgemeinkosten):
Definition: Materialgemeinkosten. https://wirtschaftslexikon.gabler.de/definition/material-gemeinkosten-40493. Abruf 06.12.2020

Weber, J. Prof. Dr. Dr. h.c. (Definition: Materialkosten):
Definition: Materialkosten. https://wirtschaftslexikon.gabler.de/definition/materialkosten-41730/version-265089. Abruf 06.12.2020

Weber, J. Prof. Dr. Dr. h.c. (Definition: Selbstkosten):
Definition: Selbstkosten. https://wirtschaftslexikon.gabler.de/definition/selbstkosten-43210/version-266542. Abruf 06.12.2020

Weber, J. Prof. Dr. Dr. h.c. (Definition: Sondereinzelkosten der Fertigung):
Definition: Sondereinzelkosten der Fertigung. https://wirtschaftslexikon.gabler.de/definition/sondereinzelkosten-der-fertigung-42887/version-266227. Abruf 06.12.2020

Wei, M; Lipman, T; Mayyas, A; Chien, J; Chan, S; Gosselin, D; Breunig, H; Stadler, M; McKone, T; Beattie, P; Chong, P; Colella, W; James, B. (A Total Cost of Ownership Model for PEMFC):
A Total Cost of Ownership Model for Low Temperature PEM Fuel Cells in Combined Heat and Power and Backup Power Applications, 2014

Wei, M; Smith, S. J; Sohn, M. D. (Experience Curve and Cost Reduction for Fuel Cell Markets):
Experience Curve Development and Cost Reduction Disaggregation for Fuel Cell Markets in Japan and the US (191), 2017

Werhahn, J. (Kosten von BZ-Systemen auf Massenbasis):
Kosten von Brennstoffzellensystemen auf Massenbasis in Abhängigkeit von der Absatzmenge (Schriften des Forschungszentrums Jülich Reihe Energie & Umwelt, 35). Jülich: Forschungszentrum Jülich Zentralbibl, 2009. Zugl.: Aachen, Techn. Hochsch., Diss., 2008

Wessel, S. (Prüfprozess zur Effizienzsteigerung im Entwicklungsprozess der Li-Io-Batterie):
Gestaltung des Prüfprozesses zur Effizienzsteigerung im Entwicklungsprozess der Lithium-Ionen-Batterie. Dissertation, 2020

Wheeler, D; Sverdrup, G. (Status of Manufacturing: Polymer Electrolyte Membrane Fuel Cells):
2007 Status of Manufacturing: Polymer Electrolyte Membrane (PEM) Fuel Cells: Office of Scientific and Technical Information (OSTI), 2008

Whiston, M. M; Azevedo, I. L; Litster, S; Whitefoot, K. S; Samaras, C; Whitacre, J. F. (Cost and Expected Future Performance of PEMFC):
Expert Assessments of the Cost and Expected Future Performance of Proton Exchange Membrane Fuel Cells for Vehicles (116), 2019

Wienk-Borgert, B. (Impact of Manufacturing Environment on CCMs of a PEM Fuel Cell):

Impact of the climatic manufacturing environment on the mechanics and crack patterning of catalyst-coated-membranes of a PEM fuel cell: RWTH Aachen University, 2019

Wigger, T. (Effizienzsteigerung im Produktentwicklungsprozess):
Effizienzsteigerung im Produktentwicklungsprozess durch die kombinierte Anwendung von Wertanalyse und TRIZ (Ingenieurwissenschaften). München: Dr. Hut, 2017

Williams, M; Tignor, K; Sigler, L; Rajagopal, C; Gurau, V. (Robotic Arm for Automated Assembly of PEMFC-Stacks):
Robotic Arm for Automated Assembly of Proton Exchange Membrane Fuel Cell Stacks (11), 2014

Wilson, A; Kleen, G; Papageorgopoulos, D. (Fuel Cell Systems Cost):
Fuel Cell Systems Cost - 2017. DOE Hydrogen and Fuel Cells Program Record. 17007 Aufl. Washington, DC, 2017

Wilson, M. S; Gottesfeld, S. (Thin-Film Catalyst Layers for Polymer Electrolyte Fuel Cell Electrodes):
Thin-film catalyst layers for polymer electrolyte fuel cell electrodes (22), 1992

Windmark, C. (Performance-Based Costing):
Performance-Based Costing as Decision Support for Development of Discrete Part Prodcution. Linking performance, production costs, and sustainability. Lund: Media-Tryck, Lund University, 2018

Winter, J. (Startschuss für EKPO Fuel Cell Technologies):
Startschuss für EKPO Fuel Cell Technologies, 01.03.2021

Woeckener, B. (Volkswirtschaftslehre):
Volkswirtschaftslehre. Eine Einführung (Lehrbuch). 3. überarbeitete und ergänzte Aufl. Berlin Germany: Springer Gabler, 2019

Wöhe, G; Döring, U. (Einführung in die Allgemeine Betriebswirtschaftslehre):
Einführung in die Allgemeine Betriebswirtschaftslehre (Vahlens Handbücher der Wirtschafts- und Sozialwissenschaften). 23., vollständig neu bearbeitete Auflage Aufl. München: Verlag Franz Vahlen, 2008

Wright, T. P. (Factors Affecting the Cost of Airplanes):
Factors Affecting the Cost of Airplanes (3), 1936

Young, A. A. (Increasing Returns and Economic Progress):
Increasing Returns and Economic Progress (38), 1928

Yu, H; Yang, L; Zhu, L; Jian, X; Wang, Z; Jiang, L. (Anticorrosion Properties of Ta-coated Stainless Steel as Bipolar Plate Material):
Anticorrosion Properties of Ta-coated 316L Stainless Steel as Bipolar Plate Material in Proton Exchange Membrane Fuel Cells (191), 2009

Yuan, X.-Z; Zhang, S; Sun, J. C; Wang, H. (A Review of Accelerated Conditioning for a PEMFC):
A Review of Accelerated Conditioning for a Polymer Electrolyte Membrane Fuel Cell (196), 2011

Zhang, D; Duan, L; Guo, L; Tuan, W.-H. (Corrosion Behavior of TiN-Coated Stainless Steel as Bipolar Plate):

Corrosion Behavior of TiN-Coated Stainless Steel as Bipolar Plate for Proton Exchange Membrane Fuel Cell (35), 2010

Zhang, J. (PEM Fuel Cell Electrocatalysts and Catalyst Layers):
PEM Fuel Cell Electrocatalysts and Catalyst Layers. London: Springer London, 2008

A Anhang

Appendix

A.1 Übersicht Produktparameter

Overview of product parameters

Eingabeparameter	**Zeichen**	**Einheit**
Nutzvolumen: Breite, Länge, Höhe	$b_{Sys}; l_{Sys}; h_{Sys}$	[cm]
Komponentenaufschläge: Membran, Dichtung, Zellversorgung	$X_{MEM}; X_{DI}; X_{BPP}$	[cm]
Bauteilhöhe: GDL, Membran; Katalysatorschicht	$h_{GDL}; h_{MEM}; h_{KAT}$	[µm]
Anzahl Stacks pro System	n_{St}^{Sys}	[#]
Anzahl Zellen pro Stack	n_{Z}^{St}	[#]
Anzahl Komponenten pro System	n_{KOM}^{Sys}	[#]
Anzahl Komponenten pro Stack	n_{KOM}^{St}	[#]
Anzahl Komponenten pro Zelle	n_{KOM}^{Z}	[#]
Anzahl Komponenten pro MEA	n_{KOM}^{MEA}	[#]
Anzahl Komponenten pro BPP	n_{KOM}^{BPP}	[#]
Systemleistung (brutto)	P_{Sys}	[kW]
Leistungsdichte maximal	Pd_{max}	[W/cm²]
Platinnutzung	$U_{KAT}(Pt)$	[g_{PT}/kW]
Platinbeladung	$q_{KAT}(Pt)$	[mg/cm²]
BPP-Material: metallisch, endlos	$w_{Metall(BPP)}; w_{endlos(BPP)}$	[boolean]
BPP-Materialdicke: Rohmaterial, Korrosionsschutz	$h_{BPHP,Rohmaterial}; h_{BPHP,Kor.}$	[µm]
BPP-Materialdichte: Rohmaterial, Korrosionsschutz	$\rho_{BPP,Rohmaterial}; \rho_{BPP,Kor.}$	[g/cm³]
Katalysator: Masseanteil, Dichte, Wahrheitswert verdampfbar	$s_{KAT_j}(k)$ $\rho_{KAT}(k)$ $w_{verdampft(KAT)}(k)$	[Gew.-%] [g/cm³] [boolean]

Abbildung 8.1: Übersicht Produktparameter

A.2 Komponentenstückliste

Component parts list

Komponente	**Ein-heit**	**Zeichen**	**pro System**	**pro Stack**	**pro Zelle**	**pro MEA**	**pro BPP**
		KOM	n_{KOM}^{Sys}	n_{KOM}^{St}	n_{KOM}^{Z}	n_{KOM}^{MEA}	n_{KOM}^{BPP}
Luft-, Wasserstoff-, Nieder- & Hochtemperaturkühlkreislauf	[#]	-	1	-	-	-	-
Steuergerät, Hochvoltkabel, Elektrische Kabel, Sensorik	[#]	-	1	-	-	-	-
Stack	[#]	St	n_{St}^{Sys}	1	-	-	-
Endplatten, Stromkollektoren	[#]	-	$n_{St}^{Sys} * 2$	2	-	-	-
Verteilplatte, Zellspannungsüberwachungseinheit, Gehäuse, Stromsammelschiene	[#]	-	n_{St}^{Sys}	1	-	-	-
Verspannungsset	[#]	-	n_{St}^{Sys}	1	-	-	
Zellen	[#]	Z	$n_Z^{ST} * n_{St}^{Sys}$	n_Z^{ST}	1	-	-
BPP	[#]	BPP	$n_Z^{ST} * n_{St}^{Sys}$	n_Z^{ST}	1	-	1
BPHP	[#]	$BPHP$	$n_Z^{ST} * n_{St}^{Sys} * 2$	$n_Z^{ST} * 2$	2	-	2
MEA	[#]	MEA	$n_Z^{ST} * n_{St}^{Sys}$	n_Z^{ST}	1	1	-
GDL	[#]	GDL	$n_Z^{ST} * n_{St}^{Sys} * 2$	$n_Z^{ST} * 2$	2	2	-
Polymermembran	[#]	MEM	$n_Z^{ST} * n_{St}^{Sys}$	n_Z^{ST}	1	1	-
Dichtungsschichten	[#]	DI	$n_Z^{ST} * n_{St}^{Sys} * 2$	$n_Z^{ST} * 2$	2	2	-
Katalysatorschichten	[#]	KAT_j	$n_Z^{ST} * n_{St}^{Sys}$	n_Z^{ST}	1	1	-

Abbildung 8.2: Komponentenstückliste

A.3 Übersicht Prozessdefinitionen

Overview of process definitions

Eingabeparameter	**Zeichen**	**Einheit**
Prozessreihenfolge: - Schützen vor (1) oder nach (0) Formen - Dichtung anbringen vor (1) oder nach (0) Katalysator beidseitig anbringen - BoP Vormontage (1) oder keine BoP Vormontage (0)	$w_{Schützen(BPP)}$ $w_{Dichtung(MEA)}$ $w_{Vormontage(Sys)}$	[boolean]
Prozessart: - Kontinuierliche Vereinzelung der BPP (1) - Indirekte Beschichtung der MEA (1) - Intermittierende Beschichtung der MEA (1) - Katalysator erst auf Membran anbringen (1)	$w_{konti.,Vereinzeln(BPP)}$ $w_{indirekt(MEA)}$ $w_{intermittierend(MEA)}$ $w_{Membran(MEA)}$	[boolean]
Verteilung der BPP-Breite über die Fertigungsbandbreite	$w_{BPHP,Breite}$	[boolean]
Verteilung der MEA-Breite über die Fertigungsbandbreite	$w_{MEA,Breite}$	[boolean]

Abbildung 8.3: Übersicht Prozessdefinitionen

A.4 Übersicht Prozessparameter

Overview of process parameters

Eingabeparameter	**Zeichen**	**Einheit**
Rand- & Zwischenabstand auf dem Fertigungsband: - BPP - Katalysator	$X_{Rand(BPHP)}$; $X_{Abstand(BPHP)}$ $X_{Rand(KAT)}$; $X_{Abstand(KAT)}$	[cm]
Mittlerer Stütznahtabstand beim Fügen der BPP	$X_{Nahtabstand(BPP)}$	[cm]
Zykluszeiten für die Fertigungsschritte: - BPP: Formen, Kontrolle, Vereinzeln - MEA: Mischen, Trocknen, Kontrolle - Stack: Wareneingang, Montage - System: Vormontage der BoP, Montage der BoP, Elektrische Integration	$t_{i(SUB)}$	[min]
Zykluszeit für die Verspannung eines Stacks	$t_{Vers.,i(St)}$	[min]
Zykluszeit für die Komprimierung des Stacks	$t_{Komp.,Pressen(St)}$	[min]
Installationszeit: - Stack: Pressen & Fixieren, Dichtheit prüfen, Einfahren - System: Kontrolle	$t_{Inst.,i(SUB)}$	[min]
Testzeit: - Stack: Dichtheit prüfen, Einfahren - System: Kontrolle	$t_{Testzeit,i(SUB)}$	[min]
Beschichtungsgeschwindigkeit für Anode und Kathode	$v_{Beschichten(MEA),j}$	[m/min]
Fertigungsbandgeschwindigkeit:	$v_{i(SUB)}$	[m/min]

- BPP: Schützen, Dichten - MEA: Katalysator einseitig anpressen, Dichtung anbringen, Katalysator beidseitig anpressen, Vereinzeln		
Mittlere Geschwindigkeit beim Fügen der BPP	$v_{Füg,Fügen(BPP)}$	[m/min]
Mittlere Geschwindigkeit bei kontinuierlicher Vereinzelung der BPP	$v_{Vereinzeln(BPP)}$	[m/min]
Mittlere Geschwindigkeit beim Stapeln des Stacks	$v^{Stück}_{Stapeln(St)}$	[1/min]
Maximale Beschleunigung bei kontinuierlicher Vereinzelung der BPP zur Herleitung der Geschwindigkeit	$a_{Vereinzeln(BPP)}$	[cm/s²]
Fehlerhafte Teile pro einer Millionen Teile: - BPP: Kontrolle - MEA: Kontrolle - Stack: Wareneingang, Dichtheit prüfen - System: Kontrolle	PPM_i	[#]

Abbildung 8.4: Übersicht Prozessparameter

A.5 Übersicht Betriebsparameter

Overview of operating parameters

Eingabeparameter	**Zeichen**	**Einheit**
Jährlich geplantes Produktionsvolumen (netto)	$B_{(Sys)}(netto)$	[#]
Arbeitszeiten: - Arbeitstage pro Jahr - Urlaubstage pro Jahr nach Personaltyp - Arbeitsstunden pro Tag nach Personaltyp - Krankenquote	$n^{Jahr}_{Arbeitstage}$ $n^{Jahr}_{Urlaub,Typ(Pers.)}$ $n^{Tage}_{Arbeitsstunden,Typ(Pers.)}$ s_{krank}	[#] [#] [h] [%]
Betriebszeiten: - Betriebstage pro Jahr - Schichten pro Betriebstag - Betriebsstunden pro Schicht	$n^{Jahr}_{Betriebstage}$ $n^{Betriebstag}_{Schichten}$ $n^{Schicht}_{Betriebsstunden}$	[#] [#] [h]

Abbildung 8.5: Übersicht Betriebsparameter

A.6 Übersicht Maschinenparameter

Overview of machine parameters

Eingabeparameter	**Zeichen**	**Einheit**
Generelle Maschinendaten für alle i(SUB): - Personalbedarf nach Typ je Fertigungslinie - Sonderkosten pro System - Investitionskosten je Fertigungslinie - Energieverbrauch je Fertigungslinie - Flächenbedarf nach Typ je Fertigungslinie	$n^{Linie}_{Typ(Pers.),i(SUB)}$ $K^{Sys}_{Sonder,i(SUB)}$ $K^{Linie}_{Investition,i(SUB)}$ $E^{Linie}_{i(SUB)}$ $A^{Linie}_{Typ(Fläche),i(SUB)}$	[#] [€] [€] [kW] [m²]
Maximale Fertigungsbandbreite der Fertigungsanlage: - BPP: Schützen, Formen, Vereinzeln, Dichten	$b_{i(SUB),max}$	[cm]

- MEA: für alle Fertigungsschritte i außer Mischen		
Maximale Fertigungslänge: Formen, Vereinzeln der BPP	$l_{i(BPP),max}$	[cm]
Maximale Ofenlänge der MEA Trocknung	$l_{Ofen(MEA),max}$	[cm]
Kontrollierte Beschichtungsfläche je Zyklus und Linie	$A_{Kontrolle(MEA)}$	[cm²]
Anzahl parallele Durchführung je Zyklus: - BPP: Kontrolle - Stack: Pressen & Fixieren, Dichtheit prüfen, Einfahren - System: Kontrolle	$n_{Para.,i(SUB)}$	[#]
Maximale Masse und maximales Volumen je Mischvorgang des Katalysators	$m_{Mischen(MEA),max}$ $V_{Mischen(MEA),max}$	[kg] [dm³]

Abbildung 8.6: Übersicht Maschinenparameter

A.7 Übersicht Kostenparameter

Overview of cost parameters

Eingabeparameter	**Zeichen**	**Einheit**
Zuschlagssätze zu den Herstellkosten: - Vertriebskosten - Verwaltungskosten - F&E-Kosten	$X_{Vertrieb}$ $X_{Verwaltung}$ $X_{F\&E}$	[%]
Zuschlagssätze im Bruttogewinn: - Kapitalzinssatz - Unternehmenssteuersatz	X_{Zins} X_{Steuer}	[%/Jahr] [%]
Vereinfachte Bestimmung von Kostenarten: - Hilfslöhne - Wartung - Abschreibung - Materialgemeinkosten - Betriebskapital - Arbeitsgeberbelastung	$X_{Pers.}$ $X_{Wartung}$ $X_{Abschreibung}$ $X_{MatGemein}$ $X_{Betriebskapital}$ $X_{AGBelastung}$	[%] [%/Jahr] [Jahre] [%] [Monate] [%]
Kostensätze: - Jahresentgelt (netto) nach Personaltyp - Energiekostensatz - Flächenkostensatz nach Flächentyp - Einkaufspreisfunktion	$K_{Typ(Pers.)}^{Jahr}(netto)$ $X_{Energie}$ $X_{Fläche}$ $f_{KOM}\left(B_{KOM}^{Jahr}\right)$	[€] [€/kWh] [€/ m²*Jahr] [€/x]

Abbildung 8.7: Übersicht Kostenparameter

A.8 Optimierungskatalog

Optimization catalogue

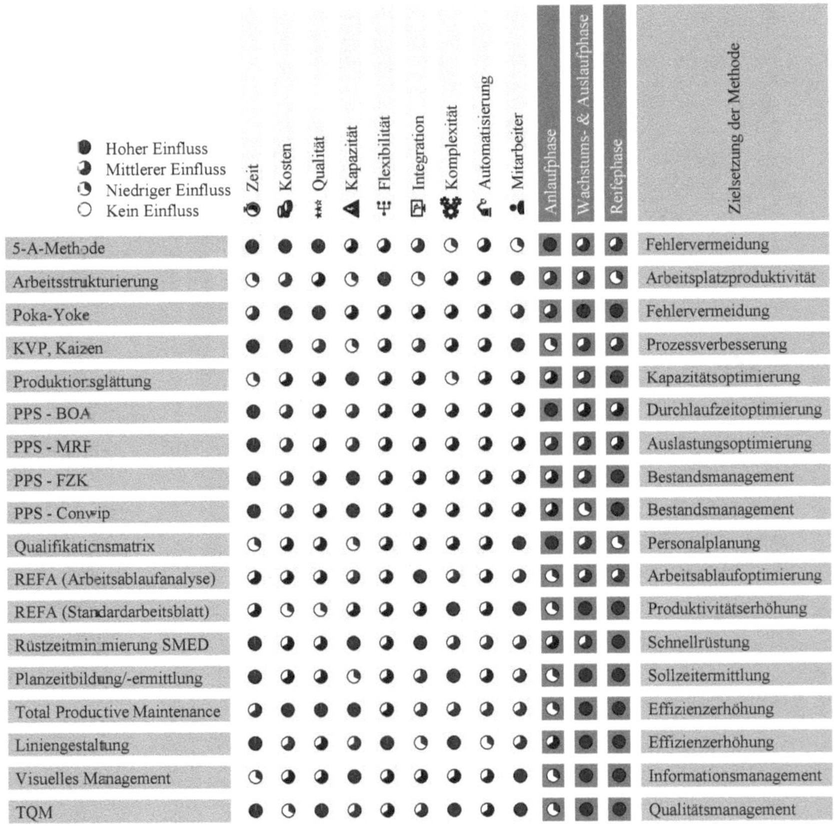

Abbildung 8.8: Optimierungskatalog zur Ableitung von Optimierungsmaßnahmen[496,497,498,499,500,501,502]

[496] i. A. a. Störmer et al. (Industrial Engineering), 2016, S. 31ff.
[497] Vgl. Schmitt et al. (Qualitätsmanagement), 2015, S. 44f.
[498] Vgl. Becker (Prozesse in Produktion und Supply Chain optimieren), 2008, S. 231.
[499] Vgl. Aull (Ableitung effizienter Implementierungsstrategien), 2013, S. 74.
[500] Vgl. Gadatsch (Grundkurs Geschäftsprozess-Management), 2017, S. 42.
[501] Vgl. Dombrowski et al. (Ganzheitliche Produktionssysteme), 2015, S. 70.
[502] Vgl. Horatzek (Toolbox Prozessmanagement), 2019, S. 44.

A.9 Zuordnung Prozesskategorien zu Wirtschaftszweigen

Assignment of process categories to economic sectors

Fertigungsverfahren Urformen	Wirtschaftszweige (ID)
Urformen aus flüssigem Zustand	24.5, 24.3, 32.11
Urformen aus plastischem Zustand	11.07, 17.12, 38.32, 20.52, 22.2, 32.11, 30.52, 25.71, 27.52, 29.21, 27.21, 32,41
Urformen aus breiigem Zustand	10.62, 22.2, 23.5
Urformen aus körnigem oder pulverförmigem Zustand	10.92, 23.44, 10.82
Urformen aus spahn- oder faserförmigem Zustand	16.21, 17.12, 13.43, 17.22
Urformen aus gas- oder dampfförmigem Zustand	17.22
Urformen aus ionisiertem Zustand	30.31

Abbildung 8.9: Zuordnung Urformverfahren zu Wirtschaftszweigen

Fertigungsverfahren Umformen	Wirtschaftszweige (ID)
Druckumformen	10.62, 15.12, 17.12, 32.11, 17.22, 25.41
Zug-Druck-Umformen	16.21, 22.2
Zugumformen	32.11, 13.43
Biegeumformen	22.2, 31.14, 30.52
Schubumformen	

Abbildung 8.10: Zuordnung Umformverfahren zu Wirtschaftszweigen

Fertigungsverfahren Trennen	Wirtschaftszweige (ID)
Trennen	10.11, 10.20, 10.31, 10.32, 10.61, 10.81, 14, 15.12, 32.11, 31.14, 13.43, 17.22, 25.71, 27.21, 25.41
Spanen mit geometrisch bestimmter Schneide	31.14, 32.61, 25.71, 26.71, 29.11, 25.41
Spanen mit geometrisch unbestimmter Schneide	17.23, 25.71, 25.41
Abtragen	25.71, 26.21
Zerlegen	-
Reinigen	10.11, 10.20, 10.31, 10.32, 15.12, 30.52

Abbildung 8.11: Zuordnung Trennverfahren zu Wirtschaftszweigen

Fertigungsverfahren Fügen	Wirtschaftszweige (ID)
Zusammensetzen	32.11, 32.61, 31.14, 30.52, 25.71, 27.51, 29.21, 29.11, 25.41
Füllen	10.32, 10.51, 10.52, 11, 12.01, 31.14, 10.84, 27.21, 25.41
An- und Einpressen	11.07, 17.23, 32.11, 32.61, 31.14, 30.52, 17.22, 25.71, 27.51, 29.11, 27.21, 25.41
Fügen durch Urformen	-
Fügen durch Umformen	30.52, 30.31, 13.43, 29.21, 29.11
Fügen durch Schweißen	22.2, 30.52, 25.71, 29.11, 27.21
Fügen durch Löten	30.31, 25.71, 29.21, 29.11
Fügen durch Kleben	10.32, 11.07, 12.01, 22.2, 17.23, 31.14, 30.52, 13.43, 17.22, 25.71, 27.51, 29.21, 29.11, 32.41

Abbildung 8.12: Zuordnung Fügeverfahren zu Wirtschaftszweigen

Fertigungsverfahren Beschichten	Wirtschaftszweige (ID)
Beschichten aus flüssigem Zustand	15.12, 18.11, 17.23, 30.52, 23.44, 13.42, 13.43, 25.61, 26.21, 27.51, 29.21, 29.11, 27.21, 32.41
Beschichten aus plastischem Zustand	-
Beschichten aus breiigem Zustand	10.41
Beschichten aus körnigem oder pulverförmigem Zustand	-
Beschichten durch Schweißen	-
Beschichten durch Löten	-
Beschichten aus gas- oder dampfförmigem Zustand	10.92, 15.12, 17.12, 30.52, 23.44, 27.51, 29.21, 29.11
Beschichten aus ionisiertem Zustand	23.42, 28.15, 30.51

Abbildung 8.13: Zuordnung Beschichtungsverfahren zu Wirtschaftszweigen

Stoffeigenschaften ändern	Wirtschaftszweige (ID)
Stoffeigenschaften ändern	14, 17.13, 23.44, 20.14, 25.71, 26.21, 25.41

Abbildung 8.14: Zuordnung der Verfahren zum Ändern von Stoffeigenschaften zu den Wirtschaftszweigen

Mechanische Grundoperationen	Wirtschaftszweige (ID)
Abtrennen fester oder fluider Partikel aus Gasströmen	20.14
Sieben und Sintern	10.41, 10.81, 10.83
Mechanische Flüssigkeitsabtrennung	10.32, 10.51, 17.12, 29.11
Zerkleinern	10.32, 10.41, 10.81, 12.01, 17.12, 11.01, 38.32, 31.14, 23.44
Mischen und Rühren	10.32, 10.41, 10.42, 10.51, 10.81, 11, 12.01, 17.12, 11.01, 19.21, 17.23, 10.84, 27.21
Schüttgutmechanik	10.41, 10.92

Abbildung 8.15: Zuordnung mechanischer Grundoperationen zu Wirtschaftszweigen

Thermische Verfahrenstechnik	Wirtschaftszweige (ID)
Verdampfen und Kondensieren	10.51, 15.12, 17.12, 19.21, 17.22, 29.11
Destillieren und Rektifizieren	11, 11.01, 19.21, 20.14
Absorbieren	15.12, 20.14, 13.43
Extrahieren	10.32, 10.41, 10.81
Kristallisieren	10.42
Trocknen	10.42, 10.81, 12.01, 14, 15.12, 17.12, 24.3, 17.23, 31.14, 23.44, 13.43, 17.22, 29.11
Adsorbieren	20.14, 13.43

Abbildung 8.16: Zuordnung thermischer Verfahrenstechnik zu Wirtschaftszweigen

Chemische Verfahrenstechnik	Wirtschaftszweige (ID)
Chemische Reaktion	10.42, 10.62, 10.81, 15.12, 17.12, 11.01, 19.21, 24.3, 20.14, 26.21

Abbildung 8.17: Zuordnung chemischer Verfahrenstechnik zu Wirtschaftszweigen

Biologische Verfahrenstechnik	Wirtschaftszweige (ID)
Bioreaktion	10.42, 10.51, 10.62, 10.81, 11.01

Abbildung 8.18: Zuordnung biologischer Verfahrenstechnik zu Wirtschaftszweigen

Transport/Handling	Wirtschaftszweige (ID)
Handling, Handhabung	10.52, 10.84, 11.07, 11.11, 17.23, 32.61, 31.14, 30.52, 17.22, 25.71, 29.11, 27.21, 32.41, 25.41
Transport	10.11, 10.20, 10.31, 10.52, 10.84, 12.01, 14, 17.12, 11.01, 38.32, 17.23, 31.14, 23.44, 13.43, 25.71, 29.11, 27.21, 25.41
Verpacken	10.52, 10.84, 10.92, 12.01, 31.14, 23.44, 32.41
Stapeln/Positionieren	10.52, 10.84, 12.01, 14, 17.23, 29.11, 27.21
Speichereinrichtungen	19.21, 17.12, 11.01, 23.44, 20.14, 13.43, 25.71, 29.11
Sortieren	10.11, 10.20, 10.31, 10.84, 12.01, 38.32, 29.11

Abbildung 8.19: Zuordnung von Transport und Handling zu Wirtschaftszweigen

Instandhaltung/Wartung	Wirtschaftszweige (ID)
Instandhaltung, Wartung	33, 10.63, 20.14, 25.71, 29.11, 27.21

Abbildung 8.20: Zuordnung von Instandhaltung und Wartung zu Wirtschaftszweigen

Qualitätssicherung	Wirtschaftszweige (ID)
Qualitätssicherung	10.32, 10.51, 10.62, 11, 15.12, 17.12, 11.02, 31.14, 30.52, 23.44, 20.14, 25.71, 27.51, 29.11, 27.21, 32.41
Digitalisierte Produktionssysteme	14, 17.12, 31.14, 23.44, 20.14, 25.71, 27.51, 29.11, 27.21, 32.41

Abbildung 8.21: Zuordnung von Qualitätssicherung zu Wirtschaftszweigen

A.10 Handlungsempfehlungen je Konfliktkategorie

Recommendations for action per conflict category

Konfliktkategorie	Handlungsempfehlungen (IDs)
Masse/Gewicht eines Objektes	01-02-00, 01-03-00, 03-01-00, 13-01-00, 13-03-00, 14-03-00, 17-01-00, 17-02-00, 22-01-00, 25-01-00, 26-01-00, 26-02-00, 28-01-00, 31-02-00, 36-02-00, 37-01-00, 46-03-00, 61-05-00, 62-01-00,79-01-00, 80-02-00, 82-01-00, 82-04-00, 88-01-00
Bewegen von Komponenten	03-01-00,10-01-00, 10-03-00, 10-04-00, 12-01-00, 16-02-00, 16-04-00, 16-05-00, 16-07-00, 16-08-00, 21-01-00, 24-01-00,25-01-00, 28-02-00, 30-03-00,30-04-00, 34-01-00, 34-02-00,36-03-00, 38-01-00, 39-04-00, 51-01-00, 51-02-00, 51-03-00, 59-01-00, 59-04-00, 59-01-00, 61-01-00, 61-03-00,68-03-00, 73-01-00, 75-04-00, 80-01-00, 82-02-00,85-01-00,86-01-00
Schwankungen in Produktionsmenge	05-01-00, 05-02-00, 17-03-00, 55-01-00, 59-01-00, 61-02-00, 63-01-00, 66-03-30, 89-01-00
Länge/Fläche/Volumen	01-02-00, 01-03-00, 04-01-00, 04-02-00, 04-03-00, 04-04-00,10-03-03, 11-01-00,17-02-00,22-01-00, 39-01-00,39-02-00, 39-03-00, 39-04-00, 40-01-00, 52-01-00, 57-01-00, 57-02-00, 57-03-00, 58-01-00, 60-01-00,61-05-00, 61-06-00, 75-02-00, 75-04-00, 80-02-00, 81-02-00, 82-04-00, 90-01-00, 92-06-00
Geschwindigkeit(-sänderung)	01-03-00, 05-01-00, 05-02-00, 06-01-00, 09-02-00, 10-03-00, 12-01-00, 13-03-00, 15-02-01, 16-01-00, 16-02-00, 16-04-00, 16-05-00, 16-07-00, 16-08-00, 17-03-00, 22-01-00, 25-01-00, 25-02-00, 30-03-00, 30-04-00, 31-02-00, 34-01-00, 35-03-00, 36-01-00, 36-03-00, 39-03-00, 39-04-00, 42-01-00, 46-01-00, 46-03-00, 46-04-00, 51-03-00, 61-01-00, 68-03-00, 73-01-00, 72-02-00, 80-01-00, 01-02-00, 01-03-00, 04-01-00, 04-02-00, 04-03-00, 04-04-00,11-01-00,17-02-00, 22-01-00, 39-01-00, 39-02-00, 39-03-00, 39-04-00, 40-01-00, 58-01-00, 60-01-00, 61-05-00, 61-06-00, 75-02-00, 80-02-00, 82-04-00, 86-01-00, 90-01-00, 82-02-00
Objektzahl, Engpass	05-01-00, 05-02-00, 07-01-00, 16-03-00, 22-01-00, 22-02-00, 25-02-00, 30-04-00, 35-01-00, 43-03-00, 46-01-00, 46-02-00, 47-02-00, 51-03-00, 66-03-00, 68-02-00, 74-01-00, 78-01-00, 80-02-00, 80-07-00, 81-02-00, 86-01-00
Kraft, Spannung, Druck	03-01-00, 05-02-00,11-01-00, 12-01-00, 14-02-00, 15-02-00, 16-03-00, 17-02-00, 22-01-00, 25-02-00, 26-01-00, 26-02-00, 27-01-00, 31-01-00, 37-01-00, 44-01-00, 46-01-00, 46-02-00, 46-03-00, 46-04-00, 53-01-00, 61-05-00, 62-01-00, 92-06-00
Gestalt/Form	01-01-00, 01-03-00, 07-01-00, 10-03-00, 14-02-00, 17-02-03, 22-01-00, 22-01-21, 28-01-00, 28-02-00, 28-03-00, 38-01-00, 44-02-00, 48-04-00, 56-01-00, 58-01-00, 62-04-00, 62-05-00, 62-06-00, 80-02-00, 81-01-02, 82-01-00, 83-01-00, 85-01-00
Stabilität, Festigkeit	08-01-00, 09-01-00, 09-02-00, 10-03-00, 16-01-00, 19-01-00, 20-02-00, 21-01-00, 33-01-00, 38-01-00, 61-01-00, 64-01-00, 64-02-00, 65-01-00, 67-02-00, 68-01-00, 68-03-00, 80-04-00, 80-05-00, 80-07-00, 83-01-00
Haltbarkeit eines Objektes	01-02-00, 10-03-03, 11-01-00, 13-01-00,13-03-00, 16-03-04, 16-04-03,17-01-00, 17-02-00,17-03-00, 23-01-00, 23-02-00, 24-01-00, 24-02-00, 43-01-00, 44-02-00, 48-03-00, 61-05-00, 69-01-00, 69-02-00, 69-03-00, 92-02-00
Lernkurve/Schulung	20-02-00, 20-03-00, 20-04-00, 51-03-00, 64-02-00, 70-01-00, 92-01-00, 06-01-00, 10-03-02, 18-03-01, 20-01-00, 52-01-00, 59-01-02, 63-01-00, 66-01-00, 87-01-00, 87-02-00, 92-01-00, 92-05-00, 92-06-00, 01-02-00, 07-01-00, 11-01-00, 16-04-00, 22-01-00, 31-02-00, 35-01-00, 36-02-00, 36-03-00, 49-01-00, 68-04-00, 68-05-00, 68-06-00, 74-01-00, 78-01-00, 80-02-00, 80-06-00, 81-02-00, 80-07-00, 82-01-00, 88-01-00, 88-01-00
Steifigkeit eines Objektes	03-01-00, 10-01-00, 15-01-00, 16-02-00, 16-06-00, 16-07-00, 16-08-00, 18-02-00, 18-03-00, 20-01-00, 28-02-00, 30-03-00, 36-03-00, 37-01-00, 45-01-00, 46-02-00, 46-03-00, 48-04-00, 51-01-00, 55-01-00, 62-01-00, 66-01-00, 75-02-00, 84-01-00, 92-01-00
Temperatur	10-01-01, 10-03-00, 16-06-00, 17-02-00, 22-01-00, 28-01-00, 28-02-00,28-03-00, 29-02-00, 31-01-00, 31-03-00, 35-02-00, 38-01-00, 39-01-00, 44-02-00, 51-03-00, 54-01-00, 54-02-00, 61-05-00, 62-04-00, 62-06-00, 63-01-00, 68-06-00, 72-01-00, 76-01-00, 75-02-00, 82-04-01
Helligkeit	05-01-00, 05-02-00, 09-02-00,10-01-00, 11-01-00, 12-01-00, 16-02-00, 16-03-00, 16-04-00, 16-05-00, 16-07-00, 16-08-00, 25-01-00, 30-03-00, 30-04-00, 34-01-00, 34-02-00, 35-03-00, 36-03-00, 36-02-00, 39-03-00, 49-01-00, 51-02-00, 55-01-00, 59-01-00, 67-01-00, 68-03-00, 68-04-00, 68-05-00, 72-01-00, 73-01-00, 80-01-00, 81-02-00, 82-03-00
Leistung/Energieverbrauch	04-01-00, 04-02-00, 04-03-00, 04-02-01, 05-02-00, 10-02-02, 14-01-00, 16-01-02, 22-01-06, 25-01-00, 47-02-00, 48-04-00,62-03-00, 63-01-00, 67-01-02, 80-02-01, 81-01-00, 01-01-00, 01-03-00, 04-02-02, 09-02-00, 10-03-00, 16-05-01, 21-01-02, 21-01-03, 22-01-23, 31-03-00, 48-04-00, 61-05-00, 62-04-00, 63-01-00, 64-01-01, 64-02-00, 74-01-00, 80-02-00, 80-04-00, 80-06-00, 83-01-00, 85-01-00, 82-01-00
Material-/Komponentenverlust	04-02-00, 04-04-00, 08-01-01, 14-03-00, 16-01-00, 16-03-03, 19-01-00, 22-01-00, 22-02-00, 24-02-02, 36-02-00, 37-01-01, 44-01-00, 47-02-08, 48-01-00, 48-04-00, 50-01-02, 59-01-01, 59-01-10, 61-01-00, 62-03-00. 68-03-01, 68-04-01, 69-02-00, 70-01-01, 72-01-00, 74-01-01, 75-01-00, 80-06-00, 80-07-00, 83-01-00, 88-01-00, 91-01-00, 09-02-00, 17-01-00, 17-02-00, 19-01-00, 61-05-00, 62-06-00, 63-01-00, 68-02-00, 68-04-00, 78-01-00, 86-01-00, 90-01-00,91-01-00
Zeitverlust	13-01-00, 13-03-02, 13-03-03, 17-01-00 , 22-01-00, 24-01-00,24-02-00, 24-03-00, 31-01-00, 33-01-00, 33-02-00, 35-02-00, 35-03-00, 39-02-00, 40-01-00, 43-01-00, 43-03-00, 59-01-00,60-01-00, 78-01-00,61-01-00, 61-02-00, 61-03-00, 61-05-00, 68-05-00,71-01-00, 75-01-00, 75-03-00, 78-01-00

Abbildung 8.22: Handlungsempfehlungen je Konfliktkategorie (1/2)

Konfliktkategorie	Handlungsempfehlungen (IDs)
Mess-/Fertigungsgenauigkeit	01-02-00, 04-01-00, 04-02-00, 04-03-00, 14-01-00, 17-01-00, 17-02-00,22-01-00,31-02-00,58-01-00,61-05-00, 61-06-00,68-04-00,68-05-00, 74-01-00, 80-02-00,80-06-00,80-07-00,82-03-00
Einfluss Schadquellen, Fehler	04-01-00, 04-02-00, 05-02-00, 10-02-02, 10-04-00, 16-02-02, 22-01-10, 25-01-05, 25-02-01, 31-01-00, 31-03-01, 36-02-00, 36-02-04, 42-01-00, 44-01-00,46-03-00, 47-02-00, 50-01-00, 59-01-01, 59-01-02, 59-01-02, 62-03-00, 63-01-00, 75-04-00, 46-03-00, 62-03-03, 72-04-00, 73-01-00, 09-02-00, 21-01-00, 24-02-02, 25-02-00, 28-02-00,31-01-00, 59-01-00,62-01-00, 63-01-00, 64-01-00, 64-02-00, 68-01-00, 68-04-00, 73-01-01, 77-01-00
Fertigungs-/Bedienerfreundlichkeit	04-01-00, 04-02-00, 05-02-00, 10-04-02, 16-03-00, 17-02-02, 17-02-02, 25-01-00, 25-02-00, 28-01-00,31-03-00, 34-02-00, 39-05-00, 42-01-00, 44-01-00, 46-01-00, 46-02-00, 46-03-00, 46-04-00, 47-02-00,51-03-00, 59-01-02, 61-05-03, 62-03-00, 63-01-00, 64-02-00, 86-01-00, 89-01-00
Wartungsfreundlichkeit	01-01-00, 01-03-00, 16-05-01, 19-01-00, 20-02-00, 20-04-00, 21-01-00, 21-02-00, 31-01-00, 38-01-00, 56-01-00, 56-01-00, 59-01-00, 61-01-00, 62-04-00, 63-01-00, 64-01-00, 64-02-00, 83-01-00, 84-01-00, 84-02-00, 84-03-00, 85-01-00, 89-02-01
Flexibilität, Beweglichkeit	11-01-00, 13-03-00,17-01-00, 17-02-00, 24-01-00, 30-04-00, 30-05-00, 40-01-00, 46-01-00, 57-01-00,57-02-00, 59-01-00, 59-01-02, 60-01-00, 75-04-00, 89-01-00
Komplexität, Individualität	09-02-00, 10-04-00, 24-01-00, 30-01-00, 31-03-00, 36-03-00,43-01-00, 63-01-00, 73-01-00, 75-01-00, 75-02-00, 75-03-00, 75-04-00, 78-01-00, 04-01-00, 04-04-00, 10-01-00, 14-03-00,15-01-00, 15-02-00, 22-01-00, 22-02-00,25-01-00, 25-02-00, 31-03-00, 36-02-00, 42-01-00, 46-02-00, 46-03-00, 50-01-00, 51-03-00, 57-01-00, 57-03-00, 59-01-00, 73-01-00, 62-03-00, 63-01-00, 72-04-00, 73-01-00,75-01-00, 75-02-00, 79-01-00, 80-02-02, 80-02-04, 80-02-05, 86-01-00, 92-05-00
Positioniergenauigkeit, Toleranzen	04-01-00, 04-03-00, 05-01-01, 05-01-02, 05-01-03, 05-02-05, 09-02-06, 10-02-01, 10-02-02, 10-04-01, 10-04-03, 15-01-00, 16-01-02
Steuerung von Tätigkeiten	09-02-00, 21-01-00, 24-02-02, 25-02-00, 28-02-00,31-01-00, 59-01-00,62-01-00, 63-01-00, 64-01-00, 64-02-00, 68-01-00, 68-04-00, 73-01-01, 77-01-00
(Physische) Ordnung, Sortieren	05-02-01, 09-01-03, 09-02-04, 09-02-09, 09-02-10, 10-04-02, 14-03-01, 15-01-00
Sicherheit	01-01-00, 01-03-00, 16-05-01, 19-01-00, 20-02-00, 20-04-00, 21-01-00, 21-02-00, 31-01-00, 38-01-00, 56-01-00, 56-01-00, 59-01-00, 61-01-00, 62-04-00, 63-01-00, 64-01-00, 64-02-00, 83-01-00, 84-01-00, 84-02-00, 84-03-00, 85-01-00, 89-02-01
Distanz	11-01-00, 13-03-00,17-01-00, 17-02-00, 24-01-00, 30-04-00, 30-05-00, 40-01-00, 46-01-00, 57-01-00,57-02-00, 59-01-00, 59-01-02, 60-01-00, 75-04-00, 89-01-00
Funktionskopplung	04-02-01, 10-04-01, 10-04-02, 10-04-03, 13-01-00, 14-02-03, 14-03-01
(Komponenten-)kosten	01-02-00, 07-01-00, 11-01-00, 16-04-00, 22-01-00, 31-02-00, 35-01-00, 36-02-00, 36-03-00, 49-01-00, 68-04-00, 68-05-00, 68-06-00,74-01-00, 78-01-00, 80-02-00, 80-06-00, 81-02-00, 80-07-00, 82-01-00, 88-01-00, 88-01-00
Komponentenkopplung	04-01-00, 04-02-01, 04-02-02, 05-02-02, 10-04-01, 10-04-02, 13-01-00, 14-03-01, 16-01-02
Informationstechnologie, Medienbrüche	05-02-01, 08-01-01, 09-01-01, 09-01-02, 09-01-03, 09-02-01, 09-02-02, 09-02-03, 09-02-04, 09-02-05, 09-02-06, 09-02-07, 09-02-08, 09-02-10, 09-02-11, 09-02-12, 09-02-13, 16-01-01, 01-03-00, 04-01-00, 04-02-00, 04-03-00, 13-01-00,13-02-00, 13-03-00, 16-03-00, 17-02-00, 22-01-00, 22-02-00, 28-01-00, 30-01-00,31-03-00,35-02-00,39-01-00, 39-03-00, 44-01-00, 48-01-00, 48-03-00, 61-05-00, 62-03-00, 68-04-00, 68-05-00,69-02-00, 69-03-00, 72-01-00, 72-02-00, 72-03-00, 72-04-00, 80-02-00, 80-06-00,81-01-00, 82-04-00,88-01-00, 92-02-00

Abbildung 8.23: Handlungsempfehlungen je Konfliktkategorie (2/2)

A.11 Handlungsempfehlungen je ID

Recommended actions per ID

ID	Handlungsempfehlung
01-01-00	Abtrennung - Die abzusichernde Komponente physisch abtrennen
02-01-00	Angepasster Prozess - Nutzung von Druckguss, Niederdruckguss, Feinguss
03-01-00	Äquipotenzial - Durch Anpassung der Umgebung kein Anheben notw., z.B. federgetriebene Objektbereitst.
04-01-00	Asymmetrie - Asymmetrische Objekte noch asymmetrischer machen, z.B. verschiedene Skalen an Lineal
05-01-00	Automatisierung - Automatisierte Teileförderung
06-01-00	Beschleunigte Oxidation - Angereicherte Luft durch reinen Sauerstoff ersetzen
07-01-00	Kostengünstige, kurzlebige Objekte/Kostengünstige Materialien - Teures Objekt durch viele Günstige ersetzen
08-01-00	Detailgrad - Kommunikation
09-01-00	Digitalisierung - Einführung von Mitarbeiterinformationssystemen
10-01-00	Diskontinuität - Ersatz von kontinuierlichen, langen Operationen durch unterbrochene kurze Operationen
11-01-00	Distanzverringerung - Reduktion von Wegen
12-01-00	Durcheilen - Prozess mit großer Geschwindigkeit durchführen, Blitzlichtfotografie
13-01-00	Dynamisierung - Ein Objekt in gegeneinander bewegliche Teile auftrennen, z.B. Sattelzug
14-01-00	Eindeutigkeit - Kennzeichnung
15-01-00	Elektromagnet. statt mechanischer Systeme - Mechanisches System durch Sensoren ersetzen, z.B. Einparkhilfe
16-01-00	Eliminieren - Eliminieren durch niedrigeren Detailgrad
17-01-00	Entkopplung - Entkopplung von (Funktions-)zugehörigkeiten
18-01-00	Entsorgung und Recycling - Wiederverwendung von Fertigungsstrukturen
19-01-00	Ergonomie - Arbeitsbereich bei manueller Arbeit den ergonomischen Gegebenheiten des Menschen anpassen
20-01-00	Farbwechsel - Emissionsvermögen zur Beeinflussung des thermischen Verhaltens von Objekten ändern
21-01-00	Feedback - Mit Feedback Prozesse/Aktionen optimieren (autom. Lautstärkeregelung in Audioschaltkreisen)
22-01-00	Fertigungsgeometrie - Verändern der allgemeinen Geometrie eines Objektes
23-01-00	Flexible Membranen/dünne Filme - Das Objekt durch flexible Membranen von seiner Umgebung separieren
24-01-00	Freiheitsgrad erhöhen - Den Grad der freien Beweglichkeit erhöhen
25-01-00	Freiheitsgrad verringern - Einschränken der Beweglichkeit
26-01-00	Gegengewicht - Das Gewicht eines Objektes durch andere Objekte ausgleichen
27-01-00	Geschlossenheit - Kraftschluss muss stets geschlossen sein
28-01-00	Homogenität - Gleichmäßige Formen nutzen
29-01-00	Inerte Atmosphäre - Eine normale Umgebung durch eine inerte Umgebung ersetzen (Vakuumieren)
30-01-00	Integration - Integration von Funktion und Produktteil in einer Komponente

Abbildung 8.24: Handlungsempfehlungen je ID (1/3)

ID	Handlungsempfehlung
31-01-00	Intermediäres Objekt - Intermediäre Objekte oder Prozesse verwenden, z.B. Gitarre mit Plektron spielen
32-01-00	Kategorisierung - Prozessklassen
33-01-00	Kompetenzverlagerung - Fähigkeitserweiterung
34-01-00	Kontinuität - Die Arbeit ohne Pause fortführen, z.B. Herzschrittmacher
35-01-00	Kopieren - Nicht verfügb./teure/empfindliche Objekte durch günstige Kopien ersetzen, z.B. Crashtest-Dummys
36-01-00	Kopplung/Parallelisierung - Ähnliche Objekte od. Operationen räumlich annähern, z.B. Mehrklingenrasierer
37-01-00	Kraftreduktion - Verringern des Kraftaufwandes
38-01-00	Krisen im Voraus - Zur Kompensation von Unzuverlässigkeiten Notfallmaßnahmen im Vorhinein bereitstellen
39-01-00	Krümmung/Kugelförmigkeit - Flache Oberflächen krümmen und Quader in Kugelform bringen
40-01-00	Layout - Anpassung des Fertigungslayouts
41-01-00	Manuelle Arbeit - Manuelle Arbeit
42-01-00	Mechanische Vibration - Objekte schwingen lassen, z.B. Elektrisches Messer, Vibrationswendelförderer
43-01-00	Modularität - Erweitern einer Grundkomponente
44-01-00	Natürliche Eigenschaften - Ausnutzung der natürlichen Charakteristika der Produktgeometrie
45-01-00	Nutzung natürlicher Effekte - Volumeneffekt
46-01-00	Nutzung natürlicher Kräfte - Fliehkraft
47-01-00	Ordnung - Anordnung
48-01-00	Örtliche Qualität – Einheitl. Objektstrukturen uneinheitlich machen, z.B. ergonomische Griffe an Werkzeugen
49-01-00	Outsourcing - Auslagern von zeitaufwändigen Fertigungsschritten
50-01-00	Überschüssige Wirkung - Übertriebene Aktionsausführung, z.B. Bohrlöcher m. Material füllen, Rest abstreichen
51-01-00	Periodische Wirkung - Bei einer periodischen Aktion Amplitude oder Frequenz ändern, z.B. Morsecode
52-01-00	Phasenübergänge - Ablaufende Prozesse bei Phasenübergängen ausnutzen, z.B. Volumenänderung
53-01-00	Pneumatik und Hydraulik - Gasförmige/flüssige Objekte anstelle von Festkörpern verwenden
54-01-00	Poröse Materialien - Poröse Objekte m. nützlichen Funktionen belegen, z.B. Verbände beinhalten Medikamente
55-01-00	Produktionsnivellierung - Glättung der Produktion
56-01-00	Puffer - Beachten des erforderlichen Werkzeuglaufs
57-01-00	Puppe in der Puppe - Ein Objekt innerhalb eines anderen platzieren, z.B. Fahrwerk bei Flugzeugen
58-01-00	Reduktion einer Ausprägung - Ausprägung verringern, z.B. bei Umformteilen Winkel verändern
59-01-00	Andere Reihenfolge - Umgekehrt
60-01-00	Richtungswechsel - Richtungswechsel

Abbildung 8.25: Handlungsempfehlungen je ID (2/3)

ID	Handlungsempfehlung
61-01-00	Segmentieren - Aufteilen einer Aufgabe
62-01-00	Selbsthilfe - Selbstausgleichend, z.B. Kräfteausgleich im Turbomotor
63-01-00	Sensorik - Nutzung von Sensoren zur Prozessunterstützung
64-01-00	Sensorische Wahrnehmung - Akustik
65-01-00	Sicherheit - Sicherheit
66-01-00	Speicher - Energiespeicher
67-01-00	Spezialisierung - Spezialisierung eines Objektes
68-01-00	Standardisierung - Standardisierung der Kommunikation
69-01-00	Steifigkeit - Elastik
70-01-00	Strahlung - Strahlung
71-01-00	Strukturierung - Baugruppen
72-01-00	Symmetrie - Fertigungsfreundlichkeit
73-01-00	Synchronisation - Zwei zusammenhängende Aktivitäten zeitgleich durchführen
74-01-00	Teilereduktion - Verringerung der Teilezahl
75-01-00	Änd. Dimension - Objekte anders orientieren (neigen, kippen, legen), z.B. Autos schräg auf Autotransporter
76-01-00	Überlastgrenze - Überlastgrenze einführen
77-01-00	Überwachung - Überwachung von Prozesssen
78-01-00	Universalität - Nutzung eines Objektes für mehrere Funktionen
79-01-00	Verbundmaterialien - Von homogener zu Verbundstruktur, z.B. faserverstärkte Keramiken
80-01-00	Vereinfachung - Vereinfachung von Fertigungsfolgen
81-01-00	Vergrößern - Vergrößern von Komponenten
82-01-00	Verkleinern - Verkleinern der Masse
83-01-00	Verlangsamen - Verlangsamen von Aktivitäten, z.B. Arbeitstakten, zur Fehlervermeidung
84-01-00	Versteckter Segen - Schädliche Auswirkung zur Problemlösung nutzen, z.B. Puffer zu korr. Lösung hinzufügen
85-01-00	Vorgezogene Gegenwirkung - Schädl. Auswirkungen durch Maßn. begegnen, z.B. Klebeband beim Beschichten
86-01-00	Vorgezogene Wirkung - Erforderliche Veränderung v. Objekten im Voraus ausführen, z.B. Löcher vorstanzen
87-01-00	Wärmeausdehnung - Wärmeausdehnung oder Schrumpfung von Materialien ausnutzen
88-01-00	Weniger Material - Geometrische Veränderung
89-01-00	Zentralisierung - Zentralisierung eines Objektes
90-01-00	Zerlegbarkeit - Zerlegbarkeit im Sinne der Instandhaltung fördern
91-01-00	Zugänglichkeit - Ermöglichung von einfachem Zugang
92-01-00	Zustandsänderung - Parameter ändern, z.B. Materialien mit hoher Leitfähigkeit nutzen

Abbildung 8.26: Handlungsempfehlungen je ID (3/3)

A.12 Bewertungsmodul

Evaluation module

MTRL	Beschreibung	Zeitraum
Level 1	Herstellungsprinzip beschrieben	Akademische Forschung (8 - 15 Jahre)
Level 2	Konzept maschineller Ausstattung beschrieben, Gewinnpotenzial abgeschätzt, Wechselwirkungen mit Material analysiert	
Level 3	Fertigungsprinzip im Labor erprobt, Auswirkungen auf Produktdesign beschrieben	
Level 4	Technologiefähigkeit nachgewiesen, Material erprobt	Industrielle Forschung (5 - 13 Jahre)
Level 5	Anlagen- & Produktionskonzept entworfen, Lieferanten identifiziert, Gewinnpotenzial validiert	
Level 6	Serienfähigkeit nachgewiesen	
Level 7	Lieferanten und Materialien zertifiziert	Industrielle Anwendung (1 - 5 Jahre)
Level 8	Demonstration durch Kleinserie (Pilotlauf)	
Level 9	Beginn der Serienproduktion	
Level 10	Gesamtanlageneffektivität (Overall Equipment Effectiveness, OEE) auf wettbewerbsfähigem Niveau (z.B. OEE ≥ 85%)	

Abbildung 8.27: MTRL-Skala mit Angabe des Zeitraums zur Umsetzung einer Technologie[503,504]

A.13 Verwendete Parameter zur techno-ökonomischen Modellierung

Parameters used for techno-economic modeling

Einkaufspreisfunktion	Funktion	Einheit
Luftkreislauf	$f(x) = -176{,}87 * ln(x) + 3078{,}12$	[€/Stk.]
Wasserstoffkreislauf	$f(x) = -21{,}14 * ln(x) + 465{,}81$	[€/Stk.]
Niedertemperaturkreislauf	$f(x) = -10{,}94 * ln(x) + 227{,}56$	[€/Stk.]
Hochtemperaturkreislauf	$f(x) = -30{,}32 * ln(x) + 678{,}62$	[€/Stk.]
Steuergerät	$f(x) = -16{,}37 * ln(x) + 285{,}08$	[€/Stk.]
Hochvoltkabel	$f(x) = -1{,}04 * ln(x) + 14{,}31$	[€/Stk.]
Elektrische Kabel	$f(x) = -2{,}03 * ln(x) + 86{,}88$	[€/Stk.]
Sensorik	$f(x) = -14{,}03 * ln(x) + 275{,}12$	[€/Stk.]
Endplatten	$f(x) = -2{,}42 * ln(x) + 48{,}03$	[€/Stk.]
Stromkollektoren	$f(x) = -0{,}25 * ln(x) + 7{,}52$	[€/Stk.]
Verteilplatte	$f(x) = 10$	[€/Stk.]
Zellspannungsüberwachungseinheit	$f(x) = 10$	[€/Stk.]
Gehäuse	$f(x) = -1{,}53 * ln(x) + 24{,}35$	[€/Stk.]

503 Vgl. Peters (A Readiness Level Model for New Manufacturing Technologies), 2015, S. 651.

504 Vgl. Jeavons (A Cost-Based Decision Framework for Advanced Manufacturing Research), 2018, S. 23.

Stromsammelschiene	$f(x) = 10$	[€/Stk.]
Verspannungsset	$f(x) = 10$	[€/Stk.]
Polymermembran	$f(x) = -0{,}002 * ln(x) + 0{,}05$	[€/cm²]
GDL	$f(x) = -0{,}0005 * ln(x) + 0{,}02$	[€/cm²]
BPP Rohmaterial	$f(x) = 10{,}5$	[€/kg]
BPP Korrosionsschutz	$f(x) = 0{,}0016$	[€/kg]
Dichtungsschichten	$f(x) = 0{,}0001$	[€/cm²]
Platin	$f(x) = 28531{,}43$	[€/kg]
Kobalt	$f(x) = 0$	[€/kg]
Kohlenstoff	$f(x) = 11764{,}71$	[€/kg]
Entionisiertes Wasser	$f(x) = 0{,}39$	[€/kg]
Methanol	$f(x) = 2{,}26$	[€/kg]
Ionomerlösung	$f(x) = 126$	[€/kg]
Decal	$f(x) = 0{,}000027$	[€/cm²]

Abbildung 8.28: Verwendete Einkaufspreisfunktionen

Eingabeparameter	**Wert**	**Einheit**
Nutzvolumen: Breite	25	[cm]
Nutzvolumen: Länge	50	[cm]
Nutzvolumen: Höhe	46	[cm]
Komponentenaufschläge: Membran	0,5	[cm]
Komponentenaufschläge: Dichtung	0,5	[cm]
Komponentenaufschläge: Zellversorgung	1,0	[cm]
Bauteilhöhe: GDL	250	[µm]
Bauteilhöhe: Membran	20	[µm]
Anzahl Stacks pro System	1	[#]
Systemleistung (brutto)	130	[kW]
Leistungsdichte maximal	1,200	[W/cm²]
Platinnutzung	0,3	[gPT/kW]
BPP-Material: metallisch	WAHR	[boolean]
BPP-Material: endlos	WAHR	[boolean]
BPP-Materialdicke: Rohmaterial	100	[µm]
BPP-Materialdicke: Korrosionsschutz	5	[µm]
BPP-Materialdichte: Rohmaterial	4,51	[g/cm³]
BPP-Materialdichte: Korrosionsschutz	2,70	[g/cm³]
Massenanteil Platin Anode	6%	[Gew.-%]
Massenanteil Kobalt Anode	0%	[Gew.-%]
Massenanteil Kohlenstoff Anode	9%	[Gew.-%]
Massenanteil Entionisiertes Wasser Anode	40%	[Gew.-%]

Massenanteil Methanol Anode	40%	[Gew.-%]
Massenanteil Ionomerlösung Anode	5%	[Gew.-%]
Massenanteil Platin Kathode	8%	[Gew.-%]
Massenanteil Kobalt Kathode	0%	[Gew.-%]
Massenanteil Kohlenstoff Kathode	12%	[Gew.-%]
Massenanteil Entionisiertes Wasser Kathode	35%	[Gew.-%]
Massenanteil Methanol Kathode	35%	[Gew.-%]
Massenanteil Ionomerlösung Kathode	10%	[Gew.-%]
Reindichte Platin	21,45	[g/cm³]
Reindichte Kobalt	8,90	[g/cm³]
Reindichte Kohlenstoff	0,26	[g/cm³]
Reindichte Entionisiertes Wasser	1,00	[g/cm³]
Reindichte Methanol	0,79	[g/cm³]
Reindichte Ionomerlösung	0,95	[g/cm³]
Platin verdampfbar	FALSCH	[boolean]
Kobalt verdampfbar	FALSCH	[boolean]
Kohlenstoff verdampfbar	FALSCH	[boolean]
Entionisiertes Wasser verdampfbar	WAHR	[boolean]
Methanol verdampfbar	WAHR	[boolean]
Ionomerlösung verdampfbar	WAHR	[boolean]
Prozessreihenfolge: Schützen vor (1) oder nach (0) Formen	WAHR	[boolean]
Prozessreihenfolge: Dichtung anbringen vor (1) oder nach (0) Katalysator beidseitig anbringen	FALSCH	[boolean]
Prozessreihenfolge: BoP Vorm. (1) oder keine BoP Vormontage (0)	WAHR	[boolean]
Prozessart: Kontinuierliche Vereinzelung der BPP (1)	WAHR	[boolean]
Prozessart: Indirekte Beschichtung der MEA (1)	WAHR	[boolean]
Prozessart: Intermittierende Beschichtung der MEA (1)	FALSCH	[boolean]
Prozessart: Katalysator erst auf Membran anbringen (1)	WAHR	[boolean]
Verteilung der BPP-Breite über die Fertigungsbandbreite	WAHR	[boolean]
Randabstand BPP	0,80	[cm]
Zwischenabstand BPP	0,50	[cm]
Randabstand Katalysator	1,50	[cm]
Zwischenabstand Katalysator	0,75	[cm]
Mittlerer Stütznahtabstand beim Fügen der BPP	1,00	[cm]
Zykluszeit: Formen(BPP)	0,133	[min]
Zykluszeit: Kontrolle(BPP)	0,660	[min]
Zykluszeit: Vereinzeln(BPP)	0,003	[min]
Zykluszeit: Mischen(MEA)	60	[min]
Zykluszeit: Trocknen(MEA)	4	[min]

Zykluszeit: Kontrolle(MEA)	1	[min]
Zykluszeit: Eingang(St)	0,167	[min]
Zykluszeit: Montage(St)	10	[min]
Zykluszeit: Vormontage(Sys)	30	[min]
Zykluszeit: Montage(Sys)	30	[min]
Zykluszeit: Integration(Sys)	10	[min]
Zykluszeit: Verspannen eines Stacks	10	[min]
Zykluszeit: Komprimierung eines Stacks	10	[min]
Installationszeit: Pressen(St)	10	[min]
Installationszeit: Dichtheit(St)	10	[min]
Installationszeit: Einfahren(St)	10	[min]
Installationszeit: Kontrolle(St)	10	[min]
Installationszeit: Kontrolle(Sys)	10	[min]
Testzeit: Dichtheit(St)	5	[min]
Testzeit: Einfahren(St)	300	[min]
Testzeit: Kontrolle(Sys)	10	[min]
Beschichtungsgeschwindigkeit Anode	1	[m/min]
Beschichtungsgeschwindigkeit Kathode	1	[m/min]
Fertigungsbandgeschwindigkeit: Schützen(BPP)	0,3	[m/min]
Fertigungsbandgeschwindigkeit: Dichten(BPP)	3	[m/min]
Fertigungsbandgeschwindigkeit: Kat.ein.(MEA)	10	[m/min]
Fertigungsbandgeschwindigkeit: Dichtung(MEA)	30	[m/min]
Fertigungsbandgeschwindigkeit: Kat.beid.(MEA)	20	[m/min]
Fertigungsbandgeschwindigkeit: Vereinzeln(MEA)	30	[m/min]
Mittlere Geschwindigkeit beim Fügen der BPP	36	[m/min]
Mittlere Geschwindigkeit bei kontinuierlicher Vereinzelung der BPP	39,82	[m/min]
Mittlere Geschwindigkeit beim Stapeln des Stacks	120	[1/min]
Max. Beschl. bei kont. Vereinzelung der BPP	2500	[cm/s^2]
Fehlerhafte Teile pro einer Millionen Teile: Kontrolle(BPP)	1	[#]
Fehlerhafte Teile pro einer Millionen Teile: Kontrolle(MEA)	1	[#]
Fehlerhafte Teile pro einer Millionen Teile: Eingang(St)	1	[#]
Fehlerhafte Teile pro einer Millionen Teile: Dichtheit(St)	1	[#]
Fehlerhafte Teile pro einer Millionen Teile: Kontrolle(Sys)	1	[#]
Jährlich geplantes Produktionsvolumen (netto)	23.000	[#]
Arbeitstage pro Jahr	250	[#]
Urlaubstage pro Jahr (Facharbeiter)	33	[#]
Urlaubstage pro Jahr (Hilfsarbeiter)	30	[#]
Arbeitsstunden pro Tag (Facharbeiter)	8	[h]
Arbeitsstunden pro Tag (Hilfsarbeiter)	7	[h]

Krankenquote	10%	[%]
Betriebstage pro Jahr	250	[#]
Schichten pro Betriebstag	1	[#]
Betriebsstunden pro Schicht	6	[h]
Personalbedarf Facharbeiter Schützen_BPP	0,5	[#]
Personalbedarf Facharbeiter Formen_BPP	0,5	[#]
Personalbedarf Facharbeiter Vereinzeln_BPP	0,5	[#]
Personalbedarf Facharbeiter Fügen_BPP	0,5	[#]
Personalbedarf Facharbeiter Kontrolle_BPP	0,5	[#]
Personalbedarf Facharbeiter Dichten_BPP	0,5	[#]
Personalbedarf Facharbeiter Mischen_MEA_Anode	0,5	[#]
Personalbedarf Facharbeiter Mischen_MEA_Kathode	0,5	[#]
Personalbedarf Facharbeiter Beschichten_MEA_Anode	0,5	[#]
Personalbedarf Facharbeiter Beschichten_MEA_Kathode	0,5	[#]
Personalbedarf Facharbeiter Kontrolle_MEA	0,5	[#]
Personalbedarf Facharbeiter Kat.ein._MEA	0,5	[#]
Personalbedarf Facharbeiter Dichtung_MEA	0,5	[#]
Personalbedarf Facharbeiter Kat.beid._MEA	0,5	[#]
Personalbedarf Facharbeiter Vereinzeln_MEA	0,5	[#]
Personalbedarf Facharbeiter Eingang_St	1	[#]
Personalbedarf Facharbeiter Stapeln_St	0,5	[#]
Personalbedarf Facharbeiter Pressen_St	0,5	[#]
Personalbedarf Facharbeiter Montage_St	1	[#]
Personalbedarf Facharbeiter Dichtheit_St	0,5	[#]
Personalbedarf Facharbeiter Einfahren_St	0,5	[#]
Personalbedarf Facharbeiter Vormontage_Sys	1	[#]
Personalbedarf Facharbeiter Montage_Sys	1	[#]
Personalbedarf Facharbeiter Integration_Sys	1	[#]
Personalbedarf Facharbeiter Kontrolle_Sys	1	[#]
Personalbedarf Hilfsarbeiter Schützen_BPP	1	[#]
Personalbedarf Hilfsarbeiter Formen_BPP	1	[#]
Personalbedarf Hilfsarbeiter Vereinzeln_BPP	1	[#]
Personalbedarf Hilfsarbeiter Fügen_BPP	1	[#]
Personalbedarf Hilfsarbeiter Kontrolle_BPP	1	[#]
Personalbedarf Hilfsarbeiter Dichten_BPP	1	[#]
Personalbedarf Hilfsarbeiter Mischen_MEA_Anode	1	[#]
Personalbedarf Hilfsarbeiter Mischen_MEA_Kathode	1	[#]
Personalbedarf Hilfsarbeiter Beschichten_MEA_Anode	1	[#]
Personalbedarf Hilfsarbeiter Beschichten_MEA_Kathode	1	[#]

Personalbedarf Hilfsarbeiter Kontrolle_MEA	1	[#]
Personalbedarf Hilfsarbeiter Kat.ein._MEA	1	[#]
Personalbedarf Hilfsarbeiter Dichtung_MEA	1	[#]
Personalbedarf Hilfsarbeiter Kat.beid._MEA	1	[#]
Personalbedarf Hilfsarbeiter Vereinzeln_MEA	1	[#]
Personalbedarf Hilfsarbeiter Eingang_St	2	[#]
Personalbedarf Hilfsarbeiter Stapeln_St	0,5	[#]
Personalbedarf Hilfsarbeiter Pressen_St	2	[#]
Personalbedarf Hilfsarbeiter Montage_St	2	[#]
Personalbedarf Hilfsarbeiter Dichtheit_St	2	[#]
Personalbedarf Hilfsarbeiter Einfahren_St	1	[#]
Personalbedarf Hilfsarbeiter Vormontage_Sys	2	[#]
Personalbedarf Hilfsarbeiter Montage_Sys	2	[#]
Personalbedarf Hilfsarbeiter Integration_Sys	2	[#]
Personalbedarf Hilfsarbeiter Kontrolle_Sys	1	[#]
Sonderkosten pro System Schützen_BPP	-	[€]
Sonderkosten pro System Formen_BPP	-	[€]
Sonderkosten pro System Vereinzeln_BPP	-	[€]
Sonderkosten pro System Fügen_BPP	-	[€]
Sonderkosten pro System Kontrolle_BPP	-	[€]
Sonderkosten pro System Dichten_BPP	-	[€]
Sonderkosten pro System Mischen_MEA_Anode	-	[€]
Sonderkosten pro System Mischen_MEA_Kathode	-	[€]
Sonderkosten pro System Beschichten_MEA_Anode	-	[€]
Sonderkosten pro System Beschichten_MEA_Kathode	-	[€]
Sonderkosten pro System Kontrolle_MEA	-	[€]
Sonderkosten pro System Kat.ein._MEA	-	[€]
Sonderkosten pro System Dichtung_MEA	-	[€]
Sonderkosten pro System Kat.beid._MEA	-	[€]
Sonderkosten pro System Vereinzeln_MEA	-	[€]
Sonderkosten pro System Eingang_St	-	[€]
Sonderkosten pro System Stapeln_St	-	[€]
Sonderkosten pro System Pressen_St	-	[€]
Sonderkosten pro System Montage_St	-	[€]
Sonderkosten pro System Dichtheit_St	-	[€]
Sonderkosten pro System Einfahren_St	-	[€]
Sonderkosten pro System Vormontage_Sys	-	[€]
Sonderkosten pro System Montage_Sys	-	[€]
Sonderkosten pro System Integration_Sys	-	[€]

Sonderkosten pro System Kontrolle_Sys	-	[€]
Investitionskosten je Fertigungslinie Schützen_BPP	2.000.000	[€]
Investitionskosten je Fertigungslinie Formen_BPP	2.500.000	[€]
Investitionskosten je Fertigungslinie Vereinzeln_BPP	500.000	[€]
Investitionskosten je Fertigungslinie Fügen_BPP	800.000	[€]
Investitionskosten je Fertigungslinie Kontrolle_BPP	200.000	[€]
Investitionskosten je Fertigungslinie Dichten_BPP	1.500.000	[€]
Investitionskosten je Fertigungslinie Mischen_MEA_Anode	200.000	[€]
Investitionskosten je Fertigungslinie Mischen_MEA_Kathode	200.000	[€]
Investitionskosten je Fertigungslinie Beschichten_MEA_Anode	1.000.000	[€]
Investitionskosten je Fertigungslinie Beschichten_MEA_Kathode	1.000.000	[€]
Investitionskosten je Fertigungslinie Kontrolle_MEA	300.000	[€]
Investitionskosten je Fertigungslinie Kat.ein._MEA	100.000	[€]
Investitionskosten je Fertigungslinie Dichtung_MEA	75.000	[€]
Investitionskosten je Fertigungslinie Kat.beid._MEA	75.000	[€]
Investitionskosten je Fertigungslinie Vereinzeln_MEA	400.000	[€]
Investitionskosten je Fertigungslinie Eingang_St	25.000	[€]
Investitionskosten je Fertigungslinie Stapeln_St	420.000	[€]
Investitionskosten je Fertigungslinie Pressen_St	420.000	[€]
Investitionskosten je Fertigungslinie Montage_St	25.000	[€]
Investitionskosten je Fertigungslinie Dichtheit_St	420.000	[€]
Investitionskosten je Fertigungslinie Einfahren_St	1.000.000	[€]
Investitionskosten je Fertigungslinie Vormontage_Sys	25.000	[€]
Investitionskosten je Fertigungslinie Montage_Sys	25.000	[€]
Investitionskosten je Fertigungslinie Integration_Sys	25.000	[€]
Investitionskosten je Fertigungslinie Kontrolle_Sys	1.000.000	[€]
Energieverbrauch je Fertigungslinie Schützen_BPP	200	[kW]
Energieverbrauch je Fertigungslinie Formen_BPP	200	[kW]
Energieverbrauch je Fertigungslinie Vereinzeln_BPP	200	[kW]
Energieverbrauch je Fertigungslinie Fügen_BPP	200	[kW]
Energieverbrauch je Fertigungslinie Kontrolle_BPP	30	[kW]
Energieverbrauch je Fertigungslinie Dichten_BPP	100	[kW]
Energieverbrauch je Fertigungslinie Mischen_MEA_Anode	100	[kW]
Energieverbrauch je Fertigungslinie Mischen_MEA_Kathode	100	[kW]
Energieverbrauch je Fertigungslinie Beschichten_MEA_Anode	250	[kW]
Energieverbrauch je Fertigungslinie Beschichten_MEA_Kathode	150	[kW]
Energieverbrauch je Fertigungslinie Kontrolle_MEA	50	[kW]
Energieverbrauch je Fertigungslinie Kat.ein._MEA	150	[kW]
Energieverbrauch je Fertigungslinie Dichtung_MEA	150	[kW]

Energieverbrauch je Fertigungslinie Kat.beid._MEA	150	[kW]
Energieverbrauch je Fertigungslinie Vereinzeln_MEA	150	[kW]
Energieverbrauch je Fertigungslinie Eingang_St	10	[kW]
Energieverbrauch je Fertigungslinie Stapeln_St	150	[kW]
Energieverbrauch je Fertigungslinie Pressen_St	150	[kW]
Energieverbrauch je Fertigungslinie Montage_St	25	[kW]
Energieverbrauch je Fertigungslinie Dichtheit_St	100	[kW]
Energieverbrauch je Fertigungslinie Einfahren_St	100	[kW]
Energieverbrauch je Fertigungslinie Vormontage_Sys	25	[kW]
Energieverbrauch je Fertigungslinie Montage_Sys	25	[kW]
Energieverbrauch je Fertigungslinie Integration_Sys	25	[kW]
Energieverbrauch je Fertigungslinie Kontrolle_Sys	100	[kW]
Flächenbedarf Schutzfläche Schützen_BPP	100	[m²]
Flächenbedarf Schutzfläche Formen_BPP	200	[m²]
Flächenbedarf Schutzfläche Vereinzeln_BPP	200	[m²]
Flächenbedarf Schutzfläche Fügen_BPP	200	[m²]
Flächenbedarf Schutzfläche Kontrolle_BPP	50	[m²]
Flächenbedarf Schutzfläche Dichten_BPP	200	[m²]
Flächenbedarf Schutzfläche Mischen_MEA_Anode	0	[m²]
Flächenbedarf Schutzfläche Mischen_MEA_Kathode	0	[m²]
Flächenbedarf Schutzfläche Beschichten_MEA_Anode	0	[m²]
Flächenbedarf Schutzfläche Beschichten_MEA_Kathode	0	[m²]
Flächenbedarf Schutzfläche Kontrolle_MEA	0	[m²]
Flächenbedarf Schutzfläche Kat.ein._MEA	0	[m²]
Flächenbedarf Schutzfläche Dichtung_MEA	0	[m²]
Flächenbedarf Schutzfläche Kat.beid._MEA	0	[m²]
Flächenbedarf Schutzfläche Vereinzeln_MEA	0	[m²]
Flächenbedarf Schutzfläche Eingang_St	50	[m²]
Flächenbedarf Schutzfläche Stapeln_St	150	[m²]
Flächenbedarf Schutzfläche Pressen_St	100	[m²]
Flächenbedarf Schutzfläche Montage_St	100	[m²]
Flächenbedarf Schutzfläche Dichtheit_St	100	[m²]
Flächenbedarf Schutzfläche Einfahren_St	100	[m²]
Flächenbedarf Schutzfläche Vormontage_Sys	100	[m²]
Flächenbedarf Schutzfläche Montage_Sys	100	[m²]
Flächenbedarf Schutzfläche Integration_Sys	100	[m²]
Flächenbedarf Schutzfläche Kontrolle_Sys	100	[m²]
Flächenbedarf normal Schützen_BPP	0	[m²]
Flächenbedarf normal Formen_BPP	0	[m²]

Flächenbedarf normal Vereinzeln_BPP	0	[m²]
Flächenbedarf normal Fügen_BPP	0	[m²]
Flächenbedarf normal Kontrolle_BPP	0	[m²]
Flächenbedarf normal Dichten_BPP	0	[m²]
Flächenbedarf normal Mischen_MEA_Anode	10	[m²]
Flächenbedarf normal Mischen_MEA_Kathode	10	[m²]
Flächenbedarf normal Beschichten_MEA_Anode	40	[m²]
Flächenbedarf normal Beschichten_MEA_Kathode	40	[m²]
Flächenbedarf normal Kontrolle_MEA	20	[m²]
Flächenbedarf normal Kat.ein._MEA	40	[m²]
Flächenbedarf normal Dichtung_MEA	40	[m²]
Flächenbedarf normal Kat.beid._MEA	40	[m²]
Flächenbedarf normal Vereinzeln_MEA	40	[m²]
Flächenbedarf normal Eingang_St	0	[m²]
Flächenbedarf normal Stapeln_St	0	[m²]
Flächenbedarf normal Pressen_St	0	[m²]
Flächenbedarf normal Montage_St	0	[m²]
Flächenbedarf normal Dichtheit_St	0	[m²]
Flächenbedarf normal Einfahren_St	0	[m²]
Flächenbedarf normal Vormontage_Sys	0	[m²]
Flächenbedarf normal Montage_Sys	0	[m²]
Flächenbedarf normal Integration_Sys	0	[m²]
Flächenbedarf normal Kontrolle_Sys	0	[m²]
Maximale Fertigungsbandbreite Schützen_BPP	80	[cm]
Maximale Fertigungsbandbreite Formen_BPP	100	[cm]
Maximale Fertigungsbandbreite Vereinzeln_BPP	120	[cm]
Maximale Fertigungsbandbreite Dichten_BPP	75	[cm]
Maximale Fertigungsbandbreite Beschichten_MEA_Anode	50	[cm]
Maximale Fertigungsbandbreite Beschichten_MEA_Kathode	50	[cm]
Maximale Fertigungsbandbreite Kontrolle_MEA	250	[cm]
Maximale Fertigungsbandbreite Kat.ein._MEA	50	[cm]
Maximale Fertigungsbandbreite Dichtung_MEA	120	[cm]
Maximale Fertigungsbandbreite Kat.beid._MEA	80	[cm]
Maximale Fertigungsbandbreite Vereinzeln_MEA	80	[cm]
Maximale Fertigungslänge Formen(BPP)	100	[cm]
Maximale Fertigungslänge Vereinzeln(BPP)	100	[cm]
Maximale Ofenlänge der MEA Trocknung	400	[cm]
Kontrollierte Beschichtungsfläche je Zyklus und Linie	123.750	[cm²]
Maximale Masse je Mischvorgang des Katalysators	10	[kg]

Maximales Volumen je Mischvorgang des Katalysators	30	[dm³]
Anzahl parallele Durchführungen Kontrolle BPP	1	[#]
Anzahl parallele Durchführungen Pressen Stack	1	[#]
Anzahl parallele Durchführungen Dichtheit prüfen Stack	1	[#]
Anzahl parallele Durchführungen Einfahren Stack	1	[#]
Anzahl parallele Durchführungen Endkontrolle System	1	[#]
Zuschlagssatz: Vertriebskosten	9,45%	[%]
Zuschlagssatz: Verwaltungskosten	15,78%	[%]
Zuschlagssatz: F&E-Kosten	32,16%	[%]
Zuschlagssatz: Kapitalzinssatz	7,50%	[%/Jahr]
Zuschlagssatz: Unternehmenssteuersatz	28,83%	[%]
Vereinfachte Bestimmung: Hilfslöhne	50%	[%]
Vereinfachte Bestimmung: Wartung	4,2%	[%/Jahr]
Vereinfachte Bestimmung: Abschreibung	13	[Jahre]
Vereinfachte Bestimmung: Materialgemeinkosten	15%	[%]
Vereinfachte Bestimmung: Betriebskapital	3	[Monate]
Vereinfachte Bestimmung: Arbeitgeberbelastung	1,7	[%]
Kostensätze: Jahresendgeld (netto) Facharbeiter	42.283 €	[€]
Kostensätze: Jahresendgeld (netto) Hilfsarbeiter	36.691 €	[€]
Kostensätze: Energie	0,027 €	[€/kWh]
Kostensätze: normale Fläche	80 €	[€/m²*Jahr]
Kostensätze: Schutzatmosphäre	250 €	[€/m²*Jahr]
Zuschlagssatz: Vertriebskosten	9,45%	[%]
Zuschlagssatz: Verwaltungskosten	15,78%	[%]
Zuschlagssatz: F&E-Kosten	32,16%	[%]
Zuschlagssatz: Kapitalzinssatz	7,50%	[%/Jahr]

Abbildung 8.29: Verwendete Eingabeparameter im techno-ökonomischen Modell

In der Reihe **Ergebnisse aus der Elektromobilproduktion** zuletzt erschienen:

Reims, Philipp:
Methodik zur Nutzung von Skaleneffekten in der Produktion am Beispiel von Polymerelektrolytmembran-Brennstoffzellensystemen
ISBN 978-3-98555-218-4
Erscheinungsdatum: 22.05.2024

Stäck, Christian:
Anfangsfestes Fügen von flachleiterbasierten Formspulen zur optimierten Schweißvorbereitung in der Hairpin-Technologie
ISBN 978-3-98555-193-4
Erscheinungsdatum: 15.01.2024

Kehrer, Mario:
Methodik zur Gestaltung des Wiederanlaufs der Lithium-Ionen-Batteriezellproduktion
ISBN 978-3-98555-192-7
Erscheinungsdatum: 18.12.2023

Kraus, Andreas:
Anwendungsorientierte Methodik zur frühzeitigen Integration datenbasierter Ansätze in die Anlaufphase disruptiver Produkte
ISBN 978-3-98555-179-8
Erscheinungsdatum: 13.11.2023

Treichel, Patrick-Emanuel:
Hybride Prototypen im Anforderungsmanagement disruptiver Produktionstechnik der Elektromotorenproduktion
ISBN 978-3-98555-166-8
Erscheinungsdatum: 28.08.2023

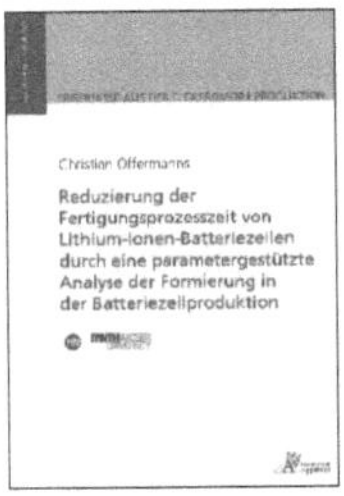

Offermanns, Christian:
Reduzierung der Fertigungsprozesszeit von Lithium-Ionen-Batteriezellen durch eine parametergestützte Analyse der Formierung in der Batteriezellproduktion
ISBN 978-3-98555-156-9
Erscheinungsdatum: 17.04.2023

Bührer, Ulrich Tobias:
Methodik zur proaktiven Integration von Data Analytics in die Serienfertigung
ISBN 978-3-98555-104-0
Erscheinungsdatum: 25.08.2022

Kawollek, Sebastian:
Systematische Gestaltung additiv gefertigter Vorrichtungen für die Automobilmontage
ISBN 978-3-98555-101-9
Erscheinungsdatum: 22.08.2022

Edition Wissenschaft
Apprimus